智能变电站
现场技术问答

张全元　张园园　熊超进　主编

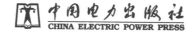

中国电力出版社
CHINA ELECTRIC POWER PRESS

内容提要

本书是由从事智能变电站设计、制造、运维、检修的专家及现场工程技术人员合力编写而成的，旨在帮助从事智能变电站运行维护及检修工作的技术人员更好地进行智能变电站的相关工作。

本书共分为二十章，分别是智能变电站基础知识、合并单元、智能终端、继电保护及自动装置、测控装置、过程层组网、一体化监控系统、故障录波与网络报文记录及分析装置、对时系统、在线监测、智能变电站巡视和维护、智能变电站操作、智能变电站异常及故障处理、智能变电站投产前调试、智能变电站检验、智能变电站验收、智能变电站改扩建、智能变电站配置文件管控、智能变电站典型配置以及新一代智能变电站技术。全书采用问答的形式，涵盖了有关智能变电站的相关问题。

本书可作为从事智能变电站相关工作人员的学习用书，还可作为想了解智能变电站知识人员及培训机构的学习教材。

图书在版编目（CIP）数据

智能变电站现场技术问答/张全元，张园园，熊超进主编. —北京：中国电力出版社，2018.8（2023.9重印）
ISBN 978-7-5198-2100-5

Ⅰ. ①智… Ⅱ. ①张…②张…③熊… Ⅲ. ①智能系统－变电所－电力系统运行－问题解答 Ⅳ. ①TM63-44

中国版本图书馆 CIP 数据核字（2018）第 116482 号

出版发行：中国电力出版社
地　　址：北京市东城区北京站西街 19 号（邮政编码 100005）
网　　址：http://www.cepp.sgcc.com.cn
责任编辑：肖　敏（010-63412363）
责任校对：马　宁
装帧设计：郝晓燕　赵姗姗
责任印制：石　雷

印　　刷：北京天宇星印刷厂
版　　次：2018 年 8 月第一版
印　　次：2023 年 9 月北京第五次印刷
开　　本：787 毫米×1092 毫米　16 开本
印　　张：18.5　插页 2
字　　数：372 千字
印　　数：5501—6000 册
定　　价：68.00 元

编　委　会

主　　任　周建新　范　暐

副主任　张桂阳　殷建军　温先卫　何新洲

委　　员　朱　平　王　浩　陈　伟　迟福有　张　鹏

于慧军　郑新才　孙福利　曹庆文　王仁胜

吴　斌　艾文渊

编　写　组

主　　编　张全元　张园园　熊超进

副主编　刘志军　张　伦　孙德洲　金　太　沈　洁

编写人员　杨　冰　薛　艳　张桂阳　洪　悦　蒋　剑

李煜磊　解红刚　王勇杰　张永峰　李爱华

安盛东　朱宏杰　马　群　费　铮　刘　玮

前言

2009 年我国启动第一代智能变电站试点建设工程，2012 年开始全面建设智能变电站，并开始新一代智能变电站的研究与试点。目前，电网在运的变电站中智能变电站比例已超过 20%。智能变电站的数据传输实现了网络化、数字化、标准化，主要设备特别是二次设备的运行维护要求和技术管理发生了较大的变化，这对现场运行维护人员提出了新的要求。

2016 年 1 月，由张全元、张园园、熊超进提出编写本书，以总结智能变电站运维经验，为从事智能变电站运行维护及检修工作的技术人员提供借鉴。本书的编写团队由从事智能变电站设计、制造、运维、检修的专家及现场工程技术人员组成，形式上延续了《变电运行现场技术问答》的风格，是《变电运行现场技术问答》的姊妹篇。本书理论联系实际，有较强的实用性。

全书共二十章，第一章介绍了智能变电站基础知识，第二～十章介绍了智能变电站的合并单元、智能终端、继电保护及自动装置、测控装置、过程层组网、一体化监控系统、故障录波与网络报文记录及分析装置、对时系统、在线监测等设备，第十一～十八章介绍了智能变电站的巡视和维护、操作、异常及故障处理、投产前调试、检验、验收、改扩建、配置文件管控等内容，第十九章介绍了智能变电站典型配置，第二十章介绍了新一代智能变电站技术。

本书由张全元、张园园、熊超进主编，其中第一章由刘志军主笔，第二章由刘志军、王勇杰主笔，第三章由刘志军、熊超进、王勇杰、费铮、刘玮主笔，第四章由张桂阳、刘志军主笔，第五章由洪悦主笔，第六章由金太主笔，第七章由洪悦主笔，第八章由解红刚主笔，第九章由蒋剑主笔，第十章由朱宏杰主笔，第十一章由孙德洲、安盛东、张永峰主笔，第十二章由杨冰、沈洁主笔，第十三章由张伦、张园园、熊超进、薛艳、杨冰、马群主笔，第十四章由金太、张园园、解红刚主笔，第十五章由孙德洲、熊超进、王勇杰、杨冰主笔，第十六章由沈洁、薛艳、张永峰、安盛东主笔，第十七章由张园园主笔，第十八章由张桂阳主笔，第十九章及附录由蒋剑、李爱华主笔，第二十章由张桂阳主笔，所有专家均参与了各章节的统稿、修订。

参加编写本书的单位有：内蒙古电力（集团）有限责任公司生产管理部、内蒙古电力（集团）有限责任公司超高压供电局、河南省电力有限公司商丘供电公司设计院、湖北省电力勘测设计院、黑龙江省电力有限公司佳木斯供电公司、辽宁省电力有限公司大连供电公司、湖北省电力有限公司孝感供电公司、江苏省电力有限公司检修公司、江苏省电力有限公司徐州供电公司、湖北省电力有限公司襄阳供电公司。

本书在编写过程中，得到了北京四方继保自动化股份有限公司、南京南瑞继保电气有限公司、国网湖北检修公司、国网湖北技培中心及各兄弟单位的大力支持，在此表示衷心的感谢！

本书在编写时参考了大量的相关书籍，在此对原作者表示深深的谢意！

由于经验和理论水平所限，书中难免出现疏漏和不妥之处，敬请读者批评指正。

编　者

2018 年 8 月

目　录

第一章　智能变电站基础知识

1．什么是智能变电站？

答：智能变电站（smart substation），采用可靠、经济、集成、节能、环保的设备与设计，以全站信息数字化、通信平台网络化、信息共享标准化、系统功能集成化、结构设计紧凑化、高压设备智能化和运行状态可视化等为基本要求，能够支持电网实时在线分析和控制决策，进而提高整个电网运行可靠性及经济性的变电站。

2．智能变电站和常规变电站有哪些区别？

答：（1）一次设备的区别。智能变电站与常规变电站在一次设备上的区别主要体现在其状态监测功能的智能化上，智能变电站能够自动采集设备状态信息并对设备状态进行综合分析，同时还将分析所得结果基于服务上传，以实现和其他系统进行信息交互，从而扩大设备自诊断的范围及准确性，极大地方便了对一次设备的运行维护。比如智能变电站断路器设备内的电、磁、湿度、温度、机构动作状态等信号的检测对判断断路器运行状态及变化趋势有极大的帮助，从而实现对变电站设备的状态监测。而常规变电站并不具备以上功能。

（2）信息基础的区别。在信息基础方面，智能变电站与常规变电站相比最大的区别在于智能变电站实现了部分或全站的信息传输的数字化、通信平台的网络化和信息共享的标准化，并且智能变电站采用了先进的分布式网络建模和状态评估技术，借助变电站内的实时信息高度冗余的先天优势，将信息误差消除在变电站内。同时采用标准化的配置工具实现对变电站设备和数据的统一建模及通信配置，使其生成标准的配置文件以供集控系统自动获取与识别，从而实现变电站内全景数据采集与信息高度集成，为集中控制提供了扩展性强的信息基础。

（3）对时要求的区别。在对时要求上，智能变电站要远远高于常规变电站。常规变电站主要采用 SOE 时标来判断动作时序，并以此保证电网运行安全。而智能变电站要和站外系统进行协同互动，因而必须要以有精确的绝对时标为前提。在确保安全运行的先决条件下智能变电站可采用 IEEE 1588《网络测量和控制系统的精密时钟同步协议标准》网络进行对时，这样既可以简化对时系统又能保证对时的精确性。

（4）智能高级应用的差异性。与常规变电站相比，智能变电站的高级应用功能主要有：①具备基于逻辑推理、告警分类及信号过滤的全站智能告警功能，能够针对事故及异常提出合理的处理方案；②能通过对电压/无功的连续调控实现变压器经济运行，并优化电能质量；③在设备信息、运行维护方案等方面和实现远方采集互动，从而实现设备状态的全寿命周期管理；④具备自适应保护功能，在电网事故时和相邻变电站或调控中心进行协调配合，实现动态改变继电保护和稳定控制策略及参数。

（5）辅助系统智能化的区别。在常规变电站中通过应用视频监控系统、环境监测系统、辅助电源等构成的辅助系统，使得信息资源更加丰富，保证了常规变电站的稳定运行。然而在常规变电站的实际运行过程中仍然存在着以纵向层次多、横向系统多为主要特征的“信息孤岛”，导致了视频监控规约复杂、信息杂乱和系统联调困难等问题，给常规变电站运行埋下了隐患。而智能变电站辅助系统通过在远程视频监控终端和站内监控系统以及其他辅助系统之间，在设备操控、事故处理等方面建立协同联动机制，并及时准确地跟踪事故发生地点，将其远程传输到调控中心，可在远端实现对各辅助系统的操控，从而实现智能变电站的辅助电源一体化设计、一体化配置、一体化监控以及远程运行维护，实现辅助系统优化控制，对空调、风机、加热器的远程控制或与温湿度控制器的智能联动。

3．智能变电站的体系分层是如何划分的？

答：智能变电站由智能高压设备、继电保护及安全自动装置（包括站域保护控制装置）、监控系统、网络通信系统、站用时间同步系统、电力系统动态记录装置、计量系统、电能质量监测系统、站用电源系统及辅助设施等设备或系统组成，如图 1-1 所示。

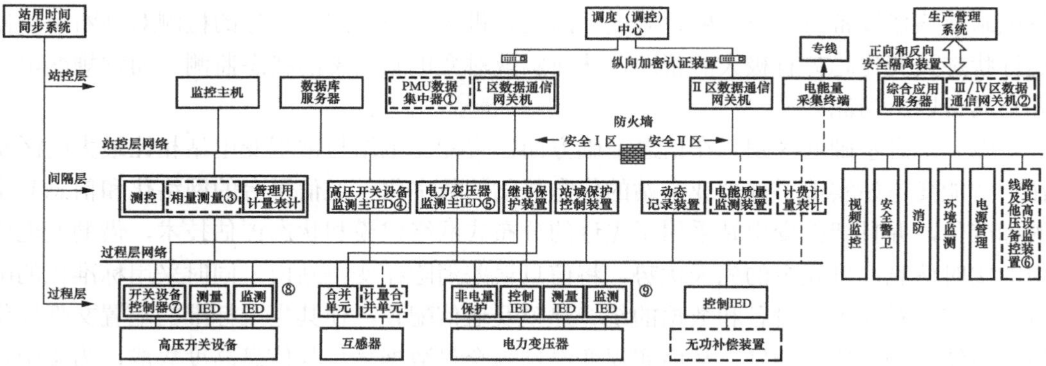

说明：

虚线框——表示此 IED 为可选，其中，变压器、开关设备配置有监测 IED 时，应配置监测主 IED；

①——可为独立装置，也可独立集成于 I 区网关机；

②——可为独立装置，也可与综合应用服务器合并；

③——可为独立装置，也可集成于测控装置；

④——为高压开关设备智能组件的一部分；

⑤——为电力变压器智能组件的一部分，根据调度（调控）中心需要，可接入 I 区或 II 区；

⑥——输电线路机其他高压设备监测信息的接入（如有）；

⑦——也称智能终端，用于实现高压开关设备的网络化控制，需要时可支持选相位操作；

⑧——高压开关设备智能组件；

⑨——电力变压器智能组件。

图 1-1　智能变电站通信网络和系统基本架构示意图

遵循DL/T 860—2004《变电站通信网络和系统》规定，将智能变电站的通信网络和系统按逻辑功能划分为三层，即站控层、间隔层和过程层。各逻辑功能由相关物理设备实现，单一物理设备可以实现多个逻辑功能。

站控层设备主要包括监控主机、数据库服务器、综合应用服务器、数据通信网关机等，完成数据采集、数据处理、状态监视、设备控制和运行管理等功能。

间隔层设备主要包括测控装置、继电保护装置、计量表计、智能高压设备的监测主IED等，实现或支持测量、控制、保护、计量、监测等功能。

过程层设备主要包括智能电力变压器、智能断路器、互感器等高压设备，实现或支持测量信息和设备状态信息的实时采集和传送，接受并执行各种操作与控制指令。

4．什么是智能高压设备？

答：智能高压设备（smart high voltage equipment），具有测量数字化、控制网络化、状态可视化、功能一体化和信息互动化等技术特征的高压设备，由高压设备本体、集成于高压设备本体的传感器和智能组件组成。

5．什么是智能组件？

答：智能组件（intelligent component），智能高压设备的组成部分，由高压设备本体的测量、控制、监测、保护（非电量）、计量等全部或部分智能电子设备（intelligent electronic device，IED）集合而成，通过电缆或光缆与高压设备本体的传感器或/和控制机构连接成一个有机整体，实现和/或支持对高压设备本体或部件的智能控制，并对其运行可靠性、控制可靠性及负载能力进行实时评估，支持电网的优化运行和高压设备的状态检修。通常运行于高压设备本体近旁。

6．什么是智能电子设备？

答：智能电子设备（intelligent electronic device，IED），包含一个或多个处理器，可接收来自外部源的数据，或向外部发送数据，或进行控制的，具有一个或多个特定环境中特定逻辑节点行为且受制于其接口的装置。

7．什么是电子式互感器？

答：电子式互感器（electronic instrument transformer），一种装置，由连接到传输系统和二次转换器的一个或多个电流或电压传感器组成，用以传输正比于被测量的量，供给测量仪器、仪表和继电保护或控制装置。

8．常用的电子式互感器有哪些？

答：按被测参量类型电子式互感器分为电子式电流互感器（electronic current transformer，ECT）和电子式电压互感器（electronic voltage transformer，EVT）。按高压侧是否需要供能分为无源式电子式互感器和有源式电子式互感器。

无源式 ECT 主要是利用法拉第（Faraday）磁光感应原理，可分为全光纤式和磁光玻璃式。有源式 ECT 主要利用电磁感应原理，可分为罗氏（Rogowski）线圈式和“罗氏线圈＋小功率线圈”组合两种形式。

无源式 EVT 主要应用泡克耳斯（Pockels）效应和逆压电效应两种原理。有源式 EVT 则主要采用电阻、电容分压和阻容分压等原理。

9．什么是顺序控制？

答：顺序控制（sequence control），一种系列相关控制指令的处理方式，即按照一定时序及闭锁逻辑，自动逐条发出、逐条确认被正确执行，直至执行完成全部控制指令。

10．什么是站域保护控制？

答：站域保护控制（substation protection and control），基于实时的本站和/或相关站的电测量信息及设备状态信息，实现面向变电站及电网安全的保护控制。

11．站域保护控制装置的功能要求有哪些？

答：基于站域及相关站的电测量信息，实现部分安全自动装置的功能，包括（但不限于）备自投、低频减载、低压减载、过负荷联切和后备保护等。应支持与相关变电站间的协调控制，实现面向区域电网安全与稳定的保护控制功能。宜支持不同运行方式下保护控制策略的自适应功能。

12．什么是综合应用服务器？

答：综合应用服务器（comprehensive application server），集合站用电源、安全警卫、消防、环境监测、状态监测等监控或监测信息，实现对站用电源、辅助设施、输电线路及高压设备等的运行监视、控制与管理的装置。

13．什么是数据通信网关机？

答：数据通信网关机（communication gateway），一种通信装置，实现智能变电站与调度（调控）中心、生产管理等主站系统之间的通信，为实现智能变电站监视控制、信息查询和远程浏览等功能提供数据、模型和图形等传输服务。

14．数据通信网关机的功能要求有哪些？

答：（1）应根据信息安全分区方案灵活配置，以满足安全防护要求。

（2）应满足与调度（调控）中心的信息交互要求，支持调度（调控）中心对智能变电站进行实时监控、远程浏览及顺序控制等功能；支持调度（调控）中心采集实时电测量信息及设备状态信息以实现电网广域态势感知等功能。

（3）应满足与生产管理系统的信息交互要求，支持智能变电站将设备状态信息报送至生产管理系统，以实现设备状态检修管理功能。

15. 智能变电站的信息安全分区有什么要求？

答：应遵循 DL/T 860—2004《变电站通信网络和系统》建立全站统一的通信网络，应遵循网络专用、横向隔离、纵向认证的原则，对不同类型的信息进行安全分区，以保障信息安全。

站控层网络应划分为安全Ⅰ区和安全Ⅱ区，安全Ⅰ区与安全Ⅱ区之间的通信应通过防火墙隔离；安全Ⅰ区、安全Ⅱ区与调度（调控）中心之间的通信应通过纵向加密认证装置；安全Ⅱ区与安全Ⅲ/Ⅳ区的设备或系统通信时应通过正向和反向隔离装置。

16. 网络通信系统的功能要求有哪些？

答：（1）站内通信。满足变电站各设备间的信息交互需求，同时要求：①应具有网络数据分级、流量控制及优先传送功能，满足全站设备正常运行的需求；②应具备网络风暴抑制功能，网络设备局部故障不应导致网络全局通信异常；③宜实现全站测量、控制、计量、监测、保护基于统一的站内通信网络；④宜具备 DoS 防御能力和防止病毒传播的能力；⑤应具备方便的配置工具进行网络配置、监视、维护；⑥应具备对网络所有节点的工况监视与报警功能。

（2）站对外通信。站内各设备和系统与相关主站的通信应根据数据的安全分区原则分别选择专属通道传输数据。与调度（调控）中心信息交互宜遵循 DL/T 634.5104—2009《远动设备及系统　第 5-104 部分：传输规约》、DL/T 860—2004《变电站通信网络和系统》等协议。

（3）接入网络的设备。接入变电站通信网络的设备，应满足以下要求：①应基于自描述技术实现站内信息与模型的在线交换；②应具备对报文丢包及数据完整性鉴别的功能。

17. 网络报文记录仪的功能要求有哪些？

答：应对站内网络通信中的报文进行监视、记录，并满足如下要求：

（1）对出现的异常进行告警。

（2）应具有对记录的网络报文进行在线转存及离线状态下对网络报文过程进行反演及分析的功能。

（3）应支持 IRIG-B（InterRange Instrumentation Group-B）、SNTP（Simple Network Time Protocol）、GB/T 25931—2010《网络测量和控制系统的精确时钟同步协议》等一种或多种对时方式，IED 和系统至少支持其中一种。

18. 什么是 SCL？

答：变电站配置语言（substation configuration description language，SCL）。是 IEC 61850 采用的变电站专用描述语言，基于 XML1.0。它采用可扩展的标记语言清楚地描述变电站 IED 设备、变电站系统和变电站网络通信拓扑结构的配置。使用 SCL 能够方便地收集不同厂家设备的配置信息并对设备进行配置，使系统维护升级、智能电子器件控制变得更为简单易行。使用 SCL 形成标准的 IED 数据传输文件，可以避免协议转换的开销，同时大大减少数据集成和维护的成本。

19．系统应具备的配置文件有哪些？

答：系统应具备的配置文件包括：

（1）ICD（IED capability description）文件：IED 能力描述文件，由装置厂商提供给系统集成商，该文件描述 IED 提供的基本数据模型及服务，但不包含 IED 实例名称和通信参数。ICD 文件应包含模型自描述信息，版本修改信息，明确描述修改时间、修改版本号等内容。

（2）SSD（system specification description）文件：系统规范文件，应全站唯一，该文件描述变电站一次系统结构以及相关联的逻辑节点，最终包含在 SCD 文件中。

（3）SCD（substation configuration description）文件：全站系统配置文件，应全站唯一，该文件描述所有 IED 的实例配置和通信参数、IED 之间的通信配置以及变电站一次系统结构，由系统集成厂商完成。SCD 文件应包含版本修改信息，明确描述修改时间、修改版本号等内容。

（4）CID（configured IED description）文件：IED 实例配置文件，每个装置有一个，由装置厂商根据 SCD 文件中 IED 相关配置生成。

20．什么是配置表？

答：配置表（configuration list），是在一个 SAS 产品系列内共同工作的元件和 IED 的所有兼容硬件和软件版本（包括相关支持工具的软件版本）的一览表。此外，配置表还包括与其他厂家的 IED 通信的传输规约。集合站用电源、安全警卫、消防、环境监测、状态监测等监控或监测信息，实现对站用电源、辅助设施、输电线路及高压设备等的运行监视、控制与管理。

21．什么是逻辑节点？

答：逻辑节点（logical node，LN）是一个交换数据的功能的最小部分，代表一个典型的自动化、保护或其他功能的实体，包含由单个域—特定应用功能（例如过电压保护或断路器）所产生和使用的信息。

22．什么是逻辑设备？

答：逻辑设备（logical device，LD），虚拟装置，使相关逻辑节点和数据集为通信目的而关联。代表一组典型的自动化、保护或其他功能的实体。

23．智能变电站和常规变电站在软压板和硬压板上有哪些主要区别？

答：对于常规变电站软压板主要是指功能压板，如主保护投入、距离保护压板等；硬压板主要是指功能压板、出口压板等。对于智能变电站，保护装置及合并单元等只有检修硬压板及远方操作硬压板，对于智能终端有检修硬压板和跳合闸出口硬压板，其他均为软压板。智能变电站和常规变电站压板主要差异还是在于检修压板的功能不同。

24．智能变电站软压板有哪些主要分类？

答：智能变电站软压板主要分为功能软压板、出口软压板、接收软压板三类。

功能压板决定装置的某项功能是否投入。

出口软压板决定某项功能满足动作条件后是否发出相应的GOOSE命令。GOOSE发送软压板负责控制本装置向其他智能装置发送GOOSE信号。退出时，不向其他装置发送相应的GOOSE信号，即该软压板控制的保护指令不出口，但是有成员变位，仍然5s发送一帧报文，报文不变位，即接收方链路仍然监视。

接收软压板分为SV接收软压板和GOOSE接收软压板，SV接收软压板负责控制本装置接收来自合并单元的采样值信息，包含电流量和电压量。软压板退出时，相应采样值不显示，且不参与保护逻辑运算。GOOSE接收软压板负责控制接收来自其他智能装置的GOOSE信号，同时监视GOOSE链路的状态。退出时，装置不处理其他装置发送来的相应GOOSE信号，同时不进行链路监视。

25．什么是检修压板？

答：智能变电站检修压板属于硬压板，检修压板投入时，相应装置发出的SV、GOOSE报文均会带有检修品质标识，下一级设备将接收的报文与本装置检修压板状态进行一致性比较判断，如果两侧装置检修状态一致，则对此报文做有效处理，否则作无效处理。

26．智能变电站保护装置检修压板的作用与常规变电站有何区别？

答：装置的检修状态均由检修硬压板开入实现。在常规变电站中检修压板投入后，保护装置只会将其上送的103事件报文屏蔽。而在智能变电站当中当此压板投入时，有以下作用：站控层发送的MMS报文置检修状态标志，监控、远动、子站做相应的处理；过程层发送的GOOSE、SV报文置检修状态标志；应用时仅当继电保护装置接收到的GOOSE、SV报文与自身检修状态为同一状态时才处理收到的报文。

27．装置检修状态是怎样实现的？

答：检修状态通过装置压板开入实现，检修压板应只能就地操作，当压板投入时，表示装置处于检修状态。装置应通过LED状态灯、液晶显示或报警接点提醒运行、检修人员装置处于检修状态。

28．什么是品质位？

答：品质位是传输数据时，数据本身自带的描述内容之一，表示数据本身品质属性，例如：无效、检修等。

29．什么是GOOSE？

答：GOOSE（generic object oriented substation event）指通用面向变电站事件对象。一种满足变电站自动化系统快速报文需求的机制，简写为“GOOSE”。主要用于实现在多个IED之间的信息传递，包括调整跳合闸信号，具有高传输成功概率。

30．GOOSE的发送机制是怎样的？

答：（1）装置上电时GOCB自动使能，待本装置所有状态确定后，按数据集变位方式发送一次，将自身的GOOSE信息初始状态迅速告知接收方。

（2）GOOSE报文变位后立即补发的时间间隔应为GOOSE网络通信参数中的MinTime参数。

（3）GOOSE报文中“time Allowed to Live”参数应为“MaxTime”配置参数的2倍。

（4）采用双重化GOOSE通信方式的两个GOOSE网口报文应同时发送，除源MAC地址外，报文内容应完全一致，系统配置时不必体现物理网口差异。

（5）采用直接跳闸方式的所有GOOSE网口同一组报文应同时发送，除源MAC地址外，报文内容应完全一致，系统配置时不必体现物理网口差异。

31．GOOSE的接收机制是怎样的？

答：（1）接收方应严格检查AppID、GOID、GOCBRef、DataSet、ConfRev等参数是否匹配。

（2）GOOSE报文接收时应考虑通信中断或者发布者装置故障的情况，当GOOSE通信中断或配置版本不一致时，GOOSE接收信息宜保持中断前状态。

（3）单网接收机制：装置的GOOSE单网接收机制，如图1-2所示。装置的GOOSE接收缓冲区接收到新的GOOSE报文，接收方严格检查GOOSE报文的相关参数后，首先比较新接收帧和上一帧GOOSE报文中的StNum（状态号）参数是否相等。若两帧GOOSE报文的StNum相等，继续比较两帧GOOSE报文的SqNum（顺序号）的大小关系，若新接收GOOSE帧的SqNum大于上一帧的SqNum，丢弃此GOOSE报文，否则更新接收方的数据。若两帧GOOSE报文的StNum不相等，更新接收方的数据。

（4）双网接收机制：装置的GOOSE双网接收机制，如图1-3所示。装置的GOOSE接收缓冲区接收到新的GOOSE报文，接收方严格检查GOOSE报文的相关参数后，首先比较新接收帧和上一帧GOOSE报文中的StNum参数的大小关系。若两帧GOOSE报文的StNum相等，继续比较两帧GOOSE报文的SqNum的大小关系，若新接收GOOSE帧的SqNum大于等于上一帧的SqNum，丢弃此GOOSE报文。若新接收GOOSE帧的SqNum小于上一帧的SqNum，判断出发送方不是重启，则丢弃此报文，否则更新接收方的数据。若新接收GOOSE帧的StNum小于上一帧的StNum，判断出发送方不是重启，则丢弃此报文，否则更新接收方的数据。若新接收GOOSE帧的StNum大于上一帧的StNum，更新接收方的数据。

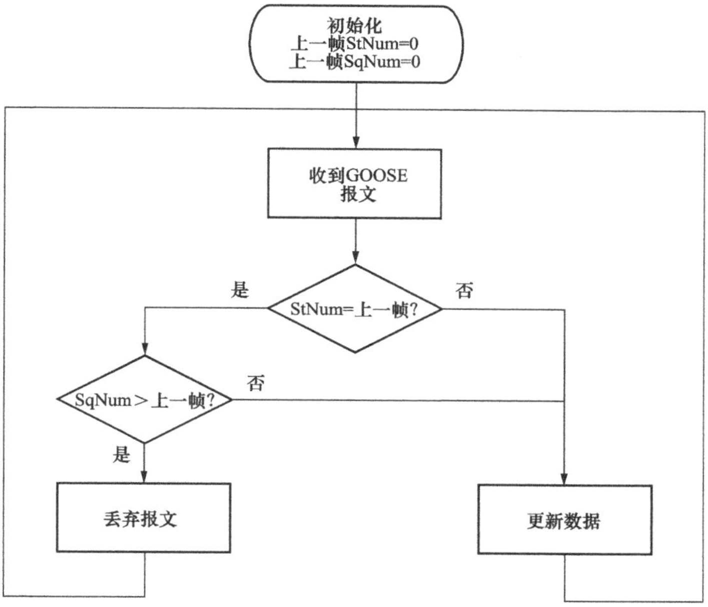

图 1-2　GOOSE 单网接收机制

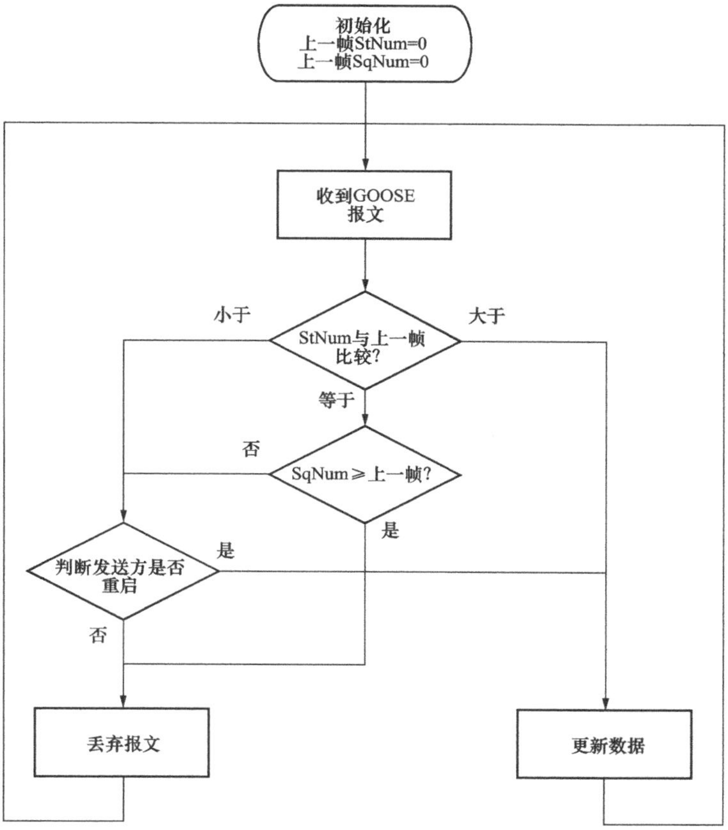

图 1-3　GOOSE 双网接收机制

32．GOOSE 报文检修处理机制是怎样实现的？

答：（1）当装置检修压板投入时，装置发送的 GOOSE 报文中的 Test 应置位。

（2）GOOSE 接收端装置应将接收的 GOOSE 报文中的 Test 位与装置自身的检修压板状态进行比较，只有两者一致时才将信号作为有效进行处理或动作，不一致时宜保持一致前状态。

（3）当发送方 GOOSE 报文中 Test 置位时发生 GOOSE 中断，接收装置应报具体的 GOOSE 中断告警。

33．GOOSE 报文在智能变电站中主要用于传输哪些实时数据？

答：GOOSE 报文在智能变电站中主要用于传输的实时数据如下：

（1）保护装置的跳、合闸命令。

（2）测控装置的遥控命令。

（3）保护装置间的信息（启动失灵、闭锁重合闸、远跳等）。

（4）一次设备的遥信信号（断路器、隔离开关位置以及压力等）。

（5）间隔层的联闭锁信息。

34．工程应用中，GOOSE 通信机制中报文优先级如何分类？

答：IEEE 802.1q 协议（Virtual Bridged Local Area Networks 协议，简称虚拟局域网协议）引入了媒体访问控制（MAC）报文优先级的概念，并将优先级的决定权授予使用者。在工程应用中，GOOSE 报文优先级按照由高到低的顺序定义如下：

（1）最高级：电气量保护跳闸、非电气量保护跳闸、保护闭锁信号。

（2）次高级：非电气量保护信号、遥控分合闸、断路器位置信号。

（3）普通级：隔离开关位置信号、一次设备状态信号。

35．GOOSE 开入软压板设置原则是什么？

答：宜简化保护装置之间、保护装置和智能终端之间的 GOOSE 软压板，保护装置应在发送端设 GOOSE 出口软压板；除双母线和单母线接线启动失灵/失灵联跳开入软压板外，接收端不设相应 GOOSE 开入软压板。

36．什么是 SV？

答：采样值（sampled value，SV）。基于发布/订阅机制，交换采样数据集中的相关模型对象和服务，以及这些模型对象和服务到 ISO/IEC 8802-3 帧之间的映射。

37．SV 的发送机制是怎样的？

答：（1）合并单元发送给保护、测控的采样值频率应为 4kHz，SV 报文中每 1 个 APDU（应用协议数据单）部分配置 1 个 ASDU（应用服务数据单元），发送频率应固定不变。

（2）电压采样值为 32 位整型，1LSB（最低有效位）＝10mV，电流采样值为 32 位整型，1LSB＝1mA。

（3）采用直接采样方式的所有 SV 网口或 SV、GOOSE 共用网口同一组报文应同时发送，除源 MAC 地址外，报文内容应完全一致，系统配置时不必体现物理网口差异。

38．SV 的接收机制是怎样的？

答：（1）接收方应严格检查 AppID、SMVID、ConfRev 等参数是否匹配。

（2）SV 采样值报文接收方应根据收到的报文和采样值接收控制块的配置信息，判断报文配置不一致、丢帧、编码错误等异常出错情况，并给出相应报警信号。

（3）SV 采样值报文接收方应根据采样值数据对应的品质位，来判断采样数据是否有效，以及是否为检修状态下的采样数据。

（4）SV 中断后，该通道采样数据清零。

39．SV 报文检修处理机制是怎样实现的？

答：（1）当合并单元装置检修压板投入时，发送采样值报文中采样值数据的品质 q 的 Test 位应置 True。

（2）SV 接收端装置应将接收的 SV 报文中的 Test 位与装置自身的检修压板状态进行比较，只有两者一致时才将该信号用于保护逻辑，否则应按相关通道采样异常进行处理。

（3）对于多路 SV 输入的保护装置，一个 SV 接收软压板退出时应退出该路采样值，该 SV 中断或检修均不影响本装置运行。

40．SV 采样报文中状态字的含义是什么？

答：SV 采样报文中状态字的含义如表 1-1 所示。

表 1-1　　SV 采样报文状态字的含义

位	状态字名称	属性值	值	缺省
0-1	合法性	好	0 0	0 0
		非法	0 1	
		保留	1 0	
		可疑	1 1	
2	溢出		TRUE（1）	FALSE
3	超量程		TRUE	FALSE
4	坏引用		TRUE	FALSE
5	振荡		TRUE	FALSE
6	故障		TRUE	FALSE
7	老数据		TRUE	FALSE
8	不一致		TRUE	FALSE
9	不准确		TRUE	FALSE

续表

位	状态字名称	属性值	值	缺省
10	源	过程	0	0
		取代	1	
11	测试		TRUE	FALSE
12	操作员闭锁		TRUE	FALSE

41．什么是SV采样值的插值采样同步原理？

答：MU以同步时钟为基准进行插值运算，插值时刻必须由MU的秒脉冲信号锁定，每秒第一次插值的时刻应和秒脉冲的上升沿同步，且对应的时标在每秒内均匀分布。

42．什么是制造报文规范（MMS）？

答：制造报文规范（manufacturing message specification，MMS）是ISO/IEC 9506标准所定义的一套用于工业控制系统的通信协议。MMS规范了工业领域具有通信能力的智能传感器、智能电子设备（IED）、智能控制设备的通信行为，使出自不同制造商的设备之间具有互操作性。

43．MMS双网冗余机制有何要求？

答：采用双重化MMS通信网络的情况下，应遵循如下规范要求：

（1）双重化网络的IP地址应分属不同的网段，不同网段IP地址配置采用双访问点描述，第二访问点宜采用“ServerAt”元素引用第一访问点。在站控层通信子网中，对两个访问点分别进行IP地址等参数配置。

（2）冗余连接组等同于IEC 61850《变电站通信网络和系统》标准中的一个连接，服务器端应支持来自冗余连接组的连接。

（3）冗余连接组中只有一个网的TCP（transmission control protocol，传输控制协议）连接处于工作状态，可以进行应用数据和命令的传输；另一个网的TCP连接应保持在关联状态，只能进行读数据操作。

（4）由客户端控制使用冗余连接组中的哪一个连接进行应用数据的传输。

（5）来自于冗余连接组的连接应使用同一个报告实例号同一个缓冲区映像进行数据传输。

（6）客户端可以通过冗余连接组的任何一个连接对属于本连接组的报告实例进行控制，但在注册报告控制块过程的一系列操作应由同一个连接完成。

（7）客户端应通过发送测试报文，如读取某个数据的状态，来监视冗余连接组的两个连接的完好性。

（8）客户端检测到处于工作状态的连接断开时，应通过冗余连接组另一个处于关联状态的连接清除本连接组的报告实例的使能位，写入客户端最后收到的本连接组的报告实例的EntryID，然后重新使能本连接组的报告实例的使能位，恢复客户端与服务器的数据传输。

44．MMS 报文检修处理机制是怎样实现的？

答：（1）装置应将检修压板状态上送客户端。

（2）当装置检修压板投入时，本装置上送的所有报文中信号的品质 q 的 Test 位应置 1。

（3）当装置检修压板退出时，经本装置转发的信号应能反映 GOOSE 信号的原始检修状态。

（4）客户端根据上送报文中的品质 q 的 Test 位判断报文是否为检修报文并作出相应处理。当报文为检修报文，报文内容应不显示在简报窗中，不发出音响告警，但应该刷新画面，保证画面的状态与实际相符。检修报文应存储，并可通过单独的窗口进行查询。

45．哪些信息通过 MMS 传输？哪些信息通过 GOOSE 传输？

答：MMS 报文主要用于传输站控层与间隔层之间的客户端/服务器端服务通信，传输带时标信号（SOE）、测量量、文件、定值、控制等总传输时间要求为不高的信息。

GOOSE 报文主要用于传输间隔层与过程层之间的跳闸信息，间隔层各装置之间的失灵、联闭锁等对总传输时间要求较高的简单快速信息。

46．什么是虚端子？

答：虚端子是描述 IED 设备的 GOOSE、SV 输入、输出信号连接点的总称，用以标识过程层、间隔层及其之间联系的二次回路信号，等同于传统变电站的屏端子。

47．什么是设备状态监测？

答：设备状态监测通过传感器、计算机、通信网络等技术，及时获取反应设备正常运行状态的各种特征参量，并运用一定算法的专家系统软件进行分析处理，可对设备的运行状态及可靠性作出判断，从而及早发现潜在的故障，辅助状态检修决策。

48．什么是智能控制柜？

答：智能控制柜是用于安装智能组件的柜体。智能控制柜为智能组件各个 IED、网络通信设备等提供防尘、防雨、防盐雾、防电磁干扰等防护设施，以及电源、电气接口、温（湿）度控制、照明等运行设施，使智能组件能够在变电站现场环境中长期安全运行。

49．智能变电站采样同步有何要求？

答：（1）合并单元正常情况下对时精度应为±1μs，10min 内守时精度范围为±4μs。

（2）合并单元采样点应该和外部时钟同步信号进行同步，同步秒脉冲时刻采样点对应的样本计数器应是 0。

（3）当外部同步信号失去时，合并单元应该利用内部时钟进行守时。当守时精度能够满足同步要求时，采样值报文中的同步标识位“SmpSynch”应为“1”。当守时精度不能够满足同步要求时，采样值报文中的同步标识位“SmpSynch”应为“0”。

（4）合并单元应在外部同步时钟失去时应产生“授时异常”的告警信号。

（5）不论合并单元是否在同步状态，采样值报文中的样本计数均应在（0，采样率−1）的范围内正常翻转。

（6）点对点直接采样插值同步的保护在 MU 失步时不应告警。

（7）合并单元失步后再同步，其采样周期调整步长应不大于 1μs。采样序号应在采样周期调整完毕后跳变，同时合并单元输出的数据帧同步位由不同步转为同步状态。

50．什么是直采直跳？

答：直接采样是指智能电子设备间不经过交换机而以点对点连接方式直接进行采样值传输；直接跳闸是指智能电子设备间不经过交换机而以点对点连接方式直接进行跳合闸信号的传输。

51．什么是网采网跳？

答：网络采样是指智能电子设备间经过交换机的方式进行采样值传输共享；网络跳闸是指智能电子设备间经过交换机的方式进行跳合闸信号的传输，通过划分 VLAN 的方式避免信息流过大。

52．什么是报文？

答：指在智能电子设备之间、功能间或实例间通信，基于接收方所期待进行的活动，传输服务特定数据或命令的固有属性。

53．什么是交换机？智能变电站根据数据传输类型分为哪几类交换机？

答：交换机一种有源的网络元件。交换机连接两个或多个子网，子网本身可由数个网段通过转发连接器连接而成。交换机建立起所谓碰撞域的边界。由交换机分开的子网之间不会发生碰撞，目的是特定子网的数据包不会出现在其他子网上。为达此目的，交换机必须知道所连各站的硬件地址。在仅有一个有源网络元件连接到交换机一个口情况下，可避免网络碰撞。

以太网交换机根据网络覆盖范围分局域网交换机和广域网交换机。根据工作协议层划分第二层交换机、第三层交换机。

54．什么是单播？什么是多播？什么是广播？

答：单播是指有一个服务与一个客户之间的通信。在发送者和每一接收者之间实现点对点网络连接。如果一台发送者同时给多个的接收者传输相同的数据，也必须相应的复制多份的相同数据包。

多播是指服务器和一组选定的客户间单向、无连接通信。在发送者和每一接收者之间实现点对多点网络连接。如果一台发送者同时给多个的接收者传输相同的数据，也只需复制一份的相同数据包。

广播是指放在通信网络上的一个报文，供任意一个智能电子设备（IED）接收和使用。广播报文一般包含有发送地址、公用接收地址，在 IP 子网内广播数据包，所有在子网内部的主机都将收到这些数据包。

55．什么是广播风暴？

答：一个数据帧或包被传输到本地网段（由广播域定义）上的每个节点就是广播；由于网络拓扑的设计和连接问题，或其他原因导致广播在网段内大量复制、传播数据帧，导致网络性能下降，甚至网络瘫痪，这就是广播风暴。

56．什么是发布/订阅？

答：发布/订阅是一种消息范式。消息的发送者（发布者）不是计划发送其消息给特定的接收者（订阅者），而是将发布的消息分为不同的类别，而不需要知道什么样的订阅者订阅。订阅者对一个或多个类别表达兴趣，于是只接收感兴趣的消息，而不需要知道什么样的发布者发布的消息。这种发布者和订阅者的解耦允许网络拓扑具有更好的可扩放性和动态性。

第二章　合　并　单　元

1．什么是合并单元？

答：合并单元（merging unit，MU）用以对来自二次转换器的电流和（或）电压数据进行时间相关组合的物理单元。合并单元可以是互感器的一个组件，也可以是一个分立单元，例如装在控制室内。

2．合并单元的基本功能有哪些？

答：（1）接收ECT、EVT数字信息或常规TA、TV模拟量信息。

（2）采样值有效性处理。MU应具有对ECT、EVT采样值有效性（失步、失真、接收数据周期等）的判别功能，对故障数据事件进行记录。

（3）采样值输出。MU宜采用DL/T 860.92—2016《电力自动化通信网络和系统　第9-2部分：特定通信服务映射》规定的数据格式通过光纤以太网向保护、测控、计量、录波、PMU等智能电子设备输出采样值。MU应输出整体的采样响应延时。

（4）时钟同步及守时。MU应接收外部基准时钟的同步信号并具有守时功能。

（5）设备自检及指示。MU应能对装置本身的硬件或通信状态进行自检，并能对自检事件进行记录；具有掉电保持功能，并通过直观的方式显示。记录的事件包括电子互感器通道故障、时钟失效、网络中断、参数配置改变等重要事件。

（6）可配置采样率。为满足不同间隔层装置需求，MU的每周波采样点应可以通过硬件或软件配置。

（7）故障报警。在MU故障时输出报警接点或闭锁接点。

（8）LED状态显示。MU具备装置运行状态、通道状态等LED显示功能。

（9）提供秒脉冲测试信号。MU应具备1个1PPS输出测试接口，用以测试MU的时间及守时精度。

（10）ICD文件。合并单元应提供符合DL/T 860《变电站通信网络和系统规范》规范的ICD文件。

3．合并单元的选配功能有哪些？

答：（1）交流模拟量采集。需要接入交流模拟量的MU应具备交流模拟量采集的功能，可采集传统电压互感器、电流互感器输出的模拟信号，也可采集电子式互感器输出的模拟小信号。

（2）采样值突变处理。MU 具有对 ECT、EVT 采样值突变的判别功能，并能对突变数据事件进行记录。

（3）状态量采集功能。具备采集断路器、隔离开关等位置信号功能（包含常规信号和 GOOSE）和母线电压并列功能。

（4）当地显示及参数设置。MU 如安装在室内，可以在装置上显示一次或二次采样值及其他相关信息，并可通过人机界面授权设置参数。MU 如安装在室外，可通过调试接口完成 MU 调试及参数设置功能。

（5）提供采样脉冲测试信号。MU 应具备 1 个同步采样脉冲输出测试接口，用以测试 M-LT 的时间及守时精度。

（6）人工置数功能。MU 处于调试状态时可以通过人机界面或通信接口，人为设定其输出的各路交流电压或电流采样值的幅值、频率、相位等，方便联调。

4．合并单元的分类有哪些？

答：根据应用场合的不同，合并单元大致可分为两大类：

（1）电压合并单元：用于采集母线 TV、线路 TV 电压量。

（2）间隔合并单元：用于采集 TA 电流量，同时级联电压合并单元采集电压信号。

5．合并单元的基本工作原理是什么？

答：合并单元的基本工作原理如图 2-1 所示。合并单元的交流模件从互感器采集模拟量信号，对一次互感器传输的电气量进行合并和同步处理。母线合并单元称为一级合并单元，间隔合并单元称为二级合并单元。二级合并单元接收一级合并单元级联的数字量采样，再通过插值法对模拟量信号和数字量信号进行同步处理。同步处理的作用是消除模拟量采样与数字量采样之间的延时误差，从而消除相位误差。

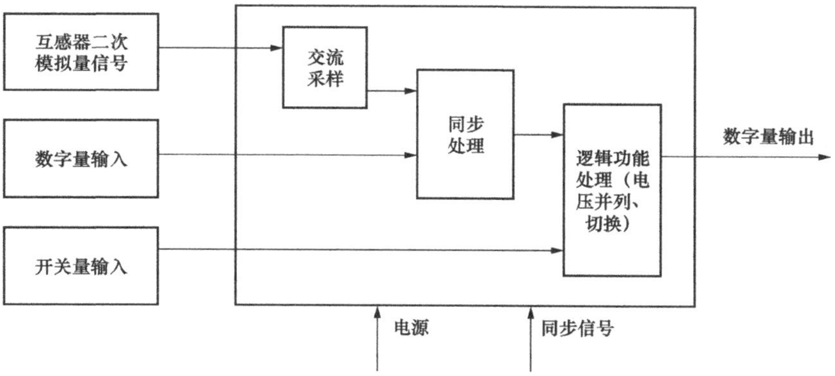

图 2-1　合并单元原理图

对于需要做电压并列和切换的合并单元，需采集开关量信号（断路器、隔离开关位置）。装置完成并列、切换功能后，将采样数据以 IEC 61850-9-2 或 IEC 60044-7/8 格式输出。在组网模式下，为了使不同合并单元的采样数据能够同步，还需接入同步信号。

6. 智能变电站母线合并单元的电压并列功能如何实现？

答：智能变电站不再独立配置电压并列装置。以图 2-2 所示的双母线主接线为例，母线电压合并单元集成电压并列逻辑，需采集母联断路器、Ⅰ母隔离开关、Ⅱ母隔离开关位置，配置并列把手。

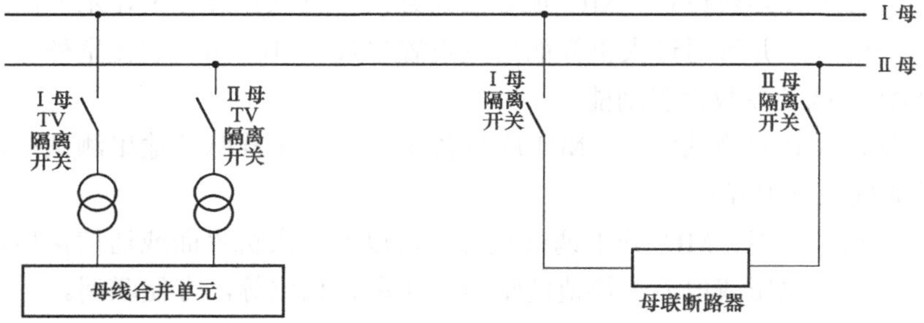

图 2-2　双母线主接线图

并列把手采用硬电缆接入母线合并单元；断路器、隔离开关位置通过电缆接入 TV 智能终端转发 GOOSE 报文，通过 GOOSE 报文接入母线合并单元。此接入方式下母联断路器位置及Ⅰ母、Ⅱ母隔离开关位置 GOOSE 报文采用双点信息（00：中间态、01：分位、10：合位、11：无效态）。

并列逻辑：并列把手位置&母联断路器位置，母联断路器位置＝断路器位置&Ⅰ母隔离开关位置&Ⅱ母隔离开关位置。合并单元并列逻辑值如表 2-1 所示。

表 2-1　　合并单元并列逻辑值

把手位置		母联断路器位置	Ⅰ母电压输出	Ⅱ母电压输出
Ⅰ母强制用Ⅱ母	Ⅱ母强制用Ⅰ母			
0	0	X	Ⅰ母	Ⅱ母
0	1	合位	Ⅰ母	Ⅰ母
0	1	分位	Ⅰ母	Ⅱ母
0	1	00 或 11（无效位置）	保持	保持
1	0	合位	Ⅱ母	Ⅱ母
1	0	分位	Ⅰ母	Ⅱ母
1	0	00 或 11（无效位置）	保持	保持
1	1	合位	保持	保持
1	1	分位	Ⅰ母	Ⅱ母
1	1	00 或 11（无效位置）	保持	保持

注 1　把手位置为 1 表示该把手位于合位，为 0 表示该把手位于分位。

注 2　母联断路器位置为双位置，“10”为合位、“01”为分位，“00”和“11”表示中间位置和无效位置，X 表示无论母联断路器处于任何位置。

7．间隔合并单元的电压切换功能如何实现？

答：智能变电站保护装置不再集成电压切换，由间隔合并单元集成切换逻辑。间隔合并单元切换图如图 2-3 所示，母线合并单元通过光纤级联，将两段母线电压传递给间隔合并单元，间隔合并单元接收电压数字信号，同时采集 I 母隔离开关、II 母隔离开关位置，完成切换功能。

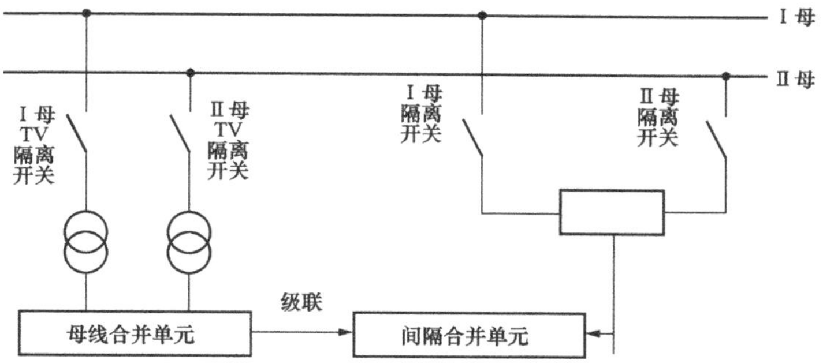

图 2-3　间隔合并单元切换图

数字信号级联采用 IEC 61850-9-2 报文格式或 IEC 60044-7/8 格式。

I 母隔离开关、II 母隔离开关位置通过电缆接入间隔智能终端，转发 GOOSE 报文，间隔合并单元通过 GOOSE 报文接入，此接入方式下 I 母、II 母隔离开关位置 GOOSE 报文采用双点信息（00：中间态、01：分位、10：合位、11：无效态）。间隔合并单元逻辑值如表 2-2 所示。

表 2-2　间隔合并单元逻辑值

序号	I 母隔离开关		II 母隔离开关		母线电压输出	报警说明
	合	分	合	分		
1	1	1	1	0	II 母电压	延时 1min 以上报警“隔离开关位置异常”
2	1	0	0	0	I 母电压	
3	1	0	1	1	I 母电压	
4	1	1	0	0	保持	
5	1	1	0	1	保持	
6	1	1	1	1	保持	

注 1　母线电压输出为“保持”，表示间隔合并单元保持之前隔离开关位置正常时切换选择的 I 母或 II 母的母线电压，母线电压数据品质应为有效。

注 2　间隔 MU 上电后，未收到隔离开关位置信息时，输出的母线电压带“无效”品质；上电后，若收到的初始隔离开关位置与上表中“母线电压输出”为“保持”的隔离开关位置一致，输出的母线电压带“无效”品质。

8．合并单元的传输过程和典型架构是怎样的？

答：合并单元为智能电子设备提供一组时间同步（相关）的电流和电压采样值。其主要功能是汇集（或合并）多个互感器的输出信号，获取电力系统电流和电压瞬时值，并以确定的数据品质传输到电力系统电气测量仪器和继电保护设备。其每个数据通道可以传送一台和（或）多台的电流和（或）电压互感器的采样值数据。

合并单元应能汇集（或合并）电子式电压互感器、电子式电流互感器输出的数字量信号，也可汇集并采样传统电压互感器、电流互感器输出的模拟信号或者电子式互感器输出的模拟小信号，并进行传输。通常，合并单元对来自一个设备间隔（一套包括互感器在内的三相断路器设备的总称）的各电流和电压，按 DL/T 860.92—2016《电力自动化通信网络和系统　第 9-2 部分：特定通信服务映射》标准进行合并和传输。在多相或组合单元时，多个数据通道可以通过一个实体接口从电子式互感器的二次转换器传输到合并单元。

合并单元应能输出若干组数字量信号分别满足继电保护、测量、计量等不同应用的要求。针对电子式互感器，典型的合并单元及其系统架构如图 2-4 所示。

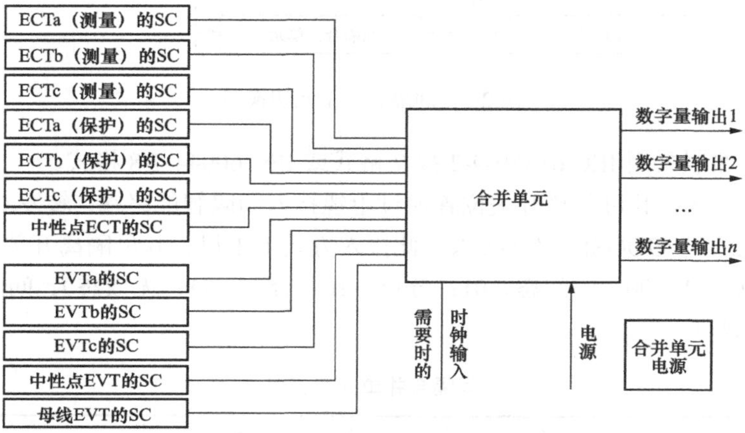

注：EVTa 的 SC，为 a 相电子式电压互感器的二次转换器。ETAa 的 SC，为 a 相电子式电流互感器的二次转换器。

图 2-4　合并单元典型系统架构（针对电子式互感器）

9．常规合并单元使用的 AC 插件中的电流和电压的精度为多少？

答：保护电流为 5TPE 级或 5P 级，测量电流为 0.2S 或 0.2 级，电压为 0.2 级。

10．合并单元的告警功能应满足哪些技术要求？

答：（1）合并单元的自检应能对装置本身的硬件或通信方面的错误进行自诊断，并能对自检事件进行记录、追溯，通过直观的方式显示。记录的事件包括数字采样通道故障、时钟失效、网络中断、参数配置改变等重要事件。

（2）在合并单元故障时输出报警接点或闭锁接点。

（3）合并单元具备装置运行状态、通道状态等 LED 显示功能。

（4）具备完善的闭锁告警功能，能保证在电源中断、电压异常、采集单元异常、通信中断、通信异常、装置内部异常等情况下不错误输出。

11．模拟量输入式合并单元的输出功能应满足哪些技术要求？

答：模拟量输入式合并单元数据输出应符合下列要求：

（1）输出给继电保护装置、测控装置、PMU、故障录波装置的数据采样频率宜为 4kHz；输出给电能质量的采样频率为 12.8kHz；同一台合并单元同时仅支持一种采样率输出。

（2）宜采用 DL/T 860.92—2016《电力自动化通信网络和系统　第 9-2 部分：特定通信服务映射》规定的数据格式向保护、测控、录波、PMU 等智能电子装置输出采样数据，采样数据值为 32 位，其中最高位为符号位。交流电压采样值一个码值（LSB）代表 10mV，交流电流采样值一个码值（LSB）代表 1mA，应满足直采的要求。

（3）DL/T 860.92—2016《电力自动化通信网络和系统　第 9-2 部分：特定通信服务映射》APDU 中包含的 ASDU 数目可配置，采样频率为 4kHz 时，ASDU 数目应配置为 1；采样频率为 12.8kHz 时 ASDU 数目应配置为 8。

12．模拟量输入式合并单元的过载能力应满足哪些技术要求？

答：过载能力参数要求如下：

（1）交流电压回路：

1）1.2 倍额定电压，长期连续工作。

2）1.4 倍额定电压，允许 10s。

3）2 倍额定电压，允许 1s。

（2）保护交流电流回路：

1）1.2 倍额定电流，长期连续工作。

2）10 倍额定电流，允许 10s。

3）40 倍额定电流，允许 1s。

（3）测量交流电流回路：

1）1.2 倍额定电流，长期连续工作。

2）20 倍额定电流，允许 1s。

（4）装置经受过电流或过电压后，应无绝缘损坏、液化、炭化或烧焦等现象，被试设备仍应满足本标准规定的相关性能要求。

13．为什么 MU 采样值传输延时不能超过 1ms？

答：合并单元采样值报文响应时间 t_d 为采样值自合并单元接收端口输入至输出端口输出的延时。合并单元采样响应时间不大于 1ms，考虑母线合并单元和间隔合并单元需经过一级级联，级联母线合并单元的间隔合并单元采样值响应时间不能超过 2ms，若采样数据延时超出此范围，间隔合并单元应报警。

14．合并单元双 AD（模数转换）采样是什么？为什么采用双 AD 采样？

答：双 AD 采样为合并单元通过两个 AD 同时采样两路数据，如一路为电流 A、B、C，另一路为电流 A1、B1、C1。两路 AD 电路输出的结果应完全独立，幅值差不应大于实际输入量幅值 2.5%（或 $0.02I_n/0.02U_n$）。两路数据同时参与逻辑运算，即相互校验。

双 AD 采样的作用是避免在任一个 AD 采样环节出现异常时造成保护误出口。

15. 针对不同母线接线方式如何配置母线电压合并单元？

答：母线电压应配置单独的母线电压合并单元。母线电压合并单元可接收至少 2 组电压互感器数据，并支持向其他合并单元提供母线电压数据，根据需要提供电压并列功能。各间隔合并单元所需母线电压量通过母线电压合并单元转发。

（1）3/2 接线：每段母线配置合并单元，母线电压由母线电压合并单元点对点通过线路电压合并单元转接。

（2）双母线接线：两段母线按双重化配置两台合并单元。每台合并单元应具备 GOOSE 接口，以及接收智能终端传递的母线电压互感器隔离开关位置、母联隔离开关位置和断路器位置，用于电压并列。

（3）双母线分段接线：按双重化配置两台母线电压合并单元，不考虑横向并列。

（4）双母线双分段接线：按双重化配置 4 台母线电压合并单元，不考虑横向并列。

（5）用于检同期的母线电压由母线合并单元点对点通过间隔合并单元转接给各间隔保护装置。

16. 合并单元电压切换应满足哪些技术要求？

答：对于接入了两段母线电压的按间隔配置的合并单元，根据采集的双位置隔离开关信息，进行电压切换。切换逻辑应满足：

（1）当 I 母隔离开关合位，II 母隔离开关分位时，母线电压取自 I 母。

（2）当 I 母隔离开关分位，II 母隔离开关合位时，母线电压取自 II 母。

（3）当 I 母隔离开关合位，II 母隔离开关合位时，理论上母线电压取 I 母电压或 II 母电压均可；实际应用中一般取 I 母电压，并在 GOOSE 报文中报同时动作信号。

（4）当 I 母隔离开关分位，II 母隔离开关分位时，母线电压数值为 0，并在 GOOSE 报文中报失压告警信号，同时返回信号。

（5）采集隔离开关位置异常状态时报警。

在电压切换过程中采样值不应误输出，采样序号应连续。

17. SV 采样值报文有哪些传输协议？

答：目前采样值传输有两种标准（IEC 60044-8、IEC 61850-9-2），其中 IEC 60044-8 标准最简单，点对点通信，报文传输采用固定通道模式，报文传输延时确定，技术成熟可靠，但需要铺设大量点对点光纤。IEC 61850-9-2 标准，技术先进，通道数可灵活配置，组网通信，需外部时钟进行同步，但报文传输延时不确定，对交换机依赖度高，软硬件实现较复杂。

18. 合并单元的检修压板应满足哪些技术要求？

答：（1）采用 DL/T 860.92—2016《电力自动化通信网络和系统　第 9-2 部分：特定

通信服务映射》协议发送采样数据。合并单元检修投入时，发送的所有数据通道置检修；按间隔配置的合并单元母线电压来自母线合并单元，仅母线合并单元检修投入时，则按间隔配置的合并单元仅置来自母线合并单元数据检修位。

（2）GOOSE 报文检修机制。合并单元检修投入时，GOOSE 发送报文置检修。合并单元断路器、隔离开关位置信息取自 GOOSE 报文时，若 GOOSE 报文中置检修，合并单元未置检修，则合并单元不使用该 GOOSE 报文中的断路器、隔离开关位置信息，保持断路器、隔离开关位置的原状态；若 GOOSE 报文中置检修，合并单元也置检修，则合并单元使用该 GOOSE 报文中的断路器、隔离开关位置信息；若 GOOSE 报文未置检修，合并单元置检修，则合并单元不使用该 GOOSE 报文中的断路器、隔离开关位置信息，保持断路器、隔离开关位置的原状态。

19．合并单元检修机制如何验证？

答：（1）合并单元投入检修压板，测试采样值数据品质中的检修品质和 GOOSE 报文的检修标志是否置位。

（2）分别修改 GOOSE 隔离开关位置数据品质的检修位和合并单元检修压板状态，测试合并单元对 GOOSE 检修报文的处理。

20．合并单元守时机制是什么？

答：（1）合并单元在外部同步信号消失后，能在 10min 内守时精度范围为±4μs。（2）当外部同步信号失去时，合并单元应该利用内部时钟进行守时。合并单元在失去同步时钟信号且超出守时范围的情况下应产生数据同步无效标志（SmpSynch=FALSE）。

21．什么是采样同步？

答：订阅者接收到采样数据后，需要对采样数据进行本地处理，使两个或两个以上随时间变化的量在变化过程中保持一定的相对关系，然后提供给本装置使用该采样值，并完成相应的保护及其他运算逻辑。

22．合并单元为什么要采样同步？

答：一次设备智能化要求实时电气量和状态量采集由传统的集中式采样改为分布式采样，这样就不可避免地带来了采样同步的问题，主要表现在以下方面：

（1）同一间隔内的各电压电流量的同步。本间隔的有功功率、无功功率、功率因数、电流/电压相位、序分量及线路电压等问题都依赖于对同步数据的测量计算。

（2）关联多间隔之间的同步。变电站内存在某些二次设备需要多个间隔的电压、电流量，典型的如母线保护、主设备纵联差动保护装置等，相关间隔的合并单元送出的测量数据应该是同步的。

（3）关联变电站间的同步。输电线路保护采用数字式纵联电流差动保护（如光纤纵差）时，差动保护需要两侧的同步数据，这有可能将数据同步问题扩展到多个变电站之间。

（4）广域同步。大电网广域监测系统需要全系统范围内的同步相角测量，在大规模使用电子式互感器的情况下，必将出现全系统内采样数据同步。

合并单元输出的电压、电流信号必须严格同步，否则将直接影响保护动作的正确性，甚至在失去同步时要退出相应的保护。

23．合并单元的采样同步有哪些要求？

答：（1）MU 应能接受外部时钟的同步信号，同步方式应基于 1PPS、IRIG-B（DC）或 GB/T 25931—2010（IEC 61588—2009、IEEE 1588—2008）TVP 协议中的一种方式。

（2）MU 应依据此外部时钟信号修正自身实时时钟且不受外部时钟信号的抖动、失真等异常信号的影响。

（3）MU 应具有守时功能，在失去同步时钟信号 10min 以内的精度范围为±4μs。

（4）MU 在失去同步时钟信号且超出守时范围的情况下应产生数据同步无效标志。

24．合并单元失步对采样值有何影响？

答：合并单元具有守时功能，要求在失去同步时钟信号 10min 以内 MU 的守时精度范围为±4μs，合并单元在失步且超出守时范围的情况下应产生数据同步无效标志。

25．什么是合并单元额定延时？

答：合并单元额定延时指从电流或电压量输入的时刻到数字信号发送时刻之间的时间间隔。

26．合并单元的采样频率有哪些要求？

答：（1）采样频率应能满足继电保护、测控、同步相量测量、计量、电能质量分析、测距等不同的应用要求。

（2）输出给继电保护装置或测控装置的采样值至少采用 4000Hz 采样频率进行同步采样。

（3）输出给计量设备至少采用 8000Hz 采样频率进行同步采样。

（4）输出给电能质量分析装置或行波测距装置的采样值至少采用 12800Hz 的采样频率进行同步采样。

27．什么是合智一体化装置？

答：合智一体化装置就是合并单元和智能终端按间隔进行集成的装置，合并单元模块与智能终端模块共用电源和人机接口，但两个模块之间相互独立，装置应就地化布置。

28．合智一体化装置数据接入功能应满足哪些要求？

答：（1）应支持传统电磁式感器和电子式互感器的接入，并支持双路数据采集。

（2）应支持 12 路电磁式互感器模拟信号接入。

（3）装置与电子式互感器之间的数据传输协议应遵循 DL/T 282—2012《合并单元技术条件》。

（4）应具有合并单元级联功能，接收来自其他间隔合并单元的电源、电流数据。

（5）应对电子式互感器采样值有效性（失步、接收数据周期）进行判别，对故障数据事件进行记录。

（6）应具有对电子式互感器采样值突变的判别功能，并能对突变数据事件进行记录。

（7）合并单元数字化接入应采用光纤传输，宜采用 ST 接口。

29．南瑞 PCS-221 系列合并单元是如何分类的？

答：南瑞 PCS-221 系列合并单元分为线路（主变压器）间隔和母线间隔两类合并单元。

线路（主变压器）间隔合并单元按互感器原理分成四种：GIS（Gas insulated Switchgear，气体绝缘金属封闭开关设备）互感器采用 PCS-221C，AIS（空气绝缘的敞开式开关设备）互感器采用 PCS-221E，光学互感器采用 PCS-221F，常规互感器采用 PCS-221G。

母线间隔分为两种：电子式互感器采用 PCS-221D，常规互感器采用 PCS-221N，其中电子式互感器包括 GIS 互感器、AIS 互感器和模拟小信号互感器。

线路（主变压器）间隔合并单元支持 8 路通道可配置扩展 IEC 60044-8 协议和最多 8 路 IEC 61850-9-2 协议（点对点或组网）。

母线间隔合并单元通过扩展 IEC 60044-8 协议给各线路间隔合并单元发送母线电压信号，最多配置 24 路；通过点对点或组网 IEC 61850-9-2 协议给母差保护发送母线电压信号，最多配置 6 路。

线路间隔合并单元支持电压切换功能，母线间隔合并单元支持电压并列功能。线路、母线间隔合并单元数据收发通道通过 ICD 文件来定义。

常规采样合并单元测量电流和计量电流共用一个电流计量绕组，保护电压、测量电压和计量电压共用一个电压计量绕组。

根据应用场合的不同，PCS-221 系列合并单元产品及应用场合如表 2-3 所示。

表 2-3　PCS-221 系列合并单元产品及应用场合

分类	产品型号	应 用 场 合
线路（主变压器）间隔	PCS-221C-I	各电压等级线路、主变压器和母联间隔 GIS 互感器，线路、主变压器间隔独立式电压互感器
	PCS-221E-I	各电压等级线路、主变压器和母联间隔 AIS 互感器，主变压器中性点 AIS 电流互感器
	PCS-221FA-I	各电压等级线路、主变压器和母联间隔光学互感器（与 PCS-220GA 采集模块接口，分布式 MU）
	PCS-221FB-I	各电压等级线路、主变压器和母联间隔光学互感器，主变压器中性点光学电流互感器（集中式 MU）
	PCS-221G-I	各电压等级线路、主变压器和母联间隔常规互感器

续表

分类	产品型号	应用场合
母线间隔	PCS-221D-I	各电压等级母线TV间隔GIS互感器、AIS互感器或模拟小信号互感器（PCS-220IC转接）
	PCS-221N-I	各电压等级母线TV间隔常规互感器，母线TV智能终端（可选）

30．PCS-221G-Ⅰ常规采样合并单元的主要功能有哪些？

答：装置通用于线路或主变压器间隔，其主要输入功能如下：

（1）采集三相保护电流、计量电流和电压（计量绕组），以及一相线路电压（用于检同期）。

（2）采集中性点零序、间隙电流信号。

（3）接收母线合并单元三相电压信号，实现母线电压切换功能。

（4）采集母线隔离开关位置信号（GOOSE或常规开入）。

（5）接收光PPS、IEEE 1588或光纤IRIG-B码同步对时信号。

主要输出功能如下：

（1）支持GB/T 20840.8—2007《互感器　第8部分：电子式电流互感器》通道可配置扩展IEC 60044-8协议，输出共10路。

（2）支持DL/T 860.92《电力自动化通信网络和系统　第9-2部分：特定通信服务映射》组网或点对点IEC 61850-9-2协议，输出6路或8路。

（3）支持GOOSE输出功能。

（4）支持新一代变电站通信标准IEC 61850。

31．PCS-221G-Ⅰ常规采样合并单元是怎样连接的？

答：PCS-221G-Ⅰ支持最多10路IEC 60044-8发送通路，最多支持8路以太网IEC 61850-9-2发送通路；对时方面，PCS-221G-Ⅰ支持光纤IRIG-B码、光PPS、IEEE 1588对时。

PCS-221G-Ⅰ装置能够以组网方式或者点对点方式进行IEC 61850-9-2协议采样值数据发送，当组网发送时必须接同步信号；当装置以点对点IEC 61850-9-2或者IEC 60044-8协议发送数据时根据实际情况同步信号可以不接，此时的同步信号只是用于装置时间对时。

PCS-221G-Ⅰ能支持同时发送IEC 61850-9-2和IEC 60044-8两种协议的采样值数据。

PCS-221G-Ⅰ还能够通过IEC 60044-8协议接收母线合并单元发送过来的两条母线的电压，并从NR1136插件通过GOOSE或者从NR1525A插件接收隔离开关的位置信息，进行电压切换；或者只接收一条母线电压而不进行电压切换。

合并单元与互感器、保护测控连接图如图2-5所示。

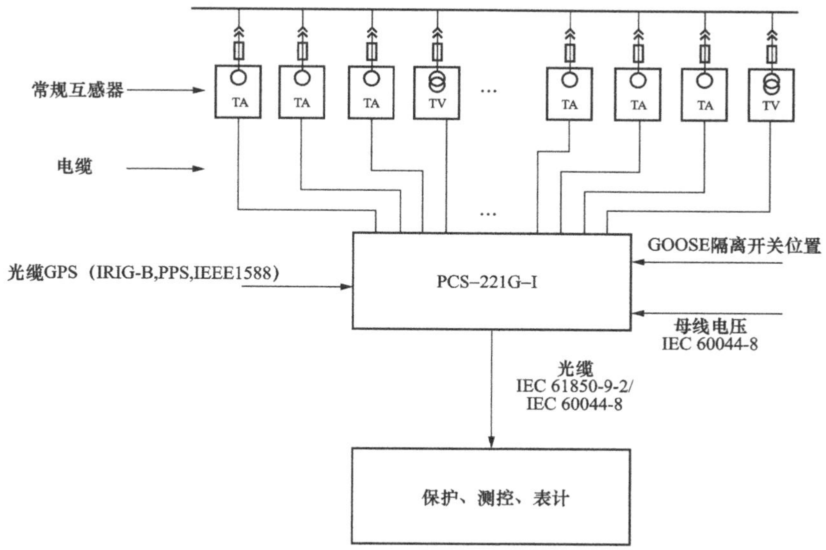

图 2-5 合并单元与互感器、保护测控连接图

32．PCS-221G-Ⅰ常规采样合并单元的电压切换功能是怎样实现的？

答：合并单元能够通过开入开出板或者 GOOSE 接收母线隔离开关的位置，然后根据位置进行电压切换后输出，电压切换原理示意图如图 2-6 所示。

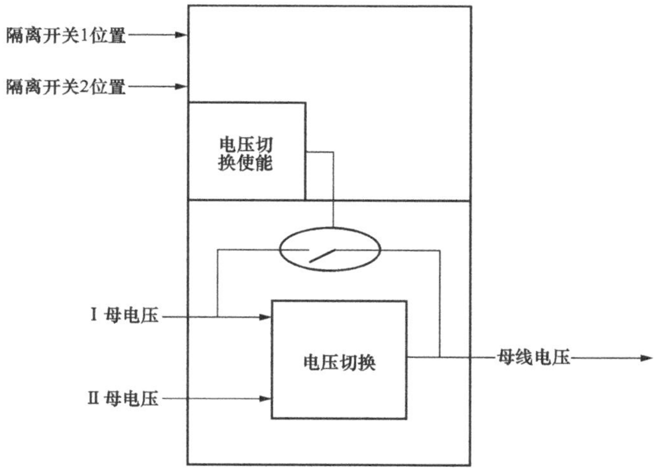

图 2-6 电压切换原理示意图

33．PCS-221G-Ⅰ常规采样合并单元的各模块主要功能是怎样的？

答：本装置采用模块化的硬件设计思想，按照功能来对硬件进行模块化分类，同时采用了背插式机箱结构，这样的设计有利于硬件的维修和更换。

组成装置的插件有：电源插件（NR1303E）、主 DSP（数字信号处理）插件（NR1136E 或者 NR1136A）、采样板（NR1123R）、交流头（NR1401-8I4U-5A40-C 或者 NR1401-8I4U-

1A40-C)、扩展FT3发送板(NR1211A)、压切板(NR1538A)、开入开出板(NR1525A)。

(1)直流电源模块(NR1303E)。直流电源模块(DC模块)是一个输入和输出隔离的DC/DC转换模块。输出直流电压为+5V,为装置其他插件提供电源。NR1303E是应用于NR1000通用平台的电源插件,其具有输入电压范围宽、效率高、输出电压纹波小的特点。

(2)主DSP模块(NR1136E或者NR1136A)。主要实现装置管理、GOOSE通信、SMV发送、对时、事件记录、人机界面交换等功能。DSP插件通过CAN总线和南瑞继保自主知识产权的HTM总线与装置内其他插件实现数据交换,通过RS-232总线实现显示和调试数据通信。NR1136E设计有7个光纤以太网接口,一个光对时口。可以实现光IRIG-B码对时和支持IEEE 1588网络对时,支持IEC 61850-9-2和GOOSE组网接收发送,也可以实现点对点IEC 61850-9-2和GOOSE接收发送。NR1136A设计有8个光纤以太网接口。支持IEEE 1588网络对时,支持IEC 61850-9-2和GOOSE组网接收发送,也可以实现点对点IEC 61850-9-2和GOOSE接收发送。

(3)采样DPS模块(NR1123R)。采样板通过并行A/D采样芯片采样交流头转换过来的小信号,为了防止采样异常,采样板硬件上均实现了双重采样,最多支持12路信号的采样,同时此板可以发送两路IEC 60044-8协议信号。

(4)交流输入模块(NR1401-8I4U-5A40-C或者NR1401-8I4U-1A40-C)。交流输入模块(AC模块)是一个模拟量转换模块,具有12模拟量输入。它能够把高值模拟量转换为适合微机保护采样使用的低值模拟量,同时实现电力系统和微机保护的有效隔离。该模块还带有无源低通滤波电路,用于滤除每路模拟量中的干扰信号。

(5)扩展FT3发送模块(NR1211A)。此板卡主要是接收NR1123R采样插件的数据,进行光电转换后转发出去,最多可以转发8路IEC 60044-8的数据。

(6)压切模块(NR1538A)。此板卡为可选配置压切板。

(7)开入开出模块(NR1525A)。一块开入开出板最多可以连接13路开入,4路开出。其具体所需的开入开出数目可以根据实际的需求灵活配置。开入电压默认情况为220V,如果要接其他等级的电压则需要修改定值。开入开出板拥有自己的微处理芯片,通过CAN总线和其他DSP板卡进行数据交换。

34. PCS-221G-Ⅰ常规采样合并单元的人机接口是怎样的?

答:人机接口功能由一块专门的人机接口模块承担。人机接口模块可以将用户需要重点关注的一些信息提取出来,或者去点亮一些指示灯,或者把信息在虚拟液晶上显示出来。用户可以通过键盘导航去定位一些感兴趣的信息。人机接口模块包括以下几个部分:①10个LED指示灯,用来显示装置的运行状态;②1个9键键盘,用于对装置进行操作。由于PCS-221G-Ⅰ放置在室外,没有液晶屏幕,所以当装置异常时可以使用模拟液晶软件。只需要将装置的前面板调试串口和计算机的串口连接起来,无须进行任何设置,然后运行模拟液晶软件即可,模拟液晶显示屏画面如图2-7所示。

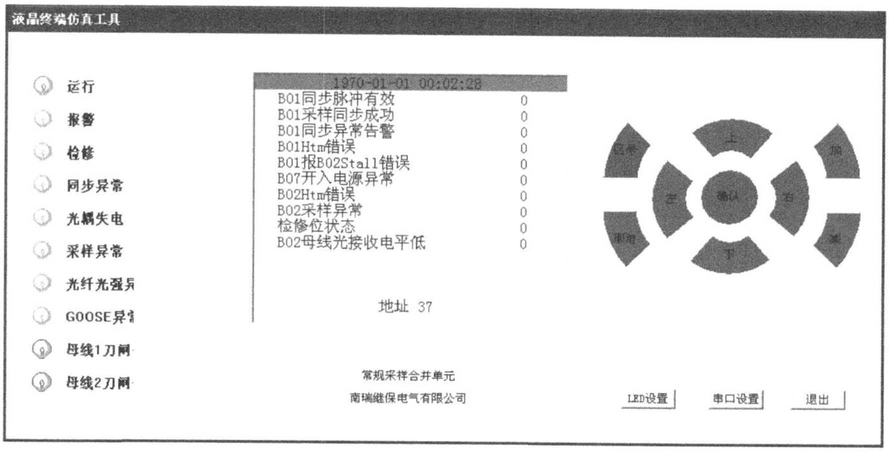

图 2-7　模拟液晶显示屏画面

35．PCS-221G-Ⅰ常规采样合并单元信号级联是怎样实现的？

答：（1）母线电压合并单元与线路间隔合并单元信号级联。母线电压合并单元通过扩展 IEC 60044-8 协议给各线路、母联等间隔发送母线电压信号。母线电压合并单元信号接入及其与线路间隔合并单元信号级联关系如图 2-8 所示。

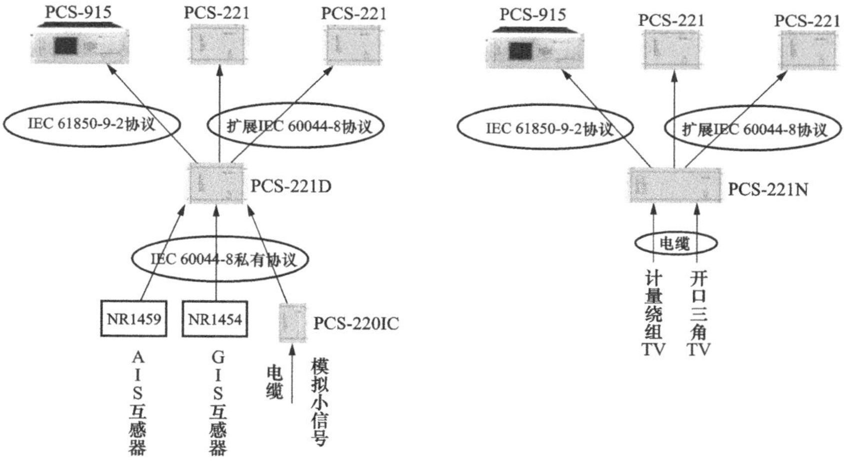

图 2-8　母线合并单元与线路合并单元信号级联图

（2）主变压器中性点采集单元与主变压器间隔合并单元信号级联。根据主变压器中性点与主变压器相应侧互感器的不同配置，信号级联关系如下。

若主变压器中性点与相应侧互感器配置为：中性点采用 AIS，相应侧采用 GIS；中性点采用 AIS，相应侧采用光学；中性点采用光学，相应侧采用 GIS；中性点采用光学，相应侧采用 AIS。如上配置方式中性点互感器需独立配置合并单元，且中性点电流直接送给主变压器保护，信号级联关系如图 2-9 所示。

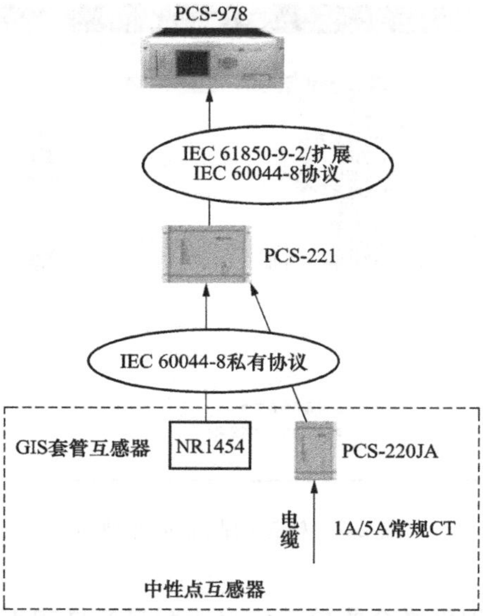

图 2-9　中性点与相应侧合并单元合一配置信号级联图

第三章 智 能 终 端

1．什么是智能终端？

答：智能终端是一种智能组件。与一次设备采用电缆连接，与保护、测控等二次设备采用光纤连接，实现对一次设备（如断路器、隔离开关、主变压器等）的测量、控制等功能。

2．智能终端的基本工作原理是什么？

答：智能终端的基本工作原理如图 3-1 所示。智能终端通过开关量采集模块采集断路器、隔离开关、变压器等设备的信号量，通过模拟量小信号采集模块采集环境温湿度等直流模拟量信号，这些信号经处理后，以 GOOSE 报文形式输出。

智能终端还接收间隔层发来的 GOOSE 命令，这些命令包括保护跳合闸、闭锁重合闸、遥控断路器、隔离开关、遥控复归等，装置在接收到命令后执行相应操作。

同时，智能终端还具备操作箱功能，支持就地手动断路器操作。

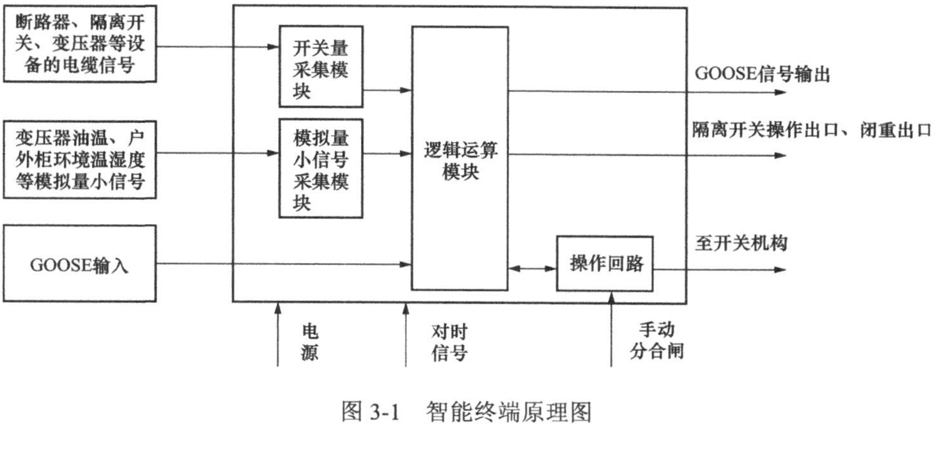

图 3-1　智能终端原理图

3．请描述智能终端的典型结构。

答：智能终端的典型结构主要由以下几个模块组成：电源模块、CPU 模块、智能开入模块、智能开出模块、智能操作回路模块等，部分装置还包含模拟量采集模块。CPU 模块一方面负责 GOOSE 通信，另一方面完成动作逻辑，开放出口继电器的正电源；智能开入模块负责采集断路器、隔离开关等一次设备的开关量信息，再通过 CPU 模块传送给保护和测控装置；智能开出模块负责驱动隔离开关、接地开关分合控制的出口继电器；

智能操作模块负责驱动断路器跳合闸出口继电器。

4．智能终端和操作继电器箱有什么区别？

答：（1）智能终端有出口硬压板、遥控硬压板等，操作继电器箱无硬压板。

（2）一套智能终端对应一套保护装置，但两套保护装置只对应一套操作继电器箱中的不同跳闸回路。

（3）遥信等信号由智能终端上传，但操作继电器箱不上传信号，一般由测控装置等上传。

（4）智能终端一般安装在设备区现场，但操作继电器箱一般安装在保护室。

（5）智能终端是将光信号转变为电信号出口，但操作继电器箱是电信号进入，电信号出口。

5．智能终端的配置原则有哪些？

答：根据Q/GDW 441—2010《智能变电站继电保护技术规范》，智能终端应按照如下要求配置。

（1）220kV及以上电压等级的继电保护及与之相关的合并单元、智能终端、网络等设备应按照双重化原则进行配置，双重化配置的继电保护应遵循以下要求：

1）每套完整、独立的保护装置应能处理可能发生的所有类型的故障，两套保护之间不应有任何电气联系，当一套保护异常或退出时不应影响另一套保护的运行。

2）两套保护的电压（电流）采样值应分别取自相互独立的合并单元（MU）。

3）双重化配置的合并单元（MU）应与电子式互感器两套独立的二次采样系统一一对应。

4）双重化配置保护使用的GOOSE（SV）网络应遵循相互独立的原则，当一个网络异常或退出时不应影响另一个网络的运行。

5）两套保护的跳闸回路应与两个智能终端分别一一对应；两个智能终端应与断路器的两个跳闸线圈分别一一对应。

6）双重化的线路纵联保护应配置两套独立的通信设备（含复用光纤通道、独立纤芯、微波、载波等通道及加工设备等），两套通信设备应分别使用独立的电源。

7）双重化的两套保护及其相关设备（电子式互感器、MU、智能终端、网络设备、跳闸线圈等）的直流电源应一一对应。

8）双重化配置的保护应使用主、后一体化的保护装置。

（2）保护装置、智能终端等智能电子设备间的相互启动、相互闭锁、位置状态等交换信息可通过GOOSE网络传输，双重化配置的保护之间不直接交换信息。

（3）双母线电压切换功能可由保护装置分别实现。

（4）3/2接线形式，两个断路器的电流MU分别接入保护装置，电压MU单独接入保护装置。

（5）110kV及以下保护就地安装时，保护装置宜集成智能终端等功能。

6．智能终端的主要技术要求有哪些？

答：根据Q/GDW 428—2010《智能变电站智能终端技术规范》，智能终端的一般技术要求有：

（1）装置应具备高可靠性，所有芯片选用微功率、宽温芯片。装置MTBF（平均故障间隔时间）大于50000小时，使用寿命宜大于12年。

（2）装置应是模块化、标准化、插件式结构；大部分板卡应容易维护和更换，且允许带电插拔；任何一个模块故障或检修时，应不影响其他模块的正常工作。

（3）装置电源模块应为满足现场运行环境的工业级或军工级产品，电源端口必须设置过电压保护或浪涌保护器件抑制浪涌骚扰。

（4）装置内CPU芯片和电源功率芯片应采用自然散热。

（5）装置应采用全密封、高阻抗、小功耗的继电器，尽可能减少装置的功耗和发热，以提高可靠性；装置的所有插件应接触可靠，并且有良好的互换性，以便检修时能迅速更换。

（6）装置开关量外部输入信号宜选用DC 220/110V，进入装置内部时应进行光电隔离，隔离电压不小于2000V，软硬件滤波。信号输入的滤波时间常数应保证在接点抖动（反跳或振动）以及存在外部干扰情况下不误发信，时间常数可调整。

（7）网络通信介质宜采用多模光缆，波长1310nm，宜统一采用ST型接口。

（8）在任何网络运行工况流量冲击下，装置均不应死机或重启，不发出错误报文，响应正确报文的延时不应大于1ms。

（9）装置的SOE分辨率应小于2ms。

（10）装置控制操作输出正确率应为100%。

7．对变压器本体智能终端有哪些功能要求？

答：变压器本体智能终端应包含完整的本体信息交互功能（非电量动作报文、调挡及测温等），并可提供用于闭锁调压、启动风冷、启动充氮灭火等出口功能。同时还宜具备就地非电量保护功能，所有非电量保护启动信号均应经大功率继电器重动，非电量保护跳闸通过控制电缆以直跳方式实现。

8．智能终端发送的GOOSE数据集怎样分类？

答：智能终端发送的GOOSE数据集分为两类，其中第一类包含断路器位置、隔离开关位置等供保护用的GOOSE信号；第二类包含各种位置和告警信息，供测控装置使用。

9．智能终端采用什么对时方式？为什么智能终端发送的外部采集开关量需要带时标？

答：智能终端对时采用光纤IRIG-B码对时方式时，宜采用ST接口；采用电IRIG-B码对时方式时，采用直流B码，通信介质为屏蔽双绞线。

无论是在组网还是直采 GOOSE 信息模式下，间隔层 IED 订阅到的 GOOSE 开入量都带有了延时，该接收到的 GOOSE 变位时刻并不能真实反映外部开关量的精确变位时刻。为此，智能终端通过在发布 GOOSE 信息时携带自身时标，该时标真实反映了外部开关量的变位时刻，为故障分析提供精确的 SOE 参考。

10．什么是智能终端动作时间？

答：智能终端动作时间是指智能终端从接收到 GOOSE 控制命令（如保护的跳合闸）到相应硬接点动作（智能终端出口动作）所经历的时间。通常包括智能终端订阅 GOOSE 信息后的 CPU 处理响应处理时间和智能终端开出硬接点（出口继电器动作）的所用时间。规范规定智能终端动作时间不大于 7ms（包含出口继电器的时间）。

11．智能终端设有哪些硬压板？各有什么功能？

答：智能终端设有“检修硬压板”“跳合闸出口硬压板”等两类压板；此外，实现变压器（电抗器）非电量保护功能的智能终端还装设“非电量保护功能硬压板”。

（1）检修硬压板：该压板投入后，装置为检修状态。此时装置所发报文中的“Test 位”置“1”；装置处于“投入”或“信号”状态时，该压板应退出。

（2）跳合闸出口硬压板：该压板安装于智能终端与断路器之间的电气回路中。压板退出时，智能终端失去对断路器的跳合闸控制；装置处于“投入”状态时，该压板应投入。

（3）非电量保护功能硬压板：负责控制本体重瓦斯、有载重瓦斯等非电量保护跳闸功能的投退。该压板投入后非电量保护同时发出信号和跳闸指令；压板退出时，保护仅发信。

（4）遥控出口硬压板：该压板投入后，在后台机或测控屏的遥控操作方可出口。

（5）闭锁另一套重合闸压板：本套智能终端闭锁重合闸时，经此压板向另一套智能终端发出闭锁重合闸信号，来闭锁另一套重合闸。

12．为什么智能终端不设软压板？

答：智能终端不设置软压板是因为智能终端长期处于现场，液晶面板容易损坏。同时也符合运维人员的操作习惯，所以智能终端不设软压板，而设置硬压板。

13．PCS-222 系列智能终端有哪几个类型？

答：PCS-222 系列智能终端分成两类：智能操作箱和带合并单元功能的智能终端。

（1）智能操作箱分成分相式断路器智能操作箱 PCS-222B 和三相联动式断路器智能操作箱 PCS-222C 两种，两种智能操作箱最多配置 8 路 GOOSE 收发通道，支持点对点和组网两种方式。

（2）带合并单元功能的智能终端按互感器和断路器原理分为四种：分相式断路器＋常规互感器智能终端 PCS-222DA，分相式断路器＋GIS 互感器智能终端 PCS-222DB，三相联动式断路器＋常规互感器智能终端 PCS-222EA，三相联动式断路器＋GIS 互感器智能终端 PCS-222EB。带合并单元功能的智能终端最多配置 8 路 GOOSE、SV 收发通道，支持点对点和组网两种方式，GOOSE 和 SV 支持共网口。

14．PCS-222B-Ⅰ智能终端的基本功能有哪些？

答：PCS-222B-Ⅰ为由计算机实现的智能操作箱，可与 220kV 及以上电压等级分相或三相操作的双跳圈断路器配合使用，保护装置和其他有关设备均可通过智能操作箱进行分合操作。智能操作箱具有下述功能：

（1）断路器操作功能：一套分相的断路器跳闸回路，一套分相的断路器合闸回路；支持保护的分相跳闸、三跳、重合闸等 GOOSE 命令；支持测控的遥控分、合等 GOOSE 命令；具有电流保持功能；具有压力监视及闭锁功能；具有跳合闸回路监视功能；各种位置和状态信号的合成功能。

（2）开入开出功能：配置有 80 路开入，39 路开出，还可以根据需要灵活增加。

（3）可以完成断路器、隔离开关、接地开关的控制和信号采集。

（4）支持联锁命令输出。

15．PCS-222B-Ⅰ智能终端的跳闸逻辑是怎样的？

答：（1）跳闸输入信号。装置能够接收保护测控装置通过 GOOSE 报文送来的跳闸信号，同时支持手跳接点输入。

一组跳闸回路的所有输入信号转换成 A、B、C 分相跳闸命令的逻辑如图 3-2 所示，包括：

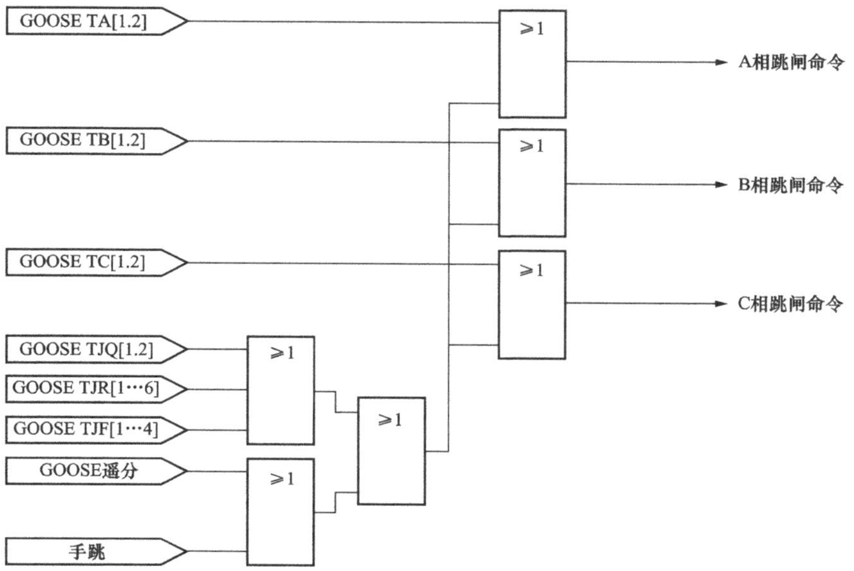

图 3-2　跳闸命令逻辑图

1）保护分相跳闸 GOOSE 输入，“GOOSE TA1”“GOOSE TA2” 是两个 A 相跳闸输入信号，“GOOSE TB1”“GOOSE TB2” 是两个 B 相跳闸输入信号，“GOOSE TC1”“GOOSE TC2” 是两个 C 相跳闸输入信号，每相提供了 2 个输入接口，可同时与两套保护相配合，第一套保护使用第 1 组分相跳闸输入接口，第二套保护使用第 2 组分相跳闸输入接口。

2）保护三跳 GOOSE 输入，“GOOSE TJQ1”“GOOSE TJQ2” 是两个三跳启动重合闸的输入信号，“GOOSE TJR1”“GOOSE TJR2”“GOOSE TJR3”“GOOSE TJR4”“GOOSE TJR5”“GOOSE TJR6” 是六个三跳不启动重合闸而启动失灵保护的输入信号，“GOOSE TJF1”“GOOSE TJF2”“GOOSE TJF3”“GOOSE TJF4” 是四个三跳既不启动重合闸，又不启动失灵保护的输入信号。

3）测控 GOOSE 遥分输入。

4）手跳硬接点开入。

（2）跳闸逻辑。装置的跳闸逻辑如图 3-3 所示，其中 “SF_6 压力低”“操动机构压力低”是装置通过光耦开入方式监视到的断路器操动机构的跳闸压力和操作压力不足信号。

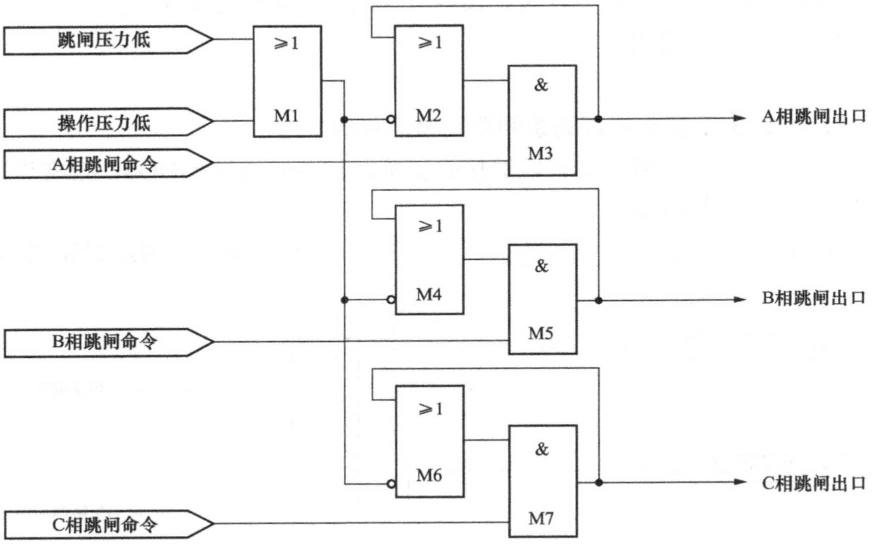

图 3-3　跳闸逻辑

以 A 相为例，“M1”“M2” 和 “M3” 构成跳闸压力闭锁功能，其作用是：在跳闸命令到来之前，如果断路器操动机构的跳闸压力或操作压力不足，即“跳闸压力低”或“操作压力低” 的状态为 “1”“M2” 的输出为 “0”，装置会闭锁跳闸命令，以免损坏断路器；而如果 “跳闸压力低” 或 “操作压力低” 的初始状态为 “0”，“M2” 的输出为 “1”，一旦跳闸命令到来，跳闸出口立即动作，之后即使出现跳闸压力或操作压力降低，“M2” 的输出仍然为 “1”，装置也不会闭锁跳闸命令，保证断路器可靠跳闸。

A、B、C 相跳闸出口动作后再分别经过装置的 A、B、C 相跳闸电流保持回路使断路器跳闸。

16．PCS-222B-Ⅰ智能终端的合闸逻辑是怎样的？

答：（1）合闸输入信号。装置能够接收保护测控装置通过 GOOSE 报文送来的合闸信号，同时支持手合接点输入。

如图 3-4 所示为合闸回路的所有合闸输入信号转换成 A、B、C 分相合闸命令的逻辑图。其中“GOOSE HA”“GOOSE HB”“GOOSE HC”是以 GOOSE 方式输入的分相合闸信号，可用于与具有自适应重合闸功能的保护装置相配合；“GOOSE 重合闸”是以 GOOSE 方式输入的重合闸信号；“GOOSE 遥合”是以 GOOSE 方式输入的测控合闸信号；“手合”是以接点方式输入的手合信号；“合闸压力低”是装置通过光耦开入方式监视到的断路器操动机构的合闸压力不足信号。该输入用于形成合闸压力闭锁逻辑：在手合（或遥合）信号有效之前，如果合闸压力不足，“合闸压力低”状态为“1”，取反后闭锁合闸，以免损坏断路器；而如果“合闸压力低”初始状态为“0”，在手合（或遥合）信号有效之后，即使出现合闸压力降低也不会受影响，保证断路器可靠合闸。

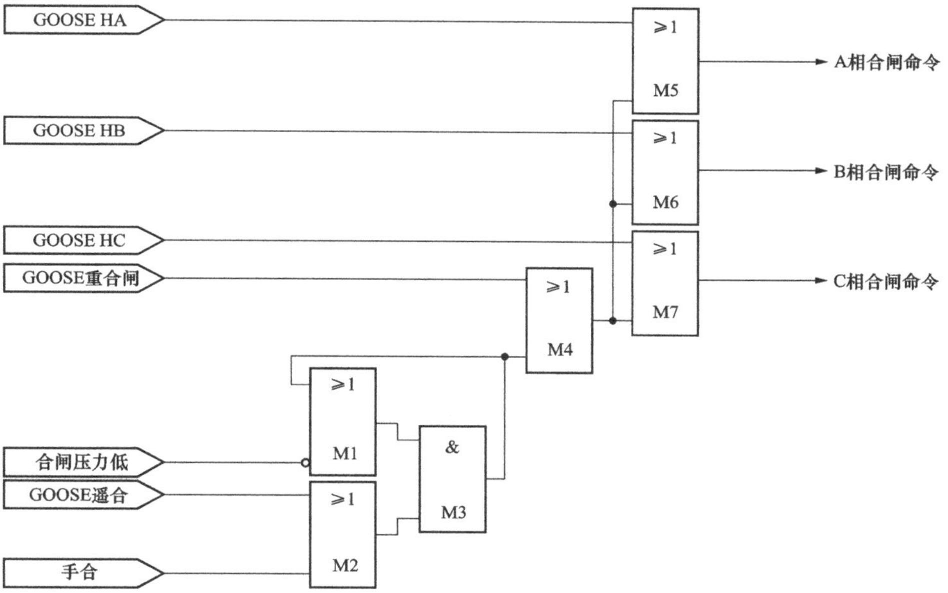

图 3-4 合闸命令

（2）合闸逻辑。如图 3-5 给出了装置的合闸逻辑，其中“跳闸压力低”“操作压力低”是装置通过光耦开入方式监视到的断路器操动机构的跳闸压力和操作压力不足信号。

以 A 相为例，“M1”“M2”和“M3”构成合闸压力闭锁功能，其作用是：在合闸命令到来之前，如果断路器操动机构的跳闸压力或操作压力不足，即“跳闸压力低”或“操作压力低”的状态为“1”，“M2”的输出为“0”，装置会闭锁合闸命令，以免损坏断路器；而如果“跳闸压力低”或“操作压力低”的初始状态为“0”，“M2”的输出为“1”，一旦合闸命令到来，合闸出口立即动作，之后即使出现跳闸压力或操作压力降低，“M2”的输出仍然为“1”，装置也不会闭锁合闸命令，保证断路器可靠合闸。

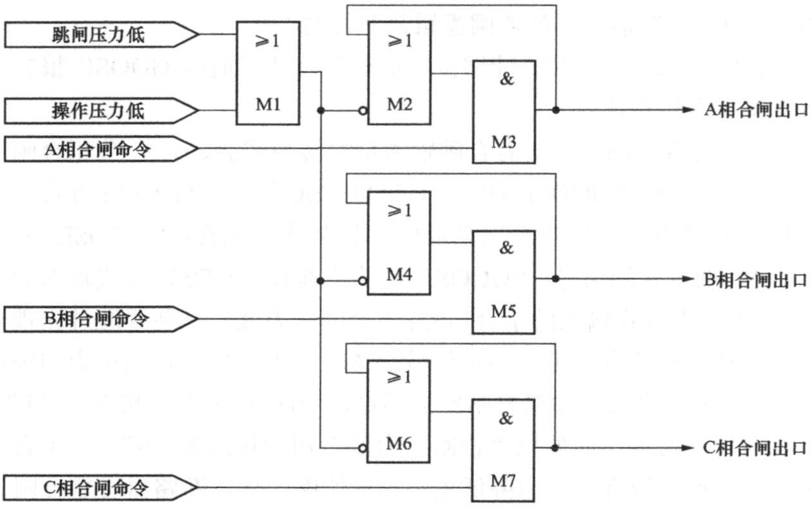

图 3-5 合闸逻辑

A、B、C 相合闸出口动作后再分别经过装置的 A、B、C 相合闸电流保持回路使断路器合闸。

17．PCS-222B-Ⅰ智能终端的压力监视及闭锁逻辑是怎样的？

答：装置通过光耦开入的方式监视断路器操动机构的跳闸压力、合闸压力、重合闸压力和操作压力的状态，当压力不足时，给出相应的压力低报警信号。

装置的跳闸压力闭锁逻辑：在跳闸命令有效之前，如果操作压力或跳闸压力不足，则闭锁跳闸命令；而在跳闸命令有效之后，即在跳闸过程中出现操作压力或跳闸压力降低的情况，也不会闭锁跳闸，保证断路器可靠跳闸。

装置的合闸压力闭锁逻辑：

（1）在手合命令有效之前，如果合闸压力不足，则闭锁手合命令；而在手合命令有效之后，即在合闸过程中出现合闸压力降低的情况，也不会闭锁合闸，保证断路器可靠合闸。

（2）在合闸命令有效之前，如果操作压力或跳闸压力不足，则闭锁合闸命令；而在合闸命令有效之后，即在合闸过程中出现操作压力或跳闸压力降低的情况，也不会闭锁合闸，保证断路器可靠合闸。

重合闸压力不参与操作箱的压力闭锁逻辑，而只是通过 GOOSE 报文发送给重合闸装置，由重合闸装置来处理。

四个压力监视开入既可以采用动合触点，也可以采用动断触点。

18．PCS-222B-Ⅰ智能终端的闭锁重合闸逻辑是怎样的？

答：装置在下述情况下会产生闭锁重合闸信号，可通过 GOOSE 发送给重合闸装置。

（1）收到测控的 GOOSE 遥分命令或手跳开入动作时会产生闭锁重合闸信号，并且该信号在 GOOSE 遥分命令或手跳开入返回后仍会一直保持，直到收到 GOOSE 遥合命令或手合开入动作才返回。

（2）收到测控的 GOOSE 遥合命令或手合开入动作。

（3）收到保护的 GOOSE TJR、GOOSE TJF 三跳命令，或 TJF 三跳开入动作。

（4）收到保护的 GOOSE 闭锁重合闸命令，或闭锁重合闸开入动作。

其中，对于第（4）项中的闭锁重合闸开入的使用如图 3-6 所示。

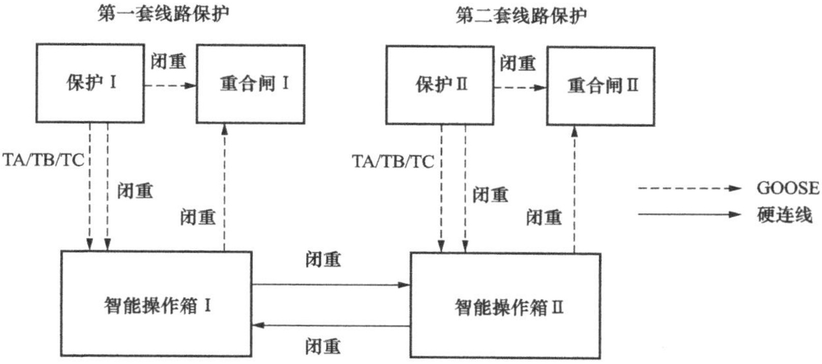

图 3-6 双重化智能操作箱闭重示意图

如图 3-6 所示，根据双重化原则，第一套保护（含保护装置、重合闸装置、智能操作箱）与第二套保护（含保护装置、重合闸装置、操作箱）完全独立。对于智能操作箱，一方面经 GOOSE 网络接收本套保护装置发出的“TA/TB/TC”及“闭重”信号，另外也通过硬连线接收另外一个操作箱的“闭重”信号，对这两个信号做“或”逻辑，形成内部“闭重”标志，再送给本套的重合闸装置及另外一个操作箱。

19．PCS-222B-Ⅰ智能终端的硬件结构是怎样的？

答：PCS-222B-Ⅰ智能终端采用模块化的硬件设计思想，按照功能来对硬件进行模块化分类，同时采用了背插式机箱结构，这样的设计有利于硬件的维修和更换，其硬件框图如图 3-7 所示。

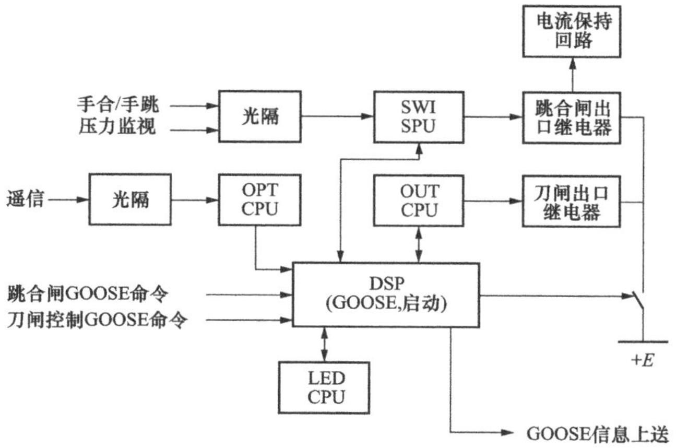

图 3-7 装置通用硬件框图

组成装置的插件有：电源插件（NR1303E）、主DSP插件（NR1136C、NR1136A或者NR1136E）、开入板（NR1504A）、开出板（NR1521A），智能操作回路插件（NR1528A），电流保持插件（NR1528A或者NR1528B），模拟量采集板（NR1410B）。

DSP插件一方面负责GOOSE通信，另一方面完成动作逻辑，开放出口继电器的正电源；智能开入插件负责采集断路器、隔离开关等一次设备的开关量信息，然后交由DSP插件发送给保护和测控装置；智能开出插件驱动隔离开关、接地开关分合控制的出口继电器；智能操作回路插件驱动断路器跳合闸出口继电器，并监视跳合闸回路完好性；电流保持插件完成断路器跳合闸电流自保持功能。

20．PCS-222B-Ⅰ智能终端的各模块主要功能是怎样的？

答：（1）主DSP模块（NR1136A/C/E）。板卡主要实现装置管理、GOOSE通信、SMV发送、对时、事件记录、人机界面交换等功能。DSP插件通过CAN总线和南瑞继保自主知识产权的HTM总线与装置内其他插件实现数据交换，通过RS-232总线实现显示和调试数据通信。

（2）智能开入模块1（NR1504A）。智能开入插件用于采集包括断路器位置、隔离开关位置以及断路器本体信号（含重合闸压力低）在内的一次设备的状态量信号，然后通过内部CAN总线送给DSP插件。通过智能开入插件，可以把间隔内所有的开关量信号进行就地集中采集，然后通过GOOSE网上送给保护和测控装置，这样能够省去大量长距离的电缆。

（3）智能操作回路插件（NR1528）。NR1528智能操作回路插件可提供一组跳闸出口接点和一组合闸出口接点，均为无源的空接点。同时插件具有光耦监视回路，能够监测跳合闸回路的状态。

（4）电流保持插件（NR1534A/B）。电流保持插件的作用是实现断路器跳/合闸电流自保持的功能，其原理如图3-7所示。当输入的跳/合闸脉冲信号使TBJ（a，b，c）或HBJ（a，b，c）继电器动作后，其线圈通过自身接点实现自保持，直到跳/合闸回路中的断路器辅助触点断开再返回。

（5）智能开出插件（NR1521A）。它们通过内部CAN总线接收DSP插件送来的动作命令，然后驱动相应的出口继电器动作，并且出口继电器的正电源经DSP启动闭锁。其输出均为无源空接点，用于控制包括一母、二母隔离开关在内的4把隔离开关和3把接地开关的分、合及闭锁命令输出。

（6）模拟量采集插件（NR1410A/B）。B06号插件是一块可以选配的模拟量信号采集插件，它们将采集到的模拟量通过内部CAN总线送给主DSP插件，然后主DSP插件通过GOOSE送给相关测控装置。NR1410插件主要用于慢变信号的采集，如温度传感器、湿度传感器等。

（7）显示面板。LED板为一块相对独立的板卡，由LED指示灯和ARM7处理器组成，它通过内部总线接收DSP插件的数据完成LED指示灯的显示控制，便于调试人员通过PC机下载程序和查看装置运行状态。

（8）直流电源模块（NR1301S）。电源插件具有很宽的输入范围，为 DC 88V～DC 264V。

21．南瑞 PCS-222B-Ⅰ智能终端的人机接口是怎样的？

答：由于 PCS-222B-Ⅰ放置在室外，没有液晶屏幕，所以当装置异常时可以使用南瑞公司提供的模拟液晶软件。只需要将装置的前面板调试串口和计算机的串口连接起来，无须进行任何设置，然后运行模拟液晶软件即可。

22．四方 JFZ-600R 系列智能终端的主要功能有哪些？

答：JFZ-600S 系列智能终端完成所在间隔的信息采集、控制以及部分保护功能，包括断路器、隔离开关、接地开关的监视和控制。

（1）装置显示。本装置采用基于 PC 的以太网外接显示软件作为调试手段，同时装置面板具备 LED 指示灯。

（2）遥信。每组开入可以定义成多种输入类型，如状态输入（重要信号可双位置输入）、告警输入、事件顺序记录（SOE）、主变分接头输入（BCD 或 HEX）等，具有防抖动功能。

（3）保护跳合闸。可接收保护装置下发的跳闸、重合闸命令，完成保护跳合闸。

（4）控制命令。接收测控装置的遥控命令，完成对断路器及其相关隔离开关的控制。

（5）温度采集。本装置可采集多种直流量，如 DC 220V、DC 110V、DC 24V、DC 0V～5V、DC 4mA～20mA 等，还能完成主变压器温度的采集上送。

23．PSIU600 系列智能单元的主要功能有哪些？

答：（1）交流模拟量采集。具备交流模拟量采集的功能，可通过选配不同通道类型的交流插件，采集传统 TA/TV 输出的二次模拟信号。

（2）数字量输入。可通过 GB/T 20840.8—2007《互感器 第 8 部分：电子式电流互感器》报文格式接收光纤同步串口信号，能兼容 5Mbit/s 及 10Mbit/s 的编码速率。为了保证合并单元装置整体采样延迟时间小于 2ms，要求前端接入的数字量采样延迟时间小于 1ms。

（3）数字量输出。采用 DL/T 860.92—2016《电力自动化通信网络和系统 第 9-2 部分：特定通信服务映射》或 GB/T 20840.8—2007 规定的报文格式，向站内保护、测控、计量、录波、PMU 等智能电子设备输出经同步后的采样值。整体采样延迟时间小于 2ms。

（4）时钟同步。可支持光纤 B 码、PPS 秒脉冲及 IEEE 1588 同步方式，同步误差小于 1μs，并具有守时功能，在失去同步时钟信号 10min 以内的同步误差小于 4μs，通过选配 FT3 模件，可以支持在运行状态下输出光纤同步测试脉冲。

（5）电压并列、切换。可通过 GOOSE 通信或本地开入模件采集断路器、隔离开关等位置信号，并可提供多种 TV 并列和切换方式。

（6）设备自检。装置具备对本身的 AD 采样、FLASH、工作电压等硬件环节进行自检，并能对异常事件进行记录和保存。在 MU 故障时可通过 GOOSE 上送告警内容，并输出告警接点，装置主要运行状态可通过面板 LED 灯指示。

第四章　继电保护及自动装置

1．继电保护及安全自动装置的功能要求有哪些？

答：应遵循 GB/T 14285—2016《继电保护和安全自动装置技术规程》、DL/T 478—2013《继电保护和安全自动装置通用技术条件》、DL/T 1092—2008《电力系统安全稳定控制系统通用技术条件》等相关标准，并优先满足以下要求：

（1）应针对互感器或合并单元的输出特性，优化相关继电保护和稳定控制的有关算法，提高继电保护装置及安全自动装置的性能。

（2）差动保护应考虑各侧互感器特性的差异，支持不同类型互感器的接入方式。

（3）应适应风电、太阳能等可再生能源接入后可能出现的特殊工况。

（4）应具备自检及自诊断功能。

（5）站用时间同步系统应支持 IRIG-B、SNTP、GB/T 25931 等一种或多种对时方式，IED 和系统至少支持其中一种。

（6）继电保护装置双重化配置时，输入、输出及供电电源、各环节应独立。

（7）宜将采集信息、控制对象相同的不同保护功能进行集成。

2．如何理解国网规范中“保护装置应不依赖于外部对时系统实现其保护功能”？

答：保护装置采用点对点直接采样，采样值同步采用基于合并单元额定延迟的插值算法，使采样值同步与外部时钟无关，避免外部对时异常对保护功能的影响。

3．如何理解国网关于保护装置“直采直跳”的含义？

答：保护装置不经过以太网交换机，以 SV 点对点连接方式直接从合并单元接收采样值传输；保护装置与智能终端之间不经过以太网交换机以 GOOSE 点对点连接方式直接进行跳合闸信号的传输。

4．智能变电站中保护装置之间的联闭锁信号、启动失灵信号是怎样传输的？

答：继电保护之间的联闭锁信息、失灵启动等信息宜采用 GOOSE 网络传输方式。

5．智能变电站继电保护双重化配置对合并单元与智能终端的要求是什么？

答：双重化配置保护对应的过程层合并单元、智能终端均应双重化配置。

6．智能变电站继电保护双重化配置时对过程层网络配置的要求是什么？

答：过程层设备，第一套接入过程层A网，第二套接入过程层B网，为防止相互干扰，两网之间应完全独立。

7．智能变电站继电保护装置对接收的SV采样数据必须处理其品质描述（q）中的哪些信息？

答：品质描述中包含有效性、源、测试、操作员闭锁等标志，作为继电保护装置应必须处理：

（1）数据的有效性，数据无效应闭锁相关的保护功能。

（2）测试标志，即合并单元检修压板的投退状态，当本保护装置与合并单元检修压板不一致时，数据应做无效处理。

8．智能变电站继电保护装置检测到合并单元采样延时异常时是如何处理的？

答：保护装置应自动补偿采样延时，当采样延时异常时，应发报警信息、闭锁采自不同合并单元且有采样同步要求的保护。

9．智能变电站继电保护装置有哪些硬压板？

答："检修状态"硬压板，其他压板应采用软压板。

10．保护装置检修压板投入时对保护装置的要求是什么？

答：保护装置检修压板投入时，上送带品质位信息，保护装置应有明显显示（面板指示灯或界面显示）。参数、配置文件仅在检修压板投入时才可下装。

11．智能变电站继电保护装置与远方操作有关的压板是怎样设置的？

答："远方投退压板""远方切换定值区"和"远方修改定值"只设软压板，三者功能相互独立。

12．智能变电站继电保护装置为什么要设置接收软压板？

答：在智能变电站中，由于数字化保护采用了二次虚回路的形式，二次设备之间信号的隔离较困难。检修压板作为快速临时隔离措施，但不能作为唯一的隔离措施，需根据具体情况配合使用出口软压板和接收软压板才能实现检修设备与运行设备的有效隔离。

13．智能变电站继电保护装置SV接收软压板和GOOSE接收软压板的含义是什么？

答：SV接收软压板的投退是用来控制保护装置是否将接收的SV交流量参与保护的计算，SV接收软压板投入，保护装置接收的SV交流量参与相关的保护计算，反之不参与保护的计算；GOOSE接收软压板是用来控制保护装置是否将接收的GOOSE信号参与相关的保护逻辑，GOOSE 接收软压板投入，保护装置接收的 GOOSE 信号参与相关的保护逻辑，反之则不参与。

14．智能变电站继电保护装置 SV 接收软压板的配置原则是什么？

答：保护装置应按合并单元设置“SV 接收”软压板，应为所连接的每个合并单元设置“SV 接收”软压板。

15．“SV 接收”压板退出后保护装置中相应采样值如何显示？

答：“SV 接收”压板退出并不影响 SV 数据的接收，但因为相应的采样值不参与保护逻辑运算，所以相应采样值显示为 0，且不应发 SV 品质报警信息。

16．智能变电站继电保护装置 GOOSE 接收软压板的配置原则是什么？

答：宜简化保护装置之间、保护装置和智能终端之间的 GOOSE 软压板，重要信号设置接收软压板。如线路及辅助保护不设 GOOSE 接收软压板；主变压器保护设置失灵联跳三侧接收软压板；母线保护设置支路启动失灵软压板。

17．双母线接线方式下 TV 合并单元故障或失电时，线路保护装置是怎样处理的？

答：线路保护装置视母线电压采样无效，闭锁与母线电压相关的保护功能。

18．双母线接线方式下线路间隔合并单元故障或失电时，线路保护装置是怎样处理的？

答：线路保护装置视线路电流和电压采样无效，闭锁所有保护。

19．智能变电站主变压器非电量保护是怎样配置的？

答：主变压器非电量保护一般集成在非电量智能终端中，就地实现非电量保护功能。这样可以有效地减少由于电缆的损坏或电磁干扰导致保护拒动或误动的可能性。非电量保护在就地直接采集主变压器的非电气量信号，当主变压器故障时，非电量保护通过电缆接线直接作用于主变压器各侧智能终端的“其他保护动作三相跳闸”输入端口，直接启动出口中间继电器。非电量保护装置通过光缆将非电量保护动作信号“发布”到 GOOSE 网，用于信号监视及录波等。

20．智能变电站断路器保护为什么双重化配置？

答：由于智能变电站 GOOSE 双重化配置的两个过程层网络应遵循完全独立的原则，双重化网络不能共网，所以断路器保护也要随着 GOOSE 双网而双重化。断路器保护双重化后能提高保护 $N+1$ 的可靠性，从而使断路器保护可以满足不停电检修。

21．智能变电站双重化配置的 220kV 线路间隔重合闸是如何实现相互闭锁的？

答：智能变电站双重化配置的 220kV 线路间隔有两套保护装置，分别对应一个智能终端，两套保护的重合闸功能是相互独立的，当其中一套智能终端收到永跳命令或闭锁重合闸信号时，该套智能终端通过输出闭锁重合闸硬接点至另外一套智能终端闭锁重合闸开入，从而实现重合闸的相互闭锁功能。

22．智能变电站检修压板对保护装置处理 SV 数据的影响是怎样的？

答：保护装置应将接收的 SV 报文中的 Test 位（检修压板状态）与装置自身的检修压板状态进行比较，只有两者一致时才将接收到的 SV 采样信号用于保护逻辑，否则应发告警信号并闭锁相关保护。

23．智能变电站检修压板对保护装置处理 GOOSE 数据的影响是怎样的？

答：保护装置应将接收的 GOOSE 报文中的 Test 位（检修压板状态）与装置自身的检修压板状态进行比较，只有两者一致时该信号才视为有效，否则该 GOOSE 信号宜取检修不一致之前的值。

24．智能变电站线路保护与本间隔合并单元检修压板不一致时线路保护怎样动作？

答：视线路电压和电流无效，线路保护中所有的保护元件均退出，保护不动作。

25．智能变电站主变压器保护与某侧合并单元检修压板不一致时主变压器保护怎样处理？

答：视该侧电流无效，退出差动元件和该侧后备保护元件，其他保护元件正常工作。

26．双母主接线母线保护与母联合并单元检修压板不一致时母线保护怎样处理？

答：视母联电流无效，双母线置互联处理，任一母线故障跳两条母线，同时闭锁母联过电流和母联失灵保护元件。

27．双母主接线母线保护与母线电压合并单元检修压板不一致时母线保护怎样处理？

答：视母线电压无效，差动保护复压闭锁无条件开放。

28．智能变电站 TA 极性调整在保护装置是如何实现的？

答：TA 极性调整在保护装置采用不同极性的虚端子输入实现，原则上二次设备仅解决一次设备不能解决的问题，3/2 断路器接线线路保护装置和短引线保护装置的中断路器应能通过不同输入虚端子对电流极性进行调整。

29．智能变电站保护装置“GOOSE 链路中断”告警信号产生的原因和含义是什么？

答：保护装置超时收不到 GOOSE 报文就会发出“GOOSE 链路中断”告警信号，该超时时间取两倍的允许生存时间（T_{AL}），一般允许生存时间取 T_0 时间的两倍。

30．智能变电站保护装置“SV 采样链路中断”告警信号产生的原因和含义是什么？

答：保护装置经过一定的超时时间后收不到 SV 报文就判为 SV 采样链路中断，并发出“SV 采样链路中断”告警信号，SV 采样链路中断发生时，保护装置应将 SV 采样值做无效处理，并闭锁相关保护功能。

31．智能变电站保护装置“SV 采样数据异常”告警信号产生的原因和含义是什么？

答：保护装置在接收 SV 采样数据时，当出现数据超时、解码出错、采样计数器出错、采样插值出错等采用逻辑“或”处理，延时报警，此时保护装置认为 SV 采样数据异常，应将 SV 采样值作无效处理，并闭锁相关保护功能。

32．智能变电站保护装置“对时异常”告警信号产生的原因和含义是什么？

答：保护装置接收不到外部时钟源对时信号，或接收不到正确的对时信号，当装置对时误差超过一定门槛时报“对时异常”告警信号。

33．一次设备停役时若需退出继电保护系统，按《国调中心关于印发智能变电站继电保护和安全自动装置现场检修安全措施指导意见（试行）的通知》（国调继〔2015〕92 号文）宜按什么顺序进行操作？

答：（1）退出相关运行保护装置中该间隔的 SV 软压板或间隔投入软压板。

（2）退出相关运行保护装置中该间隔的 GOOSE 接收软压板（如启动失灵等）。

（3）退出该间隔保护装置中跳闸、合闸、启失灵等 GOOSE 发送软压板。

（4）退出该间隔智能终端出口硬压板。

（5）投入该间隔保护装置、智能终端、合并单元检修压板。

34．一次设备复役时继电保护系统投入运行，按《关于印发智能变电站继电保护和安全自动装置现场检修安全措施指导意见（试行）》（国调继〔2015〕92 号文）宜按什么顺序进行操作？

答：（1）退出该间隔合并单元、保护装置、智能终端检修压板。

（2）投入该间隔智能终端出口硬压板。

（3）投入该间隔保护装置跳闸、重合闸、启失灵等 GOOSE 发送软压板。

（4）投入相关运行保护装置中该间隔的 GOOSE 接收软压板（如失灵启动、间隔投入等）。

（5）投入相关运行保护装置中该间隔 SV 软压板。

35．退出保护装置的某项保护功能时宜如何操作？

答：（1）先退出该功能独立设置的出口 GOOSE 发送软压板，再退出其功能软压板。

（2）无独立设置的出口 GOOSE 发送软压板时，退出其功能软压板。

（3）不具备单独投退该保护功能的条件时，退出整装置。

36．双 A/D 采样不一致时继电保护装置怎么处理？

答：保护装置应告警、退出相关保护功能，当双 A/D 数据之一异常时，保护装置应采取措施，防止保护误动作。

37．南瑞 PCS-915GA-D 母线保护装置的硬件结构是怎样的？

答：PCS-915GA-D 型母线保护装置设有母线差动保护、母联死区保护、母联失灵保护及断路器失灵保护功能。支持 IEC 61850-9-2 和 GOOSE。适用于各种电压等级的双母主接线、单母主接线及单母分段主接线，并可满足有母联兼旁路运行方式主接线系统的要求。

本装置通用硬件原理如图 4-1 所示。来自于合并单元和智能终端的 SV 和 GOOSE 信号被分别送到保护 DSP 和起动 DSP 用于保护计算和故障检测。启动 DSP 负责故障检测，当检测到故障时开放出口继电器正电源（当采用 GOOSE 出口时由软件实现）。保护 DSP 负责保护逻辑计算，当达到动作条件时，驱动出口继电器动作（或发出 GOOSE 跳闸报文）。CPU 插件负责顺序事件记录（SOE）、录波、打印、对时、人机接口及与监控系统通信。

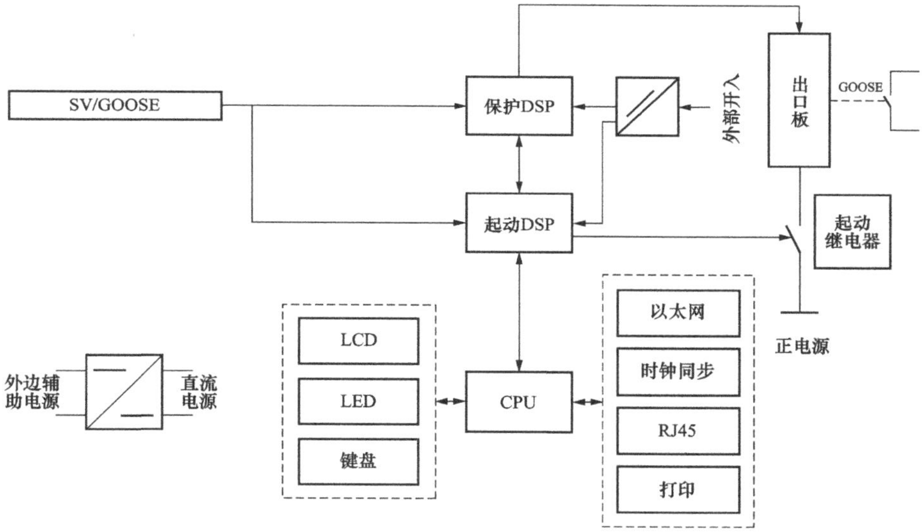

图 4-1　装置通用硬件原理框图

38．PCS-915GA-D 母线保护装置的差动保护原理是怎样的？

答：母线差动保护由分相式比率差动元件构成。差动回路包括母线大差回路和各段母线小差回路。母线大差是指除母联断路器和分段断路器外所有支路电流所构成的差动回路。某段母线的小差是指该段母线上所连接的所有支路（包括母联和分段断路器）电流所构成的差动回路。母线大差比率差动用于判别母线区内和区外故障，小差比率差动用于故障母线的选择。

39．PCS-915GA-D 母线保护装置的间隔退出功能是怎样的？

答：当退出“间隔投入软压板”时，相应间隔的电流将退出差流计算，退出本间隔保护，但仍能显示实际采样值，中断本间隔的所有 GOOSE 发送和接收，屏蔽本间隔的 SV 和 GOOSE 链路报警。

若间隔投入软压板退出时相应间隔有电流，装置发“××××间隔退出异常”报警信号，相应间隔电流不退出差流计算。

40．PCS-915GA-D 母线保护装置的数据异常对保护有何影响？

答：为了防止单一通道数据异常导致保护装置被闭锁，装置将按照光纤数据通道的异常状态有选择性地闭锁相关的保护元件，具体原则为：

（1）采样数据无效时采样值不清零，显示无效的采样值。

（2）某段母线电压通道数据异常不闭锁保护，并开放该段母线电压闭锁。

（3）支路电流通道数据异常，闭锁差动保护及相应支路的失灵保护，其他支路的失灵保护不受影响。

（4）母联支路电流通道数据异常，闭锁母联保护，母线自动置互联。

41．PCS-915GA-D 母线保护装置的检修位处理方法是怎样的？

答：（1）GOOSE 检修位处理方法。当 GOOSE 信号发送方和接收方的检修状态不一致时，GOOSE 信号将在接收方被置为无效。

（2）SV 检修位处理方法。在间隔软压板投入的情况下，如果保护装置的检修状态和对应间隔 MU 检修位不一致时，该间隔采样数据将在接收方被置为无效，装置报警且闭锁差动保护和本间隔其他保护。

42．智能变电站闭锁重合闸功能是如何实现的？

答：电力系统中，某些特殊情况下需要对断路器的重合闸功能进行闭锁。在智能变电站中采用光缆代替了控制电缆作为变电站过程层设备、间隔层设备数据交互的主通道，对于通过网络传输重合闸闭锁命令的，设计时充分考虑网络中断对重合闸闭锁功能的影响，尽量通过多个独立通道或方式进行重合闸闭锁命令的传输。

对于断路器压力降低闭锁重合闸功能，由智能终端通过光纤通道向线路保护装置发送重合闸闭锁信号，实现机构压力降低闭锁重合闸功能。

母线保护在保护动作时，一方面通过过程层交换机向线路保护发送闭锁重合闸命令使重合闸放电，实现闭锁重合闸功能；另一方面通过母线保护向智能终端发送永跳命令，智能终端接收到命令后驱动永跳继电器接通跳闸回路，同时向线路保护发送闭锁重合闸信号。

测控装置一方面通过过程层网络发送“手动跳闸”遥控命令给智能终端，智能终端在接收命令后驱动“手动跳闸”继电器接通跳闸回路，同时向线路保护发送闭锁重合闸信号；另一方面测控装置也可以通过过程层网络向线路保护发送闭锁重合闸命令，使线路保护重合闸放电，实现遥控断路器跳闸闭锁断路器重合闸。

43．500kV 智能变电站中系统继电保护及安全自动装置对智能终端的要求有哪些？

答：（1）220kV 及以上电压等级智能终端按断路器双重化配置，每套智能终端包含完整的断路器信息交互功能。

（2）智能终端不设置防跳功能，防跳功能由断路器本体实现。

（3）智能终端采用就地安装方式，放置在智能控制柜中。

（4）智能终端跳合闸出口回路应设置硬压板。

（5）智能终端应接收保护跳合闸命令、测控的“手合/手分”断路器命令及隔离开关、接地开关等 GOOSE 命令，输入断路器位置、隔离开关及接地开关位置、断路器本体信号（含压力低闭锁重合闸等），跳合闸自保持功能，控制回路断线监视、跳合闸压力监视与闭锁功能等。

（6）智能终端应至少提供一组分相跳闸接点和一组合闸接点，具备三跳硬接点输入接口，可灵活配置的保护点对点接口和 GOOSE 网络接口。

（7）具备对时功能、事件报文记录功能，跳、合闸命令需可靠校验。

（8）智能终端的动作时间应不大于 7ms。

（9）智能终端具备跳/合闸命令输出的监测功能，当智能终端接收到跳闸命令后，应通过 GOOSE 网发出收到跳令的报文。

（10）智能终端的告警信息通过 GOOSE 上送。

第五章 测 控 装 置

1．智能变电站测控装置支持的时间同步管理功能有哪些？

答：（1）支持时间同步管理状态自检信息主动上送功能。

（2）支持基于 NTP 协议实现的站控层设备时间同步管理功能。

（3）支持基于 GOOSE 协议实现的过程层设备时间同步管理功能。

2．取代服务的实现原则有哪些？

答：装置模型中的所有支持输出的数据对象如遥测、遥信等，应支持取代模型和服务。

（1）使用 SetDataValues 服务将 subEna 置为 True 时，subVal、subQ 应被赋值到相应的数据属性 Val、q，其品质的第 10 位（0 开始）应该置 1，表明取代状态。

（2）当 subEna 置为 True 时，改变 subVal、subQ 应直接改变相应的数据属性 Val、q，无须再次使能 subEna。

（3）当取代的数据配置在数据集中，subEna 置为 True 时，取代的状态值和实际状态值不同，应上送报告，上送的数据值为取代后的数值，原因码同时置数据变化和品质变化位。

（4）客户端除了设置取代值，还要设置 subID。当某个数据对象处于取代状态时，服务器端应禁止 subID 不一致的客户端改变取代相关的属性。

（5）装置站控层访问点 MMS 及 GOOSE（联锁）应支持取代，过程层 GOOSE 和 SV 访问点不应支持取代服务。装置重启后，取代状态不应保持。

（6）客户端应支持批量恢复取代信号的功能。

3．监控后台对测控装置信息采用取代服务后数据上送信息流有哪些？

答：（1）监控后台通过取代服务设置测控装置的信息值。

（2）测控装置响应取代服务，更新值与品质，品质的取代位置位。

（3）测控装置数据变化与品质变化，触发报告上送至监控后台与数据通信网关机。

（4）数据通信网关机接收到报告，将 DL/T 860《变电站通信网络和系统》取代位映射到 IEC 60870-5-104 的 SB 位后将数据和品质上送至调控主站前置。

4．测控装置应发出自身状态信号有哪些？

答：装置应能发出装置异常信号、装置电源消失信号、装置出口动作信号，其中装置电源消失信号应能输出相应的报警触点。装置异常及电源消失信号在装置面板上宜直接由 LED 指示灯显示。

5．测控同期合闸按照合闸方式和控制级别如何分类？

答：（1）按照合闸方式可以分为强制合闸、检无压和检同期合闸。

（2）按照控制级别可以分为调度主站下发的遥合同期、手合同期和装置面板的就地同期合闸。

6．测控装置预定义数据集有哪些？

答：装置 ICD 文件中应预先定义统一名称的数据集，并由装置制造厂商预先配置数据集中的数据。测控装置预定义下列数据集，前面为数据集描述，括号中为数据集名：

（1）遥测（dsAin）。

（2）遥信（dsDin）。

（3）故障信号（dsAlarm）。

（4）告警信号（dsWarning）。

（5）通信工况（dsCommState）。

（6）装置参数（dsParameter）。

（7）联锁状态（dsInterLock）。

（8）GOOSE 输出信号（dsGOOSE）。

7．测控装置与过程层合并单元、智能终端通信方式有哪些？

答：测控装置一般单套配置，采用组网方式通过 ST 或 LC 光纤接口跨双网与过程层双套设备通信，通过 SV 网络接收 A 套合并单元的交流采样值，同时通过 GOOSE 网络接收双套合并单元的自检告警信息。智能终端为双重化配置时，间隔事故总及遥控操作对 B 套可不做要求。测控装置接入不同网络时，应采用相互独立的数据接口控制器。

8．对测控装置采样检测精度有何要求？

答：在额定频率时，电压、电流输入在 0～1.2 倍额定值范围内误差应不大于 0.2%，有功、无功测量误差应不大于 0.5%；在 45～55Hz 范围内，频率测量误差不大于 0.005Hz。

9．“四统一”测控装置按照应用情况有哪些分类？适用哪些场合？

答：（1）间隔测控。主要应用于线路、断路器、母联断路器、高压电抗器、主变压器单侧加本体等间隔。

（2）3/2 接线测控。主要应用于 500kV 以上电压等级线路及断路器间隔。

（3）主变压器低压双分支测控。主要应用于 110kV 及以下电压等级主变压器低压侧双分支间隔。

（4）母线测控。主要应用于母线分段断路器或低压母线加公用测控间隔。

（5）公用测控。主要应用于站用变压器加公用测控间隔。

10．主变压器本体测控中变压器分接开关挡位建模要求有哪些？

答：测控用 ATCC，TAlModel 值宜为 1，智能终端用 YLTC。对于分相的变压器挡位，智能终端使用三个 YLTC 实例对应三个相别；测控装置如需分相控制建模则作为三个 ATCC 实例来建模，若不分相控制则在一个 ATCC 中扩展 TapChgA、TapChgB、TapChgC 表示分相的挡位。在 ATCC 中扩展 OpHi、OpLo、OpStop 三个 DO，类型为 ATA，用于发出 GOOSE 命令。

11．测控装置测量变化死区和零值死区含义是什么？

答：变化死区：当测量值变化超过该死区值时主动上送测量值；零值死区：当测量值在该死区范围内时强迫将测量值归零。

12．“四统一”自动化设备标准的主要内容有哪些？

答：（1）统一装置外观和接口。

（2）统一装置界面。

（3）统一监控画面图形。

（4）统一主站子站通信服务。

13．“四规范”自动化设备标准的主要内容有哪些？

答：（1）规范装置参数配置。

（2）规范系统应用功能。

（3）规范软件版本管理。

（4）规范产品质量控制。

14．“四统一、四规范”中自动化设备版本管理要求有哪些？

答：装置应支持版本查询，版本包括软件版本、模型文件版本和参数版本。

（1）软件版本应包括主要模件的软件版本，内容包括版本号、校验码和生成时间。

（2）模型文件版本应包含 ICD 和 CID 文件版本号、校验码和生成时间。

（3）参数文件版本应包含版本号、校验码和生成时间。

15．断路器测控装置建模要求有哪些？

答：（1）断路器使用 XCBR 实例，隔离开关使用 XSWI 实例，两者的控制均使用 CSWI 实例。

（2）断路器控制模型无压合、有压合、合环合宜采用在 CSWI 中扩充定值设置同期控制模式定值（SP）的方式实现，客户端在控制断路器前应确认或设置 CSWI 同期模式。

（3）采用 CSWI 中 Check（检测参数）的 sync（同期标志）位区分同期合与强制合，

强制合不单独建实例，Check 类型不应扩充。

16．测控装置对 3/2 接线方式下和电流如何处理？

答：（1）装置正常运行状态下，处于检修状态的电压或电流采样值不参与和电流与和功率计算，和电流、和功率与非检修合并单元的品质保持一致。

（2）装置检修状态下，和电流及和功率正常计算，不考虑电压与电流采样值检修状态，电压、电流、功率等电气量置检修品质。

17．测控装置对于 GOOSE 报文如何处理？

答：接收 GOOSE 报文传输的状态量信息时，优先采用 GOOSE 报文内状态量的时标信息。装置正常运行状态下，转发 GOOSE 报文中的检修品质。

18．220kV 及以上电压等级测控装置逻辑设备（LD）的建模原则是什么？

答：应把某些具有公用特性的逻辑节点组合成一个逻辑设备（LD），数据集包含的数据对象不应跨 LD。装置逻辑设备建模按以下方式设置：

（1）公用 LD，inst 名为“LD0”。

（2）测量 LD，inst 名为“MEAS”。

（3）控制 LD，inst 名为“TARL”。

（4）测控过程层访问点的 LD，inst 名为“PI”。

19．DL/T 860 的遥控类型有哪些？有哪些作用？

答：遥控类型主要有增强型控制和普通控制两大类，其中增强型控制需要对控制的结果进行校验，以判断执行过程是否成功；普通控制不需要校验执行结果控制过程随着执行的结束而结束。

DL/T 860《变电站通信网络和系统》提供了 4 种控制类型：

（1）增强安全的操作前选择控制，用于断路器、隔离开关及保护软压板控制。

（2）增强安全的直接控制，用于装置复归控制。

（3）常规安全的操作前选择控制，该类型比较少用。

（4）常规安全的直接控制，用于变压器挡位调节。

20．变电站间隔事故信号优先采用什么方式？

答：本间隔手合继电器 KKJ 与跳闸位置继电器 TWJ 接点串联输出接点，不采用本间隔测控装置自动判断手合位置及开关分位合成信号作为间隔事故总。

21．“四统一”测控装置 TV 断线的判断逻辑是什么？

答：（1）电流任一相大于 0.5%I_n，同时电压任一相小于 30%U_n 且正序电压小于 70%U_n。

（2）负序电压或零序电压（$3U_0$）大于 10%U_n。

22．测控装置什么情况下应闭锁同期功能？

答：（1）采用 DL/T 860.92—2016《电力自动化通信网络和系统　第 9-2 部分：特定通信服务映射》规范的采样值输入时，本间隔电压及抽取侧电压为无效品质时闭锁同期功能。

（2）合并单元采样值置检修位而测控装置未置检修位时应闭锁同期功能，应判断本间隔电压及抽取侧电压检修状态，在 TV 断线闭锁同期投入情况下还应判断电流检修状态。

23．测控装置的同期合闸方式有哪些？

答：（1）同期合闸方式的切换通过关联不同的实例来实现。

（2）不采用实例中检测参数的同期标志位区分同期合与强制合。

24．测控装置的联闭锁功能有哪些？

答：（1）具备存储防误闭锁逻辑功能，该规则和站控层防误闭锁逻辑规则一致。

（2）具备采集一、二次设备状态信号、动作信号和量测量，并通过站控层网络采用 GOOSE 服务发送和接收相关的联闭锁信号功能。

（3）具备根据采集和通过网络接收的信号，进行防误闭锁逻辑判断功能，闭锁信号由测控装置通过过程层 GOOSE 报文输出。

（4）具备联锁、解锁切换功能，联锁、解锁切换采用硬件方式，不判断 GOOSE 上送的联锁、解锁信号。

25．测控装置软件记录 SOE 方式有哪些？

答：（1）状态量输入信号为硬接点时，状态量时标由本装置标注。

（2）接收 GOOSE 报文传输状态量信息时，优先采用 GOOSE 报文内状态量的时标信息。

（3）采用消抖前的时标。

26．对遥测总准确度如何规定？

答：遥测总准确度应不低于 1.0 级，即从交流采样测控单元的入口至调度显示终端的总误差以引用误差表示的值不大于＋1.0%，不小于－1.0%。

27．对测控装置网络接口有何规定？

答：（1）测控装置的过程层网络接口在线 50%的背景流量或广播流量下，各项应用功能正常，数据传输正确，性能不下降。

（2）站控层网络接口在线速 30%的背景流量或广播流量下，各项应用功能正常，数据传输正确，性能不下降。

28．信号品质异常对测控装置联闭锁结果有什么影响？

答：（1）当信号由于断链或者品质无效时，应判断逻辑校验不通过。

（2）相关间隔置检修状态且本装置未置检修状态时，应判断逻辑校验不通过。

29．测控装置如何处理状态量的检修品质？

答：（1）装置正常运行状态下，转发 GOOSE 报文中的检修品质；装置检修状态下，上送的装置检修信号置检修品质。

（2）装置检修状态下，转发智能终端或合并单元的检修信号不置检修品质。

30．“四统一”测控装置 LED 指示灯包含哪些？

答：包含检修、告警、对时异常、就地状态指示灯。GOOSE 总告警点告警灯，装置异常灭运行灯。

31．测控装置检验周期是如何规定的？

答：测控装置平均故障间隔时间（MTBF）应大于 50000h，模拟式交流采样测量装置检验周期最长不得超过三年，数字式交流采样测量装置检验周期最长不得超过五年。

32．合并单元对时异常对测控装置遥测量有何影响？

答：测控装置一般采用组网方式接收合并单元的采样值报文，通过均方根算法计算出线路的有功功率、无功功率值。合并单元用于保护、测控的采样频率为 4000Hz，每周波采集 80 点，样本计数在（0～3999）的范围内正常翻转。测控装置采用基于外时钟的同步方式，将带有同一标号的数据进行同步计算。当合并单元对时异常时，来自不同合并单元同一时刻的采样值标号不同，将导致测控装置缓冲时间窗口溢出或遥测量计算不准确。

33．测控装置过程层网络光接口收发应满足哪些要求？

答：（1）光波长为 1310nm 的光接口应满足光发送功率为－20～－14dBm，光接收灵敏度为－31～－14dBm。

（2）光波长为 850nm 的光接口应满足光发送功率为－19～－10dBm，光接收灵敏度为－24～－10dBm。

第六章 过程层组网

1．智能变电站全站网络设计原则有哪些？

答：（1）全站网络宜采用高速以太网组成，通信规约宜采用 DL/T 860《变电站通信网络和系统》实施技术规范标准，传输速率不低于 100Mbit/s。

（2）全站网络在逻辑功能上可由站控层网络、间隔层、过程层网络组成。

（3）变电站站控层网络、间隔层网络、过程网络结构应符合 DL/T 860 实施技术规范定义的变电站自动化系统接口模型，以及逻辑接口与物理接口映射模型。

站控层网络、间隔层网络、过程层网络应相对独立，减少相互影响。

2．智能变电站过程层设备有哪些？

答：过程层设备包括变压器、断路器、隔离开关、电流/电压互感器等一次设备及其所属的智能组件以及独立的智能电子装置。

3．为什么智能变电站过程层设备相关信息传输需要组网？

答：智能变电站过程层由互感器、合并单元、智能终端等构成，完成实时电气量采集、设备运行状态监测、控制命令执行等任务，用光纤取代电缆，相关信息传输数据量大、对象众多，因此需要通过交换机等相关网络设备建立信息交换的平台，实现数据共享。

4．过程层网络的主要作用是什么？

答：过程层网络主要用于过程层设备之间，过程层与间隔层设备，间隔层设备之间的 SV、GOOSE 通信，以及网络分析、故障录波、PMU 等公用设备的信息采集，可分为 SV 网和 GOOSE 网，也可以是 SV 和 GOOSE 网合一。

5．智能变电站过程层组网有哪些方式？这些形式有什么特点？

答：（1）SV 直连和 GOOSE 直连，此方式类似于传统变电站的电缆连接方式，区别是由电缆直连全部更换成光缆且不经过网络交换机的方式。此方式能够保证传输数据的可靠性，但采样值数据无法共享，同时直连需要智能电子设备（IED）提供多个网络电接口或光接口，增加了设备的成本，设备发热量大，光缆用量也较大。

（2）SV 组网和 GOOSE 直连，此方式有利于 SV 网的数据共享，主要出现在早期数字化变电站建设阶段，由于 GOOSE 组网跳闸还未得到广泛推广，初期数字化着重于电子式互感器的应用，因而多关注于 SV 网的构建。

（3）SV 直连和 GOOSE 组网，此方式 SV 点对点无法实现采样数据共享，但一定程度上实现了 GOOSE 数据传输的网络化，并具有较高的自动化程度，实践证明，在网络重负载情况下GOOSE跳闸命令也能够实时传送，完全满足工程应用要求。缺点是GOOSE依赖于网络，一旦网络出现问题，可能造成保护无法跳闸等情况。

（4）SV 组网和 GOOSE 组网，此方式中过程层 SV 组网实现了数据共享，GOOSE 组网实现了网络跳闸和开关量信息共享，符合变电站智能化发展方向。但此方式的网络结构较为复杂，所需交换机数量较大，尤其是双重化冗余配置的方式对交换机需求量会翻倍，投资较大。

（5）混合组网方式，即现在智能变电站主流组网形式，保护直采直跳，测控、故障录波、网络报文分析仪等采用组网方式，保证继电保护可靠性的同时，实现数据的共享和互操作性。

6．智能变电站过程层网络拓扑有哪些形式？

答：过程层组网网络拓扑可分为总线形网络、环形网络、星形网络 3 种主要方式。总线形网络可靠性低，网络延迟大，但造价低；环形网络可靠性较高，但网络延迟较大，造价也高；星形网络可靠性较低，网络延迟最小，造价适中。目前国内智能化变电站工程建设中一般选择星形结构，以实现性能和造价的最优化。

7．过程层网络通信对象有哪些？传递哪种类型的报文？

答：过程层网络通过交换机等相关网络设备与过程层、间隔层设备通信。逻辑功能上，覆盖间隔层与过程层数据交换接口。过程层网络传输 SV 和 GOOSE 报文。

8．过程层组网总体方案有哪些？

答：（1）对于 220kV 及以上变电站来说，110（66）kV 及以上电压等级宜配置 GOOSE 双网。500（3/2 接线）SV 采样值可独立组网，也可采用点对点方式传输；220、110（66）kV SV 采样值可与 GOOSE 共网传输，也可采用点对点方式传输。35（66）/10kV 电压等级可以不组建过程层网络。

（2）对于 110/66kV 变电站来说，单母线或双母线接线的过程层 GOOSE 宜设置单网，SV 与 GOOSE 共网或采用点对点方式传输。桥式接线、线路变压器组接线的 GOOSE 报文及 SV 报文均采用点对点方式传输，不组建过程层网络。35/10kV 可以不组建过程层网络。

其中，继电保护装置采用双重化配置时，对应的过程层网络亦应双重化配置，第一套保护接入 A 网，第二套保护接入 B 网；任两台智能电子设备之间的数据传输路由不应超过 4 个交换机；根据间隔数量合理配置过程层交换机，3/2 接线型式，交换机按串设置。每台交换机的光纤接入数量不超过 16 对，并配备适量的备用端口。

9．智能变电站对交换机网络延时有什么要求？

答：传输各种帧长数据时交换机固有时延应小于 10μs。

10．智能变电站对交换机有哪些配置要求？

答：（1）根据间隔数量合理分配交换机数量，每台交换机保留适量的备用端口。

（2）任两台智能电子设备之间的数据传输路由不应超过 4 个交换机。当采用级联方式时，不应丢失数据。

11．智能变电站对交换机有哪些技术要求？

答：（1）采用工业级或以上等级产品。

（2）使用无扇型，采用直流工作电源。

（3）满足变电站电磁兼容的要求。

（4）支持端口速率限制和广播风暴限制。

（5）提供完善的异常告警功能，包括失电告警、端口异常等。

12．什么是 VLAN？

答：虚拟局域网（virtual local area network，VLAN）是对连接到交换机端口的网络用户的逻辑分段，不受网络用户的物理位置限制而根据用户需求进行网络分段。一个 VLAN 可以在一个交换机或者跨交换机实现。

13．智能变电站过程层组网为什么要划分交换机 VLAN？

答：基于交换机的 VLAN 能够为局域网解决冲突域、广播域、带宽问题。

（1）提高安全性，没有划分 VLAN 前，交换机端口连接下的所有 PC 都处于一个广播域中，所有信息均在广播域内传输，没有具体指向，一旦数据量较大将造成拥堵，进而造成采样信息、跳合闸信息等不能及时传达或准确传达，产生严重后果。

（2）提高性能，不划分 VLAN，整个交换机都处于一个广播域，任何一台 PC 发送的广播报文都能传送整个广播域，占用了很多带宽，划分 VLAN 后，缩小了广播域，对其他不需要该广播信息的设备不造成影响，网络中广播消耗带宽所占的比例大大降低，网络的性能得到显著的提高。

另外，VLAN 具有灵活性和可扩张性等特点，方便于网络维护和管理，提高了网络安全性和运行效率。

14．什么是 APPID？

答：APPID（application identification，应用标识）用于选择 GOOSE 或 SV 报文帧，并能够区分应用关联。GOOSE 的 APPID 预留值范围是 0x0000～0x3fff，如 APPID 未配置，其缺省值为 0x0000；SV 的 APPID 预留值范围是 0x4000～0x7fff，如 APPID 未配置，其缺省值为 0x4000。缺省值用于表示缺乏配置。建议在一个系统中，使用面向源的、唯一的应用标识 APPID，应由配置系统强行实施。

15．什么是 MAC 地址？

答：MAC 地址（media access control address）也叫硬件地址，表示网络上每一个站点的标识符，采用十六进制表示，共六个字节（48 位）。

16．交换机有哪些转发方式？各有哪些特点？

答：（1）存储转发，是指交换机首先在缓冲区中存储接收到的整个数据帧，然后进行校验，检查数据帧是否正确，如果正确，再进行转发，如果不正确，则丢弃。这种方式缺点是数据处理延时大，优点是可以对进入到交换机的数据包进行错误检测。同时支持不同速度端口的转换，保持高速端口和低速端口间的协同工作，例如将低速端口的数据包存储起来，再通过高速率转发到其他端口上。

（2）直通式转发，是指交换机在接收到数据帧后，不进行缓存和校验，而是直接转发到目的端口。这种方式优点是延迟小、交换速度快；缺点是没有错误检测能力，不能实现不同速率端口直接接通，而当交换机端口增加时，交换链路会变得很复杂，实现起来较为困难。

（3）无碎片转发，是指交换机在得到数据包的前 64 个字节后就转发，对于小于 64 个字节的数据包认为是碎片，不进行转发。该方式不存在直通式交换机残帧转发的问题，同时速度比存储转发快，被广泛应用于低挡交换机中。

17．什么是交换机的端口镜像？

答：端口镜像是指交换机把一个或多个端口的数据复制到一个或多个目的端口，被复制的端口成为镜像源端口，复制的端口成为镜像目的端口。

18．交换机有哪些性能指标？

答：交换机性能指标有：整机吞吐量、端口转发速率、地址缓存能力、地址学习速率、存储转发时延、时延抖动、帧丢失率、背靠背帧、队头阻塞、网络风暴抑制、VLAN、优先级、环网恢复时间、镜像、组播、TVP 时间同步、功率消耗。

19．过程层交换机有哪些测试项目？

答：（1）配置文件检查，读取交换机的配置文件与历史文件比对，检查交换机的配置文件，是否变更。

（2）以太网端口检查，通过便携式电脑读取交换机端口设置，或者通过便携式电脑以太网抓包工具检查端口各种报文的流量是否与设置相符，检查交换机以太网端口设置、速率、镜像是否正确。

（3）生成树协议检查，通过读取交换机生成树协议配置的方法进行，检查交换机内部的生成树协议是否与要求一致。

（4）VLAN 设置检查，通过客户端工具或者任何可以发送带 VLAN 标记报文的工具，从交换机各口输入报文，检查其他端口的报文输出，或者通过读取交换机 VLAN 配置的方法进行检查，检查交换机内部的 VLAN 设置是否与要求一致。

（5）网络流量检查，通过网络记录分析仪或便携式电脑按照 VLAN 划分选择交换机端口读取网络流量，检查交换机的网络流量是否符合技术要求。

（6）数据转发延时检验，采用网络测试仪测试传输各种帧长数据时交换机交换时延应小于 10μs。

（7）丢包率检验，采用网络测试仪测试交换机在全线速转发条件下，丢包（帧）率为 0。

20．智能变电站采用哪些划分交换机 VLAN 的方式？各有哪些特点？

答：（1）按端口划分 VLAN。将交换机的部分端口设定在同一个指定的广播域中。例如，一个交换机的 1、2、3、4、5 端口被定义为虚拟网 A，同一交换机的 6、7、8 端口组成虚拟网 B，实现虚拟网内各端口之间的通信，并允许共享型网络的升级。同时，也可以跨越多个交换机的多个不同端口划分 VLAN。以交换机端口来划分 VLAN 配置过程简单明了，划分简单，后期改、扩建时新增设备只需敷设相关数据线，连接在端口上即可，对其他设备不造成影响。缺点在于，当一个用户需要在多个 VLAN 中获取信息时，用户侧必须配置较多的接口才能满足数据的采集。

（2）按 MAC 地址划分 VLAN。这种划分 VLAN 的方法是根据每个主机的 MAC 地址来划分，即对每个 MAC 地址的主机都配置属于哪个组。这种方法的最大优点是当用户物理位置移动时，即从一个交换机换到其他的交换机时，VLAN 不用重新配置，所以，根据 MAC 地址的划分 VLAN 是基于用户（保护、测控装置等）的 VLAN，对于智能变电站来讲，其缺点是所有的用户都必须进行配置，如果有成百上千个用户的话，配置工作量大。在后期改、扩建时，不仅改建或新增的用户（保护、测控装置等）需要配置，原来相关组播域里的设备也需要配置。

（3）GMRP 组播注册协议。基于 GARP 的多播注册协议，用于维护交换机中的多播注册信息。这种信息交换机制确保了同一交换网络内所有支持 GMRP 的设备维护多播信息的一致性，特别适合智能变电站中基于订阅/发布机制的 SV、GOOSE 信息传输。与 VLAN 相比，GMRP 不需要对交换机进行烦琐配置，仅需交换机支持 GMRP 供能，方便了变电站的改扩建，有效降低了运行维护的难度。总体上看，VLAN 的实现仅需在交换机上进行配置，不涉及设备本身的改进，实现相对容易，但是在网络结构变化或调整后，VLAN 必须重新划分，使用和维护工作量较大。而 GMRP 虽涉及设备和交换机，但其实现方式更加灵活，更能满足工程建设和维护的需要。

（4）按 IP 地址划分 VLAN（IP 组播作为 VLAN）。IP 组播即一个组播组就是一个 VLAN，这种划分方法将 VLAN 扩大到广域网，灵活性强，路由器扩展性高。这种方法不适合局域网，主要原因是效率不高。

21．VLAN 在智能变电站 SV 网和 GOOSE 网中如何应用？

答：智能化变电站的 SV 网和 GOOSE 网为了数据隔离和流量控制，采用 VLAN 来管理交换机，根据应用需求，确定哪些装置单网，哪些装置双网，采用合适的 VLAN 划分方法。VLAN 设计时，SV9-2 组网模式下，以进交换机的每个合并单元 MU 考虑打 PVID，接受端允许相应的 VID 通过即可对流量有很好的控制；GOOSE 组网模式一般要求按间隔划分，别的间隔只能收到母差跳闸这样的公共信号，不收其他间隔信号，当然特别情况如相邻线闭锁除外。双网设计时 A 网对应的 PVID 和 VID 小于 B 网。

22．智能变电站哪些设备信息需要组网传输？

答：智能变电站测控装置、PMU 装置、故障录波装置、备自投装置相关信息均需要组网，合并单元、智能终端部分 GOOSE 信息需要组网，相关联闭锁信息、失灵回路信息、告警信息等需要组网传输。

23．3/2 接线断路器电流合并单元哪些信息需要组网传输？

答：以线路变压器组边断路器为例，合并单元组网信息图如图 6-1 所示。

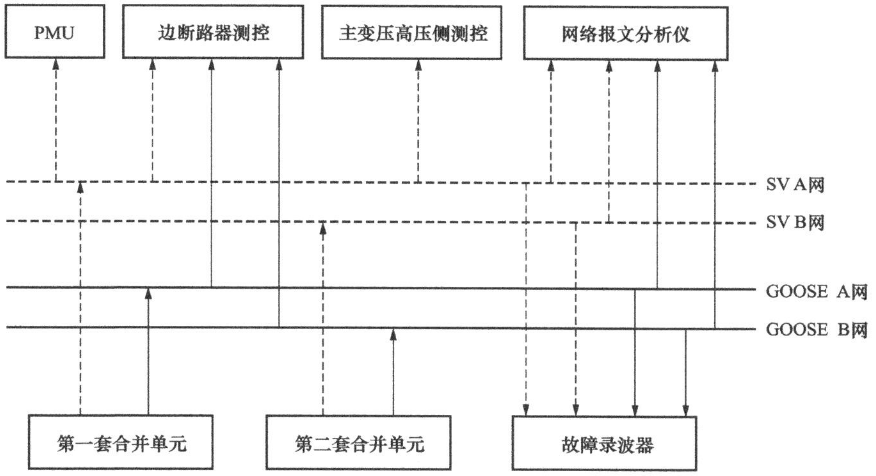

图 6-1　500kV 合并单元组网信息图

第一套电流合并单元需组网传输的信息：A、B、C 相测量电流；SV 总报警、光耦电源异常、同步异常、检修压板投入、GOOSE 总报警、采样异常、配置文件错等告警信号。

第二套电流合并单元需组网传输的信息：A、B、C 相计量电流；告警信号同第一套合并单元。

24．3/2 接线断路器智能终端哪些信息需要组网传输？

答：以线路变压器组边断路器为例，智能终端组网信息图如图 6-2 所示。

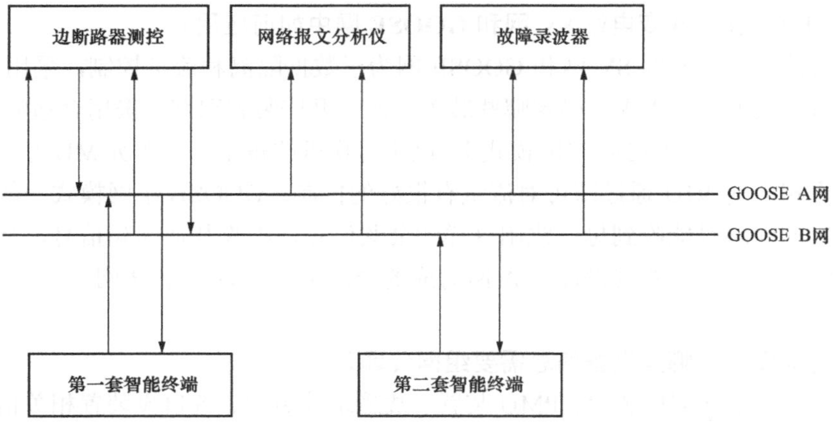

图 6-2　500kV 智能终端组网信息图

（1）边断路器第一套智能终端输入的组网信息：断路器遥控分、合闸及联锁状态，断路器两侧隔离开关遥控分、合闸及联锁状态，变压器高压侧与该断路器两侧接地开关遥控分、合闸及联锁状态，远方复归命令。

边断路器第一套智能终端输出的组网信息：断路器 A、B、C 三相位置，隔离开关位置，接地开关位置，断路器及隔离开关远方/就地状态，断路器逻辑位置单跳三合，智能终端事故总报警，光耦电源异常，断路器压力异常，控制回路断线，总线启动信号异常，GOOSE 输入长期动作，对时异常，GOOSE 总告警，操作电源掉电，母线保护 GOOSE 链路中断，收中断路器保护 GOOSE 链路中断，收主变压器保护 GOOSE 链路中断，收边断路器保护 GOOSE 链路中断，收测控 GOOSE 链路中断，GOOSE A 网告警，智能终端检修状态，智能终端告警或直流消失，SF_6 气体压力降低，空调异常告警，相邻合并单元或智能终端告警或直流消失，断路器电动机运转过流过时，断路器三相不一致，隔离开关/接地隔离开关电动机运转过流过时，断路器 A、B、C 油压分闸闭锁报警，分合闸闭锁报警等。

（2）边断路器第二套智能终端输入的组网信息：远方复归命令。边断路器第二套智能终端输出的组网信息：断路器 A、B、C 三相位置，控制回路断线，合后状态，位置不对应，运行异常，装置故障，外接三相不一致，压力低闭锁重合闸，非电量入口，SF_6 气体压力闭锁，相邻合并单元或智能终端告警或直流消失，断路器三相不一致，智能终端检修状态，智能终端就地复归，智能终端告警、闭锁，对时异常与测控装置，母线装置，边断路器保护装置 GOOSE 通信中断，配置错误，GOOSE A 网通信中断等。

25．3/2 接线线路保护装置哪些信息需要组网传输？

答：以第一套线路保护装置为例，500kV 线路保护装置组网信息图如图 6-3 所示，第一套线路保护输入的组网信息：边断路器保护失灵跳闸、中断路器保护失灵跳闸。

第一套线路保护输出的组网信息如下：

（1）输出至其他保护的信息。启动边断路器失灵及重合闸、闭锁边断路器重合闸、启动中断路器失灵及重合闸、闭锁中断路器重合闸。

（2）输出至测控的信号。过电压远跳发信、保护动作、通道告警、通道故障、跳边断路器、跳中断路器等信号。

第二套线路保护与第一套输入输出信息基本一致。

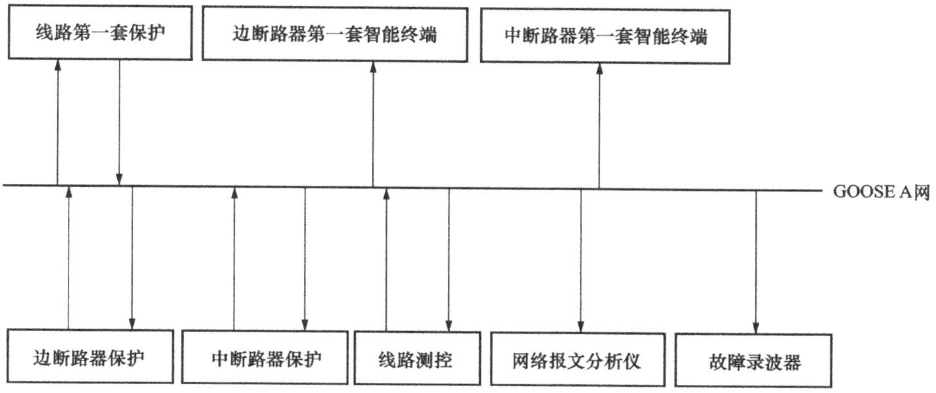

图 6-3　500kV 线路保护装置组网信息图

26．3/2 接线主变压器电气量保护装置哪些信息需要组网传输？

答：以第一套主变压器电气量保护装置为例，500kV 主变压器保护装置组网信息图如图 6-4 所示。

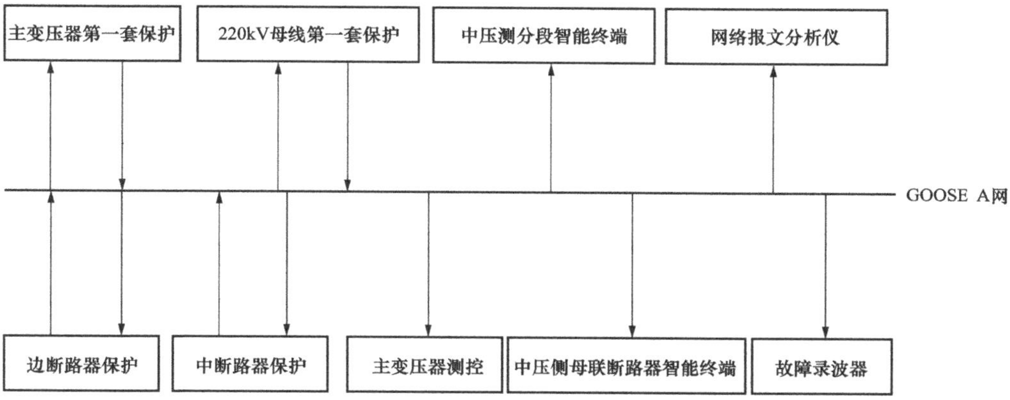

图 6-4　500kV 主变压器保护装置组网信息图

第一套主变压器电气量保护输入的组网信息：边断路器保护失灵跳闸、中断路器保护失灵跳闸、220kV 母线保护失灵联跳主变压器。

第一套主变压器电气量保护输出的组网信息如下：

（1）输出至其他保护的信息。启动边断路器失灵、启动中断路器失灵、启动中压侧失灵、跳中压侧分段、跳中压侧母联、至 220kV 母差/失灵解复压闭锁中断路器保护重合闸。

（2）输出至测控的信号。过负荷、保护动作等。

第二套主变压器电气量保护与第一套输入输出信息基本一致。

27．3/2 接线母线保护装置哪些信息需要组网传输？

答：第一套母线保护输入的组网信息：母线侧各断路器保护失灵开入信号。

第一套母线保护输出的组网信息如下：

（1）输出至其他保护的信息。启动母线侧各断路器保护失灵；闭锁母线侧各断路器保护重合闸。

（2）输出至测控的信号。差动动作、保护动作、TA 断线及告警。

第二套母线保护与第一套输入输出信息基本一致。

28．3/2 断路器保护装置哪些信息需要组网传输？

答：以线路变压器组变压器侧边断路器保护为例：

第一套断路器保护输入的组网信息：母差启动失灵、中断路器保护启动失灵、主变压器保护启动失灵。

第一套断路器保护输出的组网信息：边断路器失灵跳中断路器、失灵联跳母线、失灵联跳主变压器、闭锁中断路器保护重合闸。

29．双母接线线路合并单元哪些信息需要组网传输？

答：第一套合并单元输出的组网信息：A、B、C 相测量电流，A、B、C 相测量电压，同期电压，SV 总报警，光耦电源异常，同步异常，检修压板投入，GOOSE 总报警，采样异常，GOOSE 网断链，同时动作同时返回，隔离开关位置异常，输入额定延时时间异常，光纤光强异常，光纤接入异常，母线 MU 断链，母线 MU 接收告警，接收文本配置错等。

第二套合并单元输出的组网信息：A、B、C 相计量电流，A、B、C 相计量电压，SV 总报警，装置故障，同步异常，检修压板投入，GOOSE 总报警，采样异常，GOOSE 网断链，同时动作同时返回，隔离开关位置异常，无压告警，光功率告警，接收文本配置错等。

30．双母接线线路智能终端哪些信息需要组网传输？

答：（1）第一套智能终端输入的组网信息：断路器遥控分、合闸及联锁状态、断路器两侧隔离开关遥控分、合闸及联锁状态、相关接地开关遥控分、合闸及联锁状态、远方复归。

第一套智能终端输出的组网信息：断路器 A、B、C 三相位置，隔离开关位置，接地开关位置，断路器及隔离开关远方/就地状态，闭锁重合闸，手合开入，手跳开入，装置检修，智能终端告警及闭锁，合并单元告警及闭锁，热交换器告警，压力低闭锁分、合闸，断路器就地控制，SF_6 低气压告警及闭锁，电机控制回路电源故障，交流辅助回路电源故障，非全相动作，相关隔离开关、接地开关操作电源异常，智能终端事故总报警，光耦电源异常，断路器压力异常，控制回路断线，总线启动信号异常，GOOSE 输入长期动作，对时异常，GOOSE 总告警。

（2）第二套智能终端输入的组网信息：远方复归。

第二套智能终端输出的组网信息：A、B、C 三相断路器位置，隔离开关及接地开关位置，闭锁重合闸，手合开入，手跳开入，装置检修，智能终端告警及闭锁，合并单元告警及闭锁，热交换器告警，压力低闭锁分、合闸，断路器就地控制，SF_6 低气压告警及闭锁，电机控制回路电源故障，交流辅助回路电源故障，非全相动作，A、B、C 三相跳合闸回路监视，智能终端事故总报警，光耦电源异常，断路器压力异常，控制回路断线，总线启动信号异常，GOOSE 输入长期动作，对时异常，GOOSE 总告警。

31．双母接线线路保护装置哪些信息需要组网传输？

答：第一套线路保护输入的组网信息：远跳开入（其他保护动作停信），闭锁重合闸。

第一套线路保护输出的组网信息：断路器 A、B、C 相跳闸，重合闸动作，保护动作，通道故障，断路器 A、B、C 相启动失灵。

第二套线路保护与第一套输入输出信息基本一致。

32．双母接线主变压器电气量保护哪些信息需要组网传输？

答：第一套主变压器电气量保护输入的组网信息：主变压器高压侧失灵联跳。

第一套主变压器保护输出的组网信息：主变压器保护启动失灵，主变压器高压侧跳闸解复压闭锁，闭锁低分段备自投，跳高压侧母联断路器，过负荷、跳中压侧母联断路器，跳低压侧分段断路器保护动作等。

第二套主变压器保护与第一套输入输出信息基本一致。

33．双母接线母线保护哪些信息需要组网传输？

答：第一套母线保护输入的组网信息：母线各线路支路Ⅰ母Ⅱ母隔离开关位置，母线各线路支路各断路器 A、B、C 相启动失灵，母联断路器及隔离开关位置，主变压器保护启动失灵，主变压器保护高压侧跳闸解复压闭锁，母联保护启动失灵，母联手合开入等。

第一套母线保护输出的组网信息：母差动动作，失灵动作，母联动作，保护动作，TA 断线及告警，TV 断线，母线互联，主变压器高压侧失灵联跳，其他保护动作等。

第二套母线保护与第一套输入输出信息基本一致。

34．单母分段接线 110kV 备自投装置哪些信息需要组网传输？

答：输入的组网信息：主变压器保护跳闸闭锁备自投，母线保护跳闸闭锁备自投，110kV 进线断路器与分段断路器位置，KK 合后位置，110kV 1、2 号母线 A、B、C 相电压，110kV 进线线路电压，110kV 进线 A 相电流。

输出的组网信息：跳合 110kV 分段断路器，跳合 110kV 进线断路器。

第七章　一体化监控系统

1．变电站顺序控制的作用是什么？

答：变电站的顺序控制能帮助操作人员执行复杂的操作任务，将传统的操作票转变成任务票，实现复杂操作单键完成，整个操作过程无需额外的人工干预或操作，可以大大提高操作效率，减少误操作的风险，缩短人工操作造成的停电时间，最大限度地提高变电站的供电可靠性，尤其在大规模高电压变电站中效果特别显著。

2．顺序控制的基本功能要求有哪些？

答：（1）执行站内及远端发出的控制指令，经安全校核正确后，自动完成符合要求的设备控制。

（2）应具备自动生成典型操作流程的功能。

（3）应具备投退保护软压板功能。

（4）应具备急停功能。

3．MMS 报文检修处理机制有哪些？

答：（1）当装置检修压板投入时，本装置除检修压板本身信号外的信息品质 q 的 Test 位应置位。

（2）当装置检修压板退出时，经本装置转发的信号应能反映 GOOSE 信号的原始检修状态。

（3）监控后台根据上送报文中的品质 q 的 Test 位判断报文是否为检修报文并做出相应处理。当报文为检修报文，报文内容应不显示在简报窗中，不发出音响告警，但应该刷新画面，保证画面的状态与实际相符，检修报文应存储，并可通过单独的窗口进行查询。

（4）数据通信网关机对接受信息报文中品质 q 的 Test 位根据远动规约映射成相应的品质位。

4．告警信息分为哪几类？

答：按照对电网影响的程度，告警信息分为：事故信息、异常信息、变位信息、越限信息、告知信息五类。

（1）事故信息。断路器三相不一致动作、保护装置动作出口跳合闸的信号、全站直流消失、厂站、间隔事故总信号等。

（2）异常信息。主变压器本体告警信号、断路器弹簧未储能、压力低分合闸闭锁、直流绝缘异常、保护装置异常、远动通信中断等。

（3）变位信息。特指开关类设备变位。

（4）越限信息。重要遥测量主要有断面潮流、电压、电流、负荷、主变压器油温越限等。

（5）告知信息。主要包括主变压器运行挡位及设备正常操作时的伴生信号，保护功能压板投退的信号，保护装置、故障录波器、收发信机等设备的启动、异常消失信号，测控装置就地/远方等。

5. 站控层网络平均负荷率及各工作站、服务器的 CPU 平均负荷率应满足什么要求？

答：网络平均负荷率在正常时（任意 30min 内）≤20%，电力系统故障时（10s 内）≤40%；CPU 平均负荷率在正常时（任意 30min 内）≤30%，电力系统故障时（10s 内）≤50%。

6. 什么是 TLV 编码？

答：TLV 编码是采用基本编码规则相关的 ASN.1（AbstraTA Syntax Notation One，抽象语法标记）语法对通过 ISO/IEC 8802-3 传输的采样值信息进行编码。基本编码规则的转换语法具有 T-L-V（类型—长度—值，Type-Length-Value）或者是（标记—长度—值 Tag-Length-Value）三个一组的格式。所有域（T、L 或 V）都是一系列的 8 位位组。值 V 可以构造为 T-L-V 组合本身。

7. IEC 61850《工程继电保护应用模型》对于 SV 告警有何要求？

答：（1）保护装置接收采样值异常应送出告警信号，设置对应合并单元的采样值无效和采样值报文丢帧告警。

（2）SV 通信时对接收报文的配置不一致信息应送出告警信号，判断条件为配置版本号、ASDU 数目及采样值数目不匹配。

（3）ICD 文件中，应配置有逻辑接点 SVAlmGGIO，其中配置足够的 Alm 用于告警。

8. 一体化监控系统与调控中心通过Ⅱ区数据通信网关机传输的内容有哪些？

答：（1）告警简报、故障分析报告。

（2）故障录波数据。

（3）状态监测数据。

（4）电能量数据。

（5）辅助应用数据。

（6）模型和图形文件。全站的 SCD 文件，导出的 CIM、SVG 文件等。

（7）日志和历史记录。SOE 事件、故障分析报告、告警简报等历史记录和全站的操作记录。

9．监控系统的抗干扰措施有哪些？

答：（1）外部抗干扰措施。

1）电源抗干扰措施。在机箱电源线入口处安装滤波器或UPS。

2）隔离措施。交流量均经小型中间电压、电流互感器隔离，开关量的输入采用光电隔离。

3）机体屏蔽。各设备机壳用铁质材料，必要时对电场和磁场采用双层屏蔽。

4）通道干扰处理。采用抗干扰能力强的传输通道及介质，合理分配和布置插件。

（2）内部抗干扰措施。对输入采样值抗干扰纠错；对软件运算过程中间量的核对；软件程序出错后的自恢复功能。

10．什么是一体化监控系统的数据通信网关机？

答：一体化监控系统的数据通信网关机是一种通信装置，实现智能变电站与调度等主站系统之间的通信，为主站系统实现变电站监视控制、信息查询和远程浏览等功能提供数据、模型和图形的传输服务。主要实现功能如下：数据采集、数据处理、数据远传、控制功能、时间同步、告警直传、远程浏览、源端维护、冗余管理、运行维护及参数配置。

11．一体化监控系统数据采集的总体要求有哪些？

答：（1）应实现电网稳态和暂态数据的采集。

（2）应实现一次设备、二次设备和辅助设备运行状态数据的采集。

（3）量测量应带时标、品质信息。

（4）支持DL/T 860《变电站通信网络和系统》标准，实现数据的统一接入。

12．一体化监控系统定值修改操作应满足哪些要求？

答：（1）可通过站内监控系统或调控中心修改定值，装置同一时间仅接受一种修改方式。

（2）远方修改定值操作模式下，禁止在保护装置上进入定值修改菜单。

（3）支持远方切换定值区。

13．数据通信网关机应支持的通信规约包括哪些？

答：（1）DL/T 634.5101—2002《远动设备及系统　第5-101部分：传输规约　基本远动任务配套标准》。

（2）DL/T 634.5104—2009《远动设备及系统　第5-104部分：传输规约　采用标准传输规约集的IEC 60870-5-101网络访问》。

（3）DL/T 860《变电站通信网络和系统》系列标准。

（4）DL/T 476—2012《电力系统实时数据通信应用层协议》。

（5）Q/GDW 273—2009《继电保护故障信息处理系统技术规范》。
（6）Q/GDW 11068—2013《电力系统通用实时通信服务协议》。

14．数据通信网关机主要性能指标要求有哪些？

答：（1）接入不少于255台装置时能正常工作。
（2）接入间隔层装置小于255台时初始化过程小于5min。
（3）站控层网络通信状态变化能在1min内正确反应。
（4）应具备不少于6个网口，单网口支持至少同时建立32个对上通信链接。
（5）对遥测处理时间≤500ms。
（6）对遥信处理时间≤200ms。
（7）对遥控命令处理时间≤200ms。
（8）控制操作正确率100%。
（9）每个通道SOE缓存条数≥8000条。

15．智能变电站一体化监控系统应用功能有哪些？

答：（1）运行监视。
（2）操作与控制。
（3）信息综合分析与智能告警。
（4）运行管理。
（5）辅助应用。

16．一体化监控系统辅助应用的总体要求有哪些？

答：辅助应用功能应明确监视范围和信息传输标准，具体要求如下：
（1）实现对辅助设备运行状态的监视，包括电源、环境、安防、辅助控制等。
（2）支持对辅助设备的操作与控制。
（3）辅助设备的信息模型及通信接口遵循DL/T 860《变电站通信网络和系统》系列标准。

17．一体化监控系统辅助设备控制应满足哪些要求？

答：（1）对照明系统分区域、分等级进行远程控制。
（2）远程控制空调、风机、水泵的启停。
（3）远程控制声光报警设备。
（4）远程开关门禁。
（5）支持与视频联动。

18．站控层安全Ⅱ区主要设备的作用有哪些？

答：站控层安全Ⅱ区主要设备有：综合应用服务器、Ⅱ区数据通信网关机、计划管理终端等。

（1）综合应用服务器。综合应用服务器与输变电设备状态监测和辅助设备进行通信，采集电源、计量、消防、安防、环境监测等信息，经过分析和处理后进行可视化展示，并将数据存入数据服务器（通过防火墙）。综合应用服务器还通过正反向隔离装置向Ⅲ/Ⅳ区数据通信网关机发布信息，并由Ⅲ/Ⅳ区数据通信网关机传输给其他主站系统。

（2）Ⅱ区数据通信网关机。Ⅱ区数据通信网关机通过防火墙从数据服务器获取数据和模型等信息，与调控中心进行信息交互，提供信息查询和远程浏览服务。

（3）计划管理终端。实现调度计划、检修工作票、保护定值单的管理等功能。

19．根据 Q/GDW 11021—2013《变电站调控数据交互规范》，调控实时数据可分为哪几类？

答：调控实时数据可分为电网运行数据、电网故障信号、设备监控数据三大类。

（1）电网运行数据以满足电网调度指挥与电网运行分析需求为主，在原调度远动数据基础上补充变电运行监视数据。采集数据应符合智能电网调度技术支持系统信息模型要求。

（2）电网故障信号是电力调度值班员判断及分析处理电网故障的依据，主要反映站内开关或继电保护动作的结果。故障信号应具备典型意义，表达简洁明了，反映具体对象或区域性结果。针对多源或同类故障信号，可采用按电气间隔合并（逻辑或）的方式进行组合。

（3）设备监控数据包括调控中心监控值班员遥控、遥调操作和设备运行状态信号。依据国家电网公司大运行方案有关倒闸操作工作界面的要求，调控中心监控值班员遥控操作的项目有：拉合开关的单一操作，调节变压器分接开关，远方投切电容器、电抗器，以及调度允许的其他遥控操作。

20．一体化监控系统内部数据流中“信息综合分析与智能告警”包含哪些内容？

答：（1）流入数据。包括实时/历史数据、状态监测数据、PMU 数据、设备基础信息、辅助信息、保护信息、录波数据、告警信息等。

（2）流出数据。包括告警简报、故障分析报告等。

21．站内监控后台与间隔层设备的通信方式如何？

答：监控后台一般采用单实例或多实例方式通过 MMS 网络与间隔层保护、测控装置通信，监控服务器作为客户端，保护、测控装置为服务器端。服务器端侦听 TCP 102 端口，响应来自不同客户端的连接。继电保护设备应能够支持不小于 16 个客户端的 TCP/IP 访问连接，应能够支持 10 个报告实例。

22．缓存报告控制块与非缓存报告控制块的区别有哪些？

答：缓存报告控制块（buffered report control block，BRCB）在缓存后发送报告或立

即发送，特征是在通信中断时继续缓存事件数据，当通信可用时报告过程继续。非缓存报告控制块（unbuffered report control block，URCB）在内部事件发生后立即发送报告，通信中断时不支持 SOE。BRCB 通常用于传送开关量事件如开入、事件、报警等遥信信号，URCB 用于传送实时变化的量测量，如遥测、保护测量等。

23．缓存报告控制块 BRCB 的触发条件有哪些？

答：报告控制块的触发条件是引起控制块将值写入报告的原因，缓存报告控制块包含以下 5 个触发条件：

（1）数据变化（data-change）。

（2）品质变化（quality-change）。

（3）数据刷新（data-update）。

（4）完整性周期（integrity period）。

（5）总召唤（general-interrogation）。

24．MMS 通信中缓存报告的选项参数有哪些？

答：（1）序列号（sequence-number）。

（2）报告时间戳（report-time-stamp）。

（3）包含原因（reason-for-inclusion）。

（4）数据集名称（dataset-name）。

（5）数据引用（data-reference）。

（6）缓冲区溢出（buffer-overflow）。

（7）入口标识（entryID）。

（8）配置版本（conf-rev）。

（9）分段（segmentation）。

25．MMS 双网通信冗余机制有哪些？

答：采用双重化 MMS 通信网络的情况下，应遵循如下规范要求：

（1）双重化网络的 IP 地址应分属不同的网段，不同网段 IP 地址配置采用双访问点描述，第二访问点宜采用“ServerAt”元素引用第一访问点。在站控层通信子网中，对两个访问点分别进行 IP 地址等参数配置。

（2）冗余连接组等同于 IEC 61850 标准中的一个连接，服务器端应支持来自冗余连接组的连接。

（3）冗余连接组中只有一个网的 TCP 连接处于工作状态，可以进行应用数据和命令的传输；另一个网的 TCP 连接应保持在关联状态，只能进行读数据操作。

（4）由客户端控制使用冗余连接组中的哪一个连接进行应用数据的传输。

（5）来自于冗余连接组的连接应使用同一个报告实例号同一个缓冲区映像进行数据传输。

（6）客户端可以通过冗余连接组的任何一个连接对属于本连接组的报告实例进行控制，但在注册报告控制块过程的一系列操作应由同一个连接完成。

（7）客户端应通过发送测试报文，如读取某个数据的状态，来监视冗余连接组的两个连接的完好性。

（8）客户端检测到处于工作状态的连接断开时，应通过冗余连接组另一个处于关联状态的连接清除本连接组的报告实例的使能位，写入客户端最后收到的本连接组的报告实例的EntryID，然后重新使能本连接组的报告实例的使能位，恢复客户端与服务器的数据传输。

26．监控后台判别带选择遥控操作失败的判据是什么？

答：在一次带选择遥控操作过程中，如果存在否定响应、命令终止结果为失败、响应超时或过程超时即判定为遥控操作失败，其他为成功。

27．监控后台与IED装置通信异常的分析方法有哪些？

答：监控后台与IED装置通信异常包括通信中断、数据不刷新、数据与现场不一致等，一般通过截取监控系统与IED间的通信报文进行分析。截取通信报文的方式有：监控后台网络端口的镜像端口抓包或通过网络报文分析仪获取报文，监控服务器采用Unix操作系统时也可通过监控系统主机的snoop命令（Linux操作系统用tcpdump命令）直接抓包。

28．500kV智能变电站自动化系统由哪几部分构成？

答：变电站自动化系统采用开放式分层分布式网络结构，在功能逻辑上由站控层、间隔层、过程层以及网络设备构成。

（1）站控层由监控主机（兼操作员工作站、工程师工作站）、I区数据通信网关机（兼图形网关机）、II区数据通信网关机、III/IV区数据通信网关机、综合应用服务器、数据服务器及网络打印机等设备构成，提供的人机联系界面，实现管理控制间隔层和过程层设备等功能，形成全站监控管理中心，并与远方通信。

（2）间隔层由保护、测控、计量、录波、网络记录分析、相量测量等若干个二次子系统组成，在站控层网络失效的情况下，仍能独立完成间隔层设备的就地监控功能。

（3）过程层由合并单元、智能终端等构成，完成与一次设备相关的功能，包括实时电气量的采集、设备状态的监测、控制命令的执行等。过程层网络与站控层、间隔层网络完全独立。

第八章　故障录波与网络报文记录及分析装置

1．智能变电站与常规变电站的故障录波器有哪些区别？

答：（1）智能变电站故障录波器电流、电压模拟量的采集方式与常规变电站故障录波器不同。智能站故障录波器通过过程层 SV 网络获取，而常规站故障录波器通过电缆直接从互感器二次绕组上获取。

（2）获取开关量信息方式不同。智能站故障录波器通过过程层 GOOSE 网络获取，而常规站故障录波器通过电缆直接从一二次设备上获取。

（3）通信规约方式不同。

2．网络报文记录及分析装置的功能有哪些？

答：网络报文记录及分析装置主要用来对智能变电站的网络信息进行记录、检索、统计和离线分析，同时对智能变电站网络链路状态进行监视、预警和故障分析功能，为智能变电站的健康可靠运行提供参考依据。

3．故障录波器与网络报文记录及分析装置有哪些区别？

答：故障录波器数据主要采集过程层采样值、GOOSE 报文。故障录波器在异常报文告警处理后可丢弃原始报文无需储存原始报文，仅在启动录波后才记录相关信息，需要存储容量相对较小。

网络报文记录及分析装置采集过程层，站控层网络报文，在对异常告警的同时对初始报文进行归档存储，相对于故障录波器，网络报文记录及分析装置所需存储容量较大。网络报文记录及分析装置主要针对二次网络系统异常告警和数据进行记录和分析。

4．故障录波器配置有哪些流程？

答：（1）对象配置：通过导入 SCD 或者 CID 文件。

（2）挑选采样值通道：挑选出的所有需要录波的模拟量通道总和不应超过 1024 个，并修改合并单元的变比。

（3）挑选 GOOSE 通道：挑选出的所有需要录波的开关量通道总和不应超过 4096 个。

（4）配置一次元件和暂态录波启动定值：添加一次设备，修改变比。对双 AD 的情况，相关元件均需要对应添加双份。

（5）设置模拟量通道定值：已经与一次元件关联，并且在一次元件中整组设定过了定值的，在此画面中只能显示，不能修改；其他模拟量通道的定值可以在此设置。

（6）设置开关量通道定值。

（7）配置完成：点击“应用”保存。

5．网络报文记录及分析装置由哪几部分组成？

答：网络报文记录及分析装置的构成部分主要有：CPU、1000Mbit/s 上行网口、USB 接口、管理单元、电源插件、硬盘插件、对时告警插件、数据采集插件、软件操作系统。

6．网络报文记录及分析装置对时钟有哪些技术要求？

答：网络报文记录及分析装置对时钟要求非常高，按照国网公司《智能变电站网络报文记录及分析装置技术条件》要求：

（1）同步对时精度。①IRIG-B 同步对时精度不超过±4μs；②SNTP 同步对时精度不超过±100ms；③IEC 61588 同步对时精度不超过±1μs。

（2）守时精度。装置内部独立时钟 24 小时守时精度不超过±500ms。

7．网络报文记录及分析装置能够监视哪些网络？

答：网络报文记录及分析装置能够监视过程层 SV 网络、过程层 GOOSE 网络、站控层 MMS 网络。

8．网络报文记录及分析装置如何实现多 MU 采样同步？

答：网络报文记录及分析装置采集 MU 数据有组网方式和点对点方式两种方式，一般采用组网方式。

（1）组网方式下 MU 数据采样是同步采样，通过采样计数器对齐方式实现 MU 之间的数据同步。

（2）点对点方式下 MU 采样是非同步采样，采样计数器不能作为同步标识，录波装置能原样记录数据，并可以用插值方式实现 MU 之间同步。

9．网络报文及分析装置功能试验包含哪些？

答：（1）报文的实时状态监视功能。

（2）报文的记录及分析功能。

（3）录波器定值启动的相关实验。

10．网络报文记录及分析装置现场调试时应注意什么？

答：网络报文记录及分析装置现场调试时应注意装置硬件工况是否良好、软件、信号是否正常和正确等，现场调试时注意根据模拟的故障类型结合保护装置、智能终端等设备的动作情况，查询报文，判断相关设备动作是否准确。

11．怎样使用网络报文记录及分析装置进行核相与校极性？

答：以中元 ZH-5N 装置为例，在主控软件左上角点击“视图”—“显示配置图”，打开配置图画面。在配置图上双击一个报文记录单元节点，进入该报文记录单元配置图画面，然后选择一个 SV 数据集，点击鼠标右键，在弹出的快捷菜单中选择“实时波形”菜单。在“实时波形”小窗口的左下角切换到向量界面，通过“挑选通道”来勾选需要向量监视的通道，可实时监测显示所挑选通道的幅值、相位并形成实时向量监测图。

12．网络报文记录及分析装置光纤连接时有哪些注意事项？

答：光纤在通过光法兰盘连接时光瓷芯端面必须清洁干净，光纤在插入法兰前，纤芯的端面应用浸有无水酒精的纱布擦拭干净，并风干。光纤避免弯曲、折叠，必须弯曲时，弯曲半径应大于 3cm。

13．网络报文记录及分析装置有哪些配置流程？

答：网分装置在现场配置完成前，并不具备其实例化后的真实能力，因为事先提供的 ICD 模型文件并不能反映变电站装置的配置情况，为了方便灵活，智能变电站在配置 SCD 文件时，先不考虑数据记录装置的接入；在 SCD 配置完成后，由数据记录装置从 SCD 导入需要记录的接入量，然后导入数据记录装置的 ICD 和 CID 文件，提供给需要数据记录装置提供 MMS 服务的第三方。

第九章 对时系统

1．什么是时间同步系统？变电站为什么要配置时间同步系统？

答：时间同步系统是指能接受外部时间基准信号，并按照要求的时间准确度向外输出时间同步信号和时间信息的系统，通常由主时钟、若干从时钟、时间信号传输介质组成。安装在不同地点的多个时间同步系统可以通过连接（上级系统向下级系统授时）形成时间同步网。

早期的变电站中，继电器式保护装置以及各种仪表是不具备时间记录功能的。随着电网的发展，各类微机型自动化设备应用越来越广泛，这些设备对于自身数据都有时间标记。如果没有统一的时间基准，如此多的设备记录的数据就不可避免的出现顺序错位，难以准确描述事件的正确顺序和发展过程。因此，无论是在日常运行中还是在事故分析中，在变电站配置时间同步系统提供统一的时间标准都是非常必要的。

2．对时间同步装置有哪些技术要求？

答：时间同步装置又称时钟装置，包括主时钟和从时钟。

时钟装置的接收单元应能接收 BDS（BeiDou navigation satellite system，北斗卫星导航系统）无线时间基准信号、GPS（global positioning system，全球定位系统）无线时间基准信号、地面时间中心通过有线网络传递来的时间基准信号。

时钟装置的守时单元应采用高精度、高稳定性的恒温晶体作为本地守时时钟，应包括本地守时时钟和辅助电源（电池）。时间信号同步单元正常工作时，守时单元的时间被同步到基准时间，当接收不到有效的基准时间信号时，应在规定的保持时间内，输出符合守时精度要求的时间信号。

时钟装置的输出单元应保证只在时间信号有效时输出，时间无效时应禁止输出或输出无效标志；在多时间源工作模式下，时间输出应不受时间源切换的影响；主时钟时间信号输出口在电气上均应相互隔离；可以输出信号方式有脉冲信号、IRIG-B 码、串行口时间报文、网络时间报文等。

3．时间基准信号具体指什么？

答：时间基准信号是指 1pps（1pulse per second，秒脉冲）和包含北京时间时刻和日期信息的时间报文。1pps 的前沿与 UTC（coordinated universal time，协调世界时）秒的时刻偏差不大于 1μs，该 1pps 和时间报文作为变电站的时间基准。

UTC以原子钟计时，具有极高的精确度。北京时间（BST）与UTC相差8h整，因此也被写为BST＝UTC＋8。

4．外部时间基准信号有哪些？

答：外部时间基准信号是指来自时钟装置外部的其他时钟源，用于给时钟装置提供时间基准的信号。根据传输方式的不同，外部时间基准信号分为无线时间基准信号和有线时间基准信号两种。

无线时间基准信号来自BDS或GPS的卫星，由地面天线接收。有线时间基准信号来自地面时间中心（电力系统中为上一级调度机构），一般由光通信设备传输至本站。

5．什么是主时钟？主要功能有哪些？

答：主时钟是指能同时接收至少两种外部时间基准信号（其中一种应为无线时间基准信号），具有内部时间基准（晶振或原子频标），按照要求的准确度向外输出时间同步信号和时间信息的装置。

在目前的变电站中，主时钟通常设计为接收BDS和GPS两种无线基准信号，不再连接有线外部时间基准信号。

6．什么是从时钟？主要功能有哪些？

答：从时钟是指能同时接收主时钟通过有线传输方式发送的至少两路时间同步信号，具有内部时间基准（晶振或原子频标），并能按照要求的准确度向外输出时间同步信号和时间信息的装置。

从功能上讲，从时钟是在主时钟输出端口不足时，作为主时钟的输出扩展装置配置的。由于从时钟是转发来自主时钟的时间信号，因此应具有延时补偿功能。

7．主时钟与从时钟一定是两台独立的装置吗？

答：主时钟与从时钟的概念是按照功能划分的，它们可以是分开的、独立的装置，也可能被集成在一台装置中。在电压等级较低、需对时设备不多的变电站中，两者通常采用一体化设计。在高电压等级变电站中，两者通常是独立的装置，被授时设备较多时，一台主时钟可能配置多台从时钟。

8．什么是内部时间基准？

答：时钟装置具有内部时钟源，也称为守时单元。在接收单元接收到外部时间基准信号后，将时钟牵引入跟踪锁定状态并补偿传输延时；在接收单元失去外部时间基准信号后，时钟进入守时保持状态。守时保持状态下的时间准确度应优于0.92μs/min（55μs/h）。

9．时钟装置输出信号有哪些种类？

答：时间同步装置输出的时间同步信号包括脉冲信号（此处指秒脉冲1pps，以下同）、

IRIG-B 码、串行口时间报文和网络时间报文（NTP，Network time protocol）等。

脉冲信号具有较高的对时精度（优于 1μs），其局限在于仅能对时到秒，而不具备年月日等信息；串行口时间报文具有更多的时间信息，但对时精度只能达到毫秒级。因此，早期的变电站一般采用秒脉冲（1pps）＋串行口时间报文相结合的方式对时。由于串行口对时以广播报文形式传输，又称软对时；脉冲对时依靠专门的电缆接线实现，又称硬对时。

目前，在变电站使用最普遍的是 IRIG-B 码和网络时间报文。

10．什么是 IGIR-B 码对时方式？

答：Inter-range instrumentation group-B 码是一种串行时间交换码，简称 IRIG-B 码。它的特点是以每秒 1 次的频率发送包括日、时、分、秒等在内的时间信息。这种对时编码兼备了脉冲信号和串行口时间报文的优点，其对时精度优于 1μs 且编码中包含了年月日、报警等时间信息，在变电站时间同步系统中得到广泛应用。

11．IGIR-B 码对时方式如何接线？

答：IRIG-B 码可以通过电缆传输，也可以通过光缆传输，习惯上将前者称为“电 B 码”对时，将后者称为“光 B 码”。

“电 B 码”对时采用屏蔽双绞线或者控制电缆连接时钟装置与被授时设备。时钟装置采用 RS-485 端口输出 IGIR-B 码时间信号，每个输出端口有两个接线端子，习惯上一个称为“485＋”，另一个称为“485-”。被授时设备的时间信号接收端口与此对应。两者之间的连接可以是一对一的，也可以是采用总线形式的。为了减少对时钟装置输出端口数量的要求及节省电缆，在满足技术要求的情况下，现场多采用总线形式，将一个屏柜内多台二次装置的接收端口都是并联后接至时钟装置的一个输出端口。

“光 B 码”对时采用多模光纤传输时间信号。时钟装置与被授时设备之间只能采用一对一的连接方式，每个连接采用 1 根光芯。“光 B 码”对时主要是利用光纤在长距离传输中的优势，在被授时设备远离时钟装置时使用。智能变电站中布置在户外的智能组件一般均采用这种对时接线。

12．什么是网络时间报文？

答：网络时间报文（NTP）是一种指在网络计算机上同步计算机时间的协议，它的对时精度优于 40ms，但是算法非常复杂。变电站广泛使用的简单网络时间报文（simple network time protocol，SNTP）是在 NTP 的基础上简化而来，对时精度优于 1s，可满足对变电站监控系统计算机等网络设备的对时要求。

13．SNTP 对时方式如何接线？

答：SNTP 对时信息是利用网络传播的，最常用的介质是超五类屏蔽双绞线，也就是俗称的网线。SNTP 也可以通过光纤传输。

时钟装置提供标准的 RJ45 网口输出时间信息，通过网线传输至站控层交换机，所有连接至站控层交换机的网络设备都可以从此获得时间信息。可以看出，需对时设备与时钟装置之间不需架设专用线缆连接，而是利用站控层网络的接线进行时间信息传输。

14．变电站主要设备及系统对时间准确度的要求是什么？

答：变电站主要设备及系统对时间准确度的要求如表 9-1 所示。

表 9-1　　变电站主要设备及系统对时间准确度的要求

变电站设备或系统	要求的时间准确度	时间同步信号
计算机监控系统主站	优于 1s	SNTP 或串口报文
电能量采集装置	优于 1s	SNTP 或串口报文
保护信息主站	优于 1s	SNTP 或串口报文
微机保护装置、安全自动装置	优于 10ms	IRIG-B
测控装置、保测一体化装置	优于 10ms	IRIG-B
故障录波装置	优于 1ms	IRIG-B
合并单元、智能终端	优于 1μs	IRIG-B
网络交换机	优于 1ms	SNTP

在目前的智能变电站建设中，站控层设备及其他系统主站均选用 SNTP 协议对时方式，微机保护、测控装置等间隔层设备均选用 IRIG-B 码对时方式（电 B 码），智能变电站中的合并单元、智能终端使用 IRIG-B 码对时方式（光 B 码）。

15．110kV 智能变电站时间同步系统如何配置？

答：110kV 智能变电站宜配置 1 套公用的时钟同步系统，主时钟应单套配置，另配置从时钟实现站内所有对时设备的软、硬对时。支持北斗系统和 GPS 系统单向标准授时信号，优先采用北斗系统，时钟同步精度和守时精度满足站内所有设备的对时精度要求。

主时钟单套配置且配置从时钟时，称为主从式时间同步系统，其结构如图 9-1 所示。

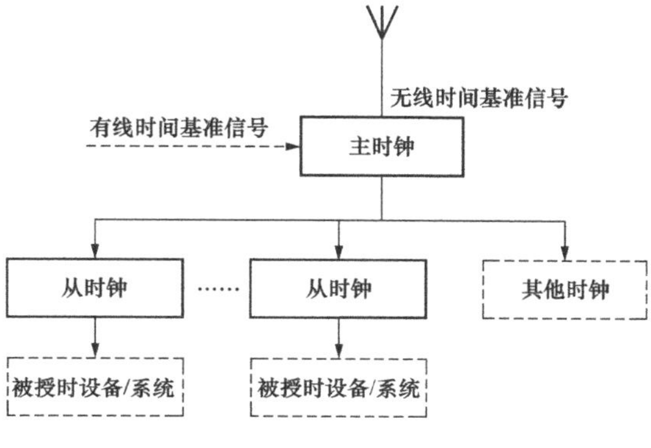

图 9-1　主从式时间同步系统结构图

16．220kV 智能变电站时间同步系统如何配置？

答：220kV 智能变电站宜配置 1 套公用的时钟同步系统，主时钟应双重化配置，另配置从时钟实现站内所有对式设备的软、硬对时。支持北斗系统和 GPS 系统单向标准授时信号，优先采用北斗系统，时钟同步精度和守时精度满足站内所有设备的对时精度要求。

主时钟双套配置时，它与从时钟组成主备式时间同步系统，其结构如图 9-2 所示。

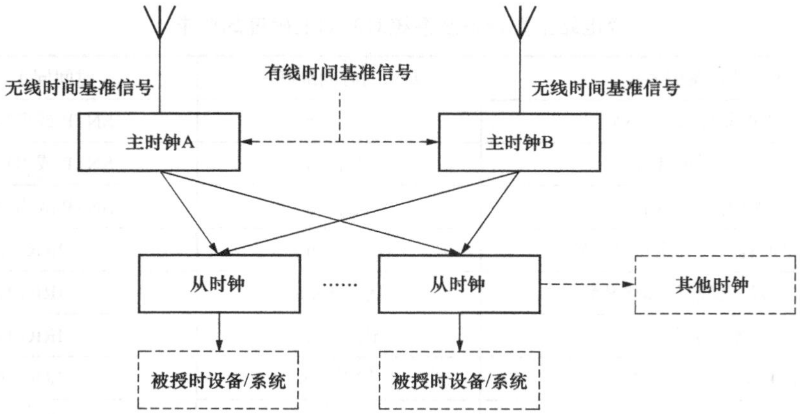

图 9-2　主备式时间同步系统结构图

由图 9-2 可知，两台主时钟之间通过有线方式互相传输时间信号，每台从时钟都分别从两台主时钟获取时间信号，形成 1 主 1 备的工作模式。

17．500kV 智能变电站时间同步系统如何配置？

答：500kV 智能变电站时间同步系统配置与 220kV 智能变电站基本相同。500kV 变电站需对时的设备较多且分散布置于多个小室，因此多在每个小室配置一台从时钟以提供足够的对时端口。

18．智能变电站合并单元信息采样时间同步方式是什么？

答：在智能变电站中，保护从合并单元直接采样（不经过网络设备），采用点对点方式。这种采样方式下，合并单元采样值不依赖于外部时钟。合并单元向保护装置传输 SV 数据时，同时传输了自身的延时信息，保护装置根据收到的延时信息对 SV 数据进行采样，而不是根据时钟同步系统的时间信息进行采样。这种方式避免了由于时钟同步系统自身故障或者二次设备接收时间信号故障等原因引起的保护误动作。

当变电站的 SV 数据采用组网模式传输时，合并单元的 SV 采样值同步采用外来的时间基准信息。

19．什么是闰秒？闰秒对电力系统有什么影响？

答：由于地球自转的不稳定性，基于地球自转测量得出的“世界时”和以原子钟振荡周期确定的“世界协调时”之间会有差异。为了使两者在几千年之后不会有明显差异，当两者相差超过±0.9s 时，即相应将世界协调时向前拨一秒（称为负闰秒）或向后拨一秒“称为正闰秒”。目前，全球已经进行了 27 次闰秒，均为正闰秒。最近一次闰秒调整在北京时间 2017 年 1 月 1 日，07:59:59 之后显示 07:59:60，而不是 08:00:00。

闰秒对电力系统的影响是非常明显的。例如，某些采集系统的主站端与厂站端由于采用不同的时间同步系统授时，当其中一套时间同步系统不能正确处理闰秒信息时，就会发生两端采样不同步的情况。某些装置本身也会由于无法识别第 60s 而出现故障。为了避免这些问题，标准的 IRIG-B 编码信息中预置了闰秒标志位，能够在闰秒发生时向被授时设备传输正确的时间信息。

20．什么是 PTP 对时方式？有哪些优缺点？

答：精确时间协议（precision time protocol，PTP）是一种基于以太网技术发展而来的网络时间协议。相对于 SNTP 而言，PTP 具有高精度的对时性能，对时精度能够满足智能组件、继电保护装置等设备的要求。PTP 的网络结构与智能变电站网络结构完全吻合，利用现有网络就可以实现时间同步对时功能，与 B 码对时相比不需要单独布线，也不需要配置从时钟进行对时端口扩展。

PTP 没有被广泛应用的主要原因是：基于网络的特点使得其抗网络风暴能力差，对网络依赖度高；时间信息在网络中传输，对交换机的要求较高，造成系统硬件成本较高；支持 PTP 协议的二次设备成熟产品较少，阻碍了该技术在智能变电站中的应用。目前，国内有几座智能变电站开展了 PTP 的应用试点工作。

21．线路两侧纵差保护装置如何实现采样数据同步？

答：对于配置纵差保护的线路来说，两端的保护装置分别安装于不同的变电站中。如果分别以本站的时间同步信号为基准进行采样值的比对，则在时间同步系统故障时无法实现保护功能。

两台保护装置被分别设定为“主机”和“从机”，装置通电后即进行通道延时测算，测算结束后，装置不再传输具体的时间信息。线路两端的采样值进行比对时，是基于两台装置之间信号传输的固有时间差进行同步，而不是基于具体的时间信息。因此，这种数据同步是不依赖于外部的时间基准信号的。

22．智能变电站同步时钟中断对继电保护、自动装置、测控装置、合并单元有哪些影响？

答：在智能变电站中，保护装置应不依赖于外部对时系统实现其保护功能。因此，合并单元与保护装置之间的 SV 数据传输采用点对点直接采样，在时间同步系统失效时，保护装置并不会误动作。

变电站同步时钟失效后，不同合并单元的内部时钟并不相同，它们在同一时刻的采样值就会被打上不同时刻的时间戳，对于通过组网方式采样的二次设备（例如测控装置、备自投装置、故障录波装置）就存在数据错误的可能。通过网络采样且对跨间隔数据进行比对的装置，则存在误动作的可能。

23．全站时间同步系统应如何配置？时间同步系统对时或同步范围包括哪些设备？各设备应采用什么样的对时方式？

答：（1）变电站宜配置1套公用的时间同步系统，主时钟应双重化配置，另配置扩展装置实现站内所有对时设备的软、硬对时。支持北斗系统和GPS系统单向标准授时信号，优先采用北斗系统，时间同步精度和守时精度满足站内所有设备的对时精度要求。扩展装置的数量应根据二次设备的布置及工程规模确定。

（2）时间同步系统对时或同步范围包括监控系统站控层设备、保护及故障信息管理子站、保护装置、测控装置、故障录波装置、故障测距、相量测量装置、智能终端、合并单元及站内其他智能设备等。

（3）站控层设备对时宜采用SNTP方式。

（4）间隔层设备对时宜采用IRIGB、1pps方式。

（5）过程层设备同步。当采样值传输采用点对点方式时，合并单元采样值同步应不依赖于外部时钟；当采样值传输采用组网方式时，合并单元采样值同步宜采用IRIGB、1pps方式（条件具备时也可采用IEC 61588网络对时）。合并单元下放布置于户外配电装置场地时，时钟输入宜采用光信号。采样的同步误差应不大于±1s。

第十章 在 线 监 测

1．什么是在线监测装置？由哪些部分构成？

答：在线监测装置通常安装在被监测设备上或附近，用以自动采集、处理和发送被监测设备状态信息的监测装置（含传感器）。监测装置能通过现场总线、以太网、无线等通信方式与综合监测单元或直接与站端监测单元通信。在线监测装置等同于智能变电站中监测 IED 与传感器的组合。在线监测系统主要由监测装置、综合监测单元和站端监测单元组成，实现在线监测状态数据的采集、传输、后台处理及存储转发功能。

2．什么是设备状态监测？

答：设备状态监测通过传感器、计算机、通信网络等技术，及时获取设备的各种特征参量并结合一定算法的专家系统软件进行分析处理，可对设备的可靠性做出判断，对设备的剩余寿命做出预测，从而及早发现潜在的故障，提高供电可靠性。

3．什么是综合监测单元？

答：综合监测单元以被监测设备为对象，接收与被监测设备相关的在线监测装置发送的数据，并对数据进行加工处理，实现与站端监测单元进行标准化数据通信的装置。

4．在线监测装置有哪些基本功能？

答：（1）监测功能。

（2）数据记录功能。

（3）报警功能。

（4）自检功能。

（5）通信功能。

5．在线监测装置的安全性有哪些要求？

答：（1）在线监测装置的接入不应改变被监测设备的连接方式，不影响被监测设备的密封性能和绝缘性能，不影响现场设备的安全运行。

（2）对于需从被监测设备接地线上获取信号的在线监测装置，不应改变原有的接地性能，接地引下线应可靠接地并满足相应的通流能力。

（3）对于带有运动部件的在线监测装置，不应会因其故障影响被监测设备的性能。

6．变电站状态监测主要应用于哪些设备？各设备监测量是什么？

答：变电站状态监测设备的范围主要包括变压器、高压并联电抗器、GIS、断路器、避雷器等。

各设备监测量如表10-1所示，也可根据实际工程需要，经过技术经济比较后增加状态监测设备的范围与监测的参量。

表10-1　　变电站状态监测设备监测量

状态监测设备	主要监测量	参考监测量
主变压器	油中溶解气体分析，包含 H_2、CO、CO_2、CH_4、C_2H_2、C_2H_4、C_2H_6 等气体及微水含量	套管介质损耗、瓦斯气体、压力释放、油流继电器、油位、温度、接头温度红外检测等可选
高压并联电抗器	同上	同上
GIS和断路器	局放、SF_6气体密度、微水	温度、分合闸线圈电流、储能电动机电流、振动信号等
避雷器	泄漏电流、动作次数	全电流、阻性电流、容性电流、温湿度

7．在线监测系统报警后应做哪些工作？

答：（1）检查报警值的设置是否正确。

（2）检查外部接线、网络通信是否出现异常中断。

（3）检查是否有强烈的电磁干扰源发生，如开关操作，外部短路故障等。

（4）检查监测装置及系统是否异常。

（5）判断是否由于异常天气引起。

8．在线监测系统日常维护有哪些要求？

答：（1）在线监测系统维护人员应熟悉相关使用文件，严格按照使用说明书进行相关维护工作。

（2）定期对在线监测系统的电源进行检查，保证系统处于持续运行状态。

（3）在线监测系统的网络设置及系统升级应经过系统管理员的认可。

（4）被监测设备检修时，应对在线监测装置进行必要的检查和试验。

（5）被监测设备解体或更换时，应将监测装置拆除，妥善保存；拆卸、安装应按制造厂技术要求进行。

9．目前常用的在线监测装置有哪些？

答：智能变电站在线监测一般包括变压器在线监测、GIS在线监测装置、断路器 SF_6

在线监测、避雷器在线监测等一次设备在线监测系统，以及蓄电池在线监测系统、环境监测系统、消防安全报警等辅助设备在线监测、监视系统。

10．什么是变压器在线监测系统？如何组成？

答：变压器在线监测系统是根据在线监测结果，建立状态监测数据库，并进行数据管理、分析、统计、整合，为变压器状态检修提供决策依据和辅助分析。变压器在线监测系统通常包含变压器局部放电检测和油色谱在线监测分析，以及本体及套管介质损耗、瓦斯气体、压力释放、油流继电器、油位、变压器温度在线监测、接头温度红外检测等。

11．油色谱在线监测系统由哪几部分组成？

答：油色谱在线监测系统由色谱分析系统、电路系统模块、环境温度调节模块、通信模块、客户端监控工作站等几大部分组成。

12．油色谱在线监测系统主要结构和作用是怎样的？

答：（1）色谱分析系统。所有的色谱分析流程均在这里完成，色谱分析系统的作用是在电路控制系统程序指令控制下完成油样采集、油气分离、自动进样、样品的组份分离、组份检测等整个一系列的色谱分析流程。内部主要包括，油气分离部分，组份检测部分，气路控制部分等。

（2）电路系统。包括电路主板、各种供电电源模块、工控计算机模块等电路部件，对整机的电路及气路部分进行控制和对色谱分析系统检测到的组份信号进行处理和计算、传输等。

（3）通信模块。在主电路的控制下完成和客户端的有线或无线通信工作，包括传输分析数据，传输控制指令，传输仪器状态数据等。

（4）载气。提供色谱分析所用的载气。

13．油色谱在线监测系统工作流程是怎样的？

答：油色谱在线监控系统一般由气体采集模块、气体分离模块、气体检测及数据采集模块、谱图分析模块等几部分构成。气体采集模块实现变压器油气的分离功能。在气体分离模块中，气体流经色谱柱后实现多种气体的分离，分离后的气体在色谱检测系统中，实现由化学信号到电信号的转变。气体信号由数据采集模块采集后通过通信口上传给后台监控系统，该系统能进行谱图的分析计算，并根据气体标定数据自动计算出每种气体的浓度值。故障诊断系统根据气体浓度值，用软件系统内的变压器故障诊断算法自动诊断出变压器运行状态，如发现异常，系统能诊断出变压器内部故障类型并给出维修建议。

14．油色谱在线监测系统主要在线监测哪些参数？

答：系统主要检测变压器油中 H_2、CO、CO_2、CH_4、C_2H_2、C_2H_4、C_2H_6 等 7 种以上的气体及微水含量，并在后台实时显示谱图。

15．在线监测系统特殊情况下的检查注意事项有哪些？

答：在被监测设备充电、倒闸操作及其他可能影响在线监测系统运行的情况下，应及时检查相关监测装置工作是否正常。在特殊情况下，如被监测设备遭受雷击、短路等大扰动后，或监测数据异常，以及在大负荷、异常气候等情况时应加强巡视。

16．油色谱在线监测装置出现异常时应如何处理？

答：（1）在日常检查中如发现油色谱在线监测数据出现异常，特征气体含量超出注意值或增长率注意值，应首先查看历史数据进行对比分析，同时通知技术人员，如数据突增，运维人员应第一时间在控制室色谱后台手动启动采样，临时测量一组数据（该过程持续 1～1.5h），看数据有无明显变化，并同时现场检查油色谱在线装置和相关变压器有无异常。数据如果恢复正常，可认为油色谱装置单次测量出现误差，判断色谱装置存在异常；如果数据继续超注意值，甚至有增大趋势或者增长率继续超注意值，应立即通知检修人员进行离线色谱取样测试，排除设备隐患；如果现场变压器出现明显发热等异常，运维人员应根据实际情况决定是否需要停电处理。

（2）如果确定变压器存在潜伏性故障，应加强日常巡检工作，每日记录异常变压器的油温、绕组温度、油位、套管压力等运行参数；每天对异常变压器进行红外测温，检查是否存在异常发热点，记录本体最高温度；每天测量异常变压器铁芯及夹件接地电流，并与同类型同工况的电流值进行对比。

（3）如果特征气体情况进一步恶化或变压器本体出现异常发热、油温异常升高、铁芯及夹件接地电流异常增大等明显故障时，应根据实际情况决定是否需要停电处理，并及时通知技术人员处理。

17．断路器状态监测的项目有哪些？是如何实现的？

答：断路器状态监测是通过三层两网实现的，主要监测分合闸电流、储能电动机电流，比较每次拉合的启动电流和稳定电流，估算弹簧率等。它的状态监测步骤主要分为以下三步进行：

（1）信号采集。开关设备在运行过程中必会有力、热、震动和能量等各种量的变化，由此会产生各种不同信息。根据不同的诊断需要，选择能表征设备工作状态的不同信号，使用各种专用传感器进行采集。

（2）信号处理。该过程是将采集的信号进行分类处理，加工，获得能表征机器特征的过程，故也称为特征提取过程。

（3）状态时别。将经过信号处理后获得的开关设备特征参数与规定的允许参数进行比较，以确定设备所处的状态，判断是否存在故障。

18．蓄电池在线监测系统有哪些作用？

答：蓄电池在线监测系统能够在浮充、均充、放电等各种状态下，无需人为干预，自动的对蓄电池进行电压、内阻、电流、温度等参数进行测试，自动地将采集到的数据绘成各种测试曲线—特性比较图、总电压曲线、各单体电压曲线、电压条曲线、记忆数据表格等供运行维护监视使用。

19．蓄电池在线监测的功能有哪些？

答：（1）时刻掌握蓄电池状况。

（2）危险提前预警。

（3）管理决策。

（4）蓄电池内阻检测功能。

（5）总电压、总电流、电极温度、单体电池电压快速巡检。

（6）充放电过程全过程记录。

20．SF_6气体泄漏在线监测报警系统的作用有哪些？

答：SF_6气体泄漏在线监测报警系统主要应用在变电站内35kV SF_6断路器室及500、220、110kV GIS室，对SF_6组合电器设备室环境中SF_6气体泄漏情况和空气中含氧量进行实时监测。主要由监测主机、SF_6/O_2采集模块、温湿度探头、人体红外探头、声光报警器以及LED显示屏等组成。

21．SF_6气体泄漏在线监测报警系统的检测原理是什么？

答：检测原理：采用进口微型真空泵依次吸取各路的样气送入内部气体分析室，当气体分析室红外光通过待测SF_6气体时，这些气体分子对特定波长的红外光有吸收，其吸收关系服从朗伯-比尔（Lambert-Beer）吸收定律，即SF_6气体对红外光进行有选择性吸收，其吸收强度变化取决于被测气体的浓度。浓度微弱信号通过放大、AD转换、运算，得出SF_6气体的浓度信号，经过485总线（基于物理接口和屏蔽双绞线传输介质，针对一主多从协议）通信和采集的氧气数据一同送给监控主机处理。

22．GIS在线监测项目有哪些？如何实现？

答：GIS在线监测项目主要有GIS温度、气室压力、SF_6密度、含水量监测；局部放电监测；分合闸线圈电流、储能电动机电流监测等。一般可通过如下检测手段和方法实现监测：

（1）采用传感器监视GIS温度、压力、密度、含水量，以及时掌握GIS的气体状态。

（2）采用电磁式、光电式、超声波法进行局部放电监测，从局部放电量及位置，分析绝缘性能的优劣。

（3）采用断路器机械、电器性能检测，如分、合闸线圈电流，操动机构特性，触头行程和速度，振动信号检测。当然，对GIS局部放电IED、断路器动作特性监测IED、SF_6微水及密度监测IED等组成的间隔智能组件，GIS智能组件可以单独组柜，也可以整合为1个4U机箱结构放入间隔控制柜。

23．GIS 局部放电在线监测超高频（UHF）法的原理是什么？

答：GIS 发生绝缘故障的原因是其内部电场的畸变，往往伴随着局部放电现象，产生脉冲电流，电流脉冲上升时间及持续时间仅为纳秒（ns）级，该电流脉冲将激发出高频电磁波，其主要频段为 0.3～3GHz，该电磁波可以从 GIS 上的盘式绝缘子处泄露出来，采用超高频传感器测量绝缘缝隙处的电磁波，然后根据接收的信号强度来分析局部放电的严重程度。超高频局部放电监测法（UHF）原理如图 10-1 所示。

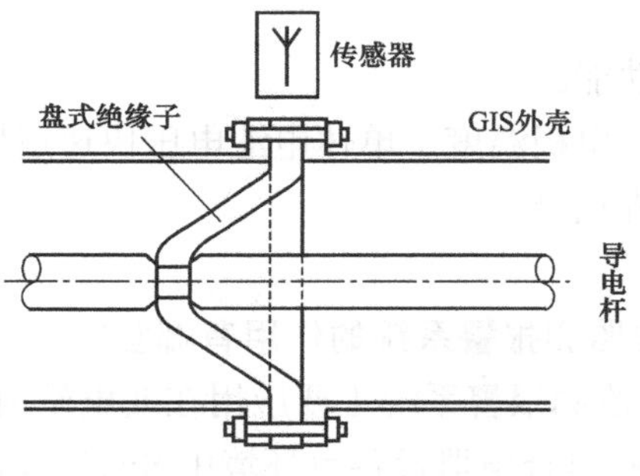

图 10-1 超高频局部放电监测法（UHF）原理图

24．超高频（UHF）局放监测的优缺点有哪些？

答：优点：可以带电测量，测量方法不改变设备的运行方式，并且可以实现在线连续监测。可有效地抑制背景噪声，如空气电晕等产生的电磁干扰频率一般均较低，超高频方法可对其进行有效抑制。抗干扰能力强。

缺点：仅仅能知道发生了故障，但不能对发生故障的点进行准确的定位。而且目前没有相应的国际标准及国内标准，不能给出一个放电量大小的结果。

25．避雷器在线监测的作用有哪些？

答：通过对避雷器的全电流、阻性电流、容性电流、雷击次数及雷击时刻进行实时在线监测，可实现对高压电气设备的绝缘状况进行实时监测；同时，通过分析监测数据可及时发现金属氧化锌避雷器潜在的故障并为状态检修提供重要的数据依据，为电力系统安全、可靠、稳定、经济的运行提供了一个强力、可靠的保证，为运维检修人员提供可靠的设备绝缘信息和科学的检修依据，从而达到减少事故发生，延长检修间隔，减少停电检修次数和时间，提高设备利用率和整体经济效益的目的。

第十一章　智能变电站巡视和维护

1．根据重要程度，将变电站分为哪几类？

答：根据《国家电网公司变电运维管理规定》（国网运检/3　828-2017）规定，按照电压等级、在电网中的重要性将变电站分为一类、二类、三类、四类变电站。

一类变电站是指交流特高压站，直流换流站，核电、大型能源基地（300 万 kW 及以上）外送及跨大区（华北、华中、华东、东北、西北）联络 750/500/330kV 变电站。

二类变电站是指除一类变电站以外的其他 750/500/330kV 变电站，电厂外送变电站（100 万 kW 及以上、300 万 kW 以下）及跨省联络 220kV 变电站，主变压器或母线停运、断路器拒动造成四级及以上电网事件的变电站。

三类变电站是指除二类以外的 220kV 变电站，电厂外送变电站（30 万 kW 及以上，100 万 kW 以下），主变压器或母线停运、断路器拒动造成五级电网事件的变电站，为一级及以上重要用户直接供电的变电站。

四类变电站是指除一、二、三类以外的 35kV 及以上变电站。

2．什么是变电站智能设备远程巡视？

答：在远方利用计算机监控系统、在线监测系统、图像监控系统等系统对变电站设备运行状态及运行环境等进行的巡视。

3．对变电站智能设备的远程巡视原则要求是什么？

答：（1）根据设备智能化技术水平、设备状态可视化程度，可进行远程巡视并适当延长现场巡视周期。状态可视化完善的智能设备，宜采用远程巡视为主，现场巡视为辅的巡视方式。设备运行维护部门应结合变电站智能设备智能化水平制定智能设备的远程巡视和现场巡视周期，并严格执行。

（2）对暂不满足远程巡视条件的变电站智能设备应参照常规变电站、无人值守变电站原管理规范等相关规定进行现场巡视。

（3）自检及告警信息远传功能完善的二次设备宜以远程巡视为主，兼顾现场巡视。

（4）利用主站监控后台、设备可视化平台对远端智能变电站智能设备适时进行远程巡视，电网或设备异常等特殊情况下，应加强设备远程巡视。

4．变电站智能设备的远程巡视项目有哪些？

答：（1）合并单元远程巡视项目有：后台远程查看无相关告警信息。

（2）智能终端远程巡视项目有：后台远程查看无相关告警信息。
（3）保护设备远程巡视项目有：
1）后台远程查看保护设备告警信息、通信状态无异常。
2）后台远程定期核对软压板控制模式、压板投退状态、定值区位置。
3）重点查看装置“SV 通道”“GOOSE 通道”正常。
（4）交换机远程巡视项目有：
1）远程查看站端自动化系统网络通信正常。
2）网络记录仪无告警。
（5）智能控制柜远程巡视项目有：后台远程查看智能控制柜内温湿度正常，无告警。
（6）监控系统（一体化监控系统）远程巡视项目有：
1）后台远程检查信息刷新正常，无异常报警信息。
2）与站端设备通信正常。
（7）站用电源系统（一体化电源系统）远程巡视项目有：
1）后台远程查看站用电源系统工作状态及运行方式、告警信息、通信状态无异常。
2）条件具备时，定期查看蓄电池电压正常，充电模块、逆变电源工作正常。
3）重点查看绝缘监察装置信息及直流接地告警信息。
（8）时间同步系统远程巡视项目有：远程查看时钟同步装置无异常告警信号。
（9）辅助系统远程巡视项目有：
1）后台远程查看辅助系统中各系统运行状态数据显示正常，无告警。
2）查看图像监控系统视频图像显示正常，与子站设备通信正常。
3）检查火灾报警运行正常，无告警。
4）检查环境监测系统数据正常，无告警。
（10）在线监测系统远程巡视项目有：
1）后台远程查看在线监测状态数据显示正常、无告警信息。
2）定期检查一次设备在线测温装置测温数据正常，无告警。
3）查看与站端设备通信正常。

5. 合并单元现场巡视项目有哪些？

答：（1）检查外观正常、无异常发热、电源及各种指示灯正常，无告警。
（2）隔离开关位置指示灯与实际隔离开关运行位置指示一致。
（3）检查各间隔电压切换运行方式指示与实际一致。
（4）正常运行时，合并单元检修硬压板在退出位置。
（5）双母线接线，双套配置的母线电压合并单元并列把手应保持一致。
（6）检查光纤连接牢固，光纤无损坏、弯折现象。
（7）模拟量输入式合并单元电流端子排测温检查正常。
（8）检查监控后台有无 SV 断链等合并单元相关告警信息。

6．智能终端现场巡视项目有哪些？

答：（1）外观正常，无异常发热，电源及各种指示灯正常，无告警。

（2）智能终端前面板断路器、隔离开关位置指示灯与实际状态一致。

（3）正常运行时，装置检修压板在退出位置。

（4）装置上硬压板及转换开关位置应与运行要求一致。

（5）检查光纤连接牢固，光纤无损坏、弯折现象。

（6）屏柜二次电缆接线正确，端子接触良好、编号清晰、正确。

（7）检查监控后台有无GOOSE断链等智能终端相关告警信息。

7．保护设备现场巡视项目有哪些？

答：（1）检查外观正常、各指示灯指示正常，液晶装置面板循环显示信息正确，无异常告警信号或报文信息，无异常声音及气味。

（2）交、直流开关均投入正确，各切换开关位置正确。

（3）定期核对保护装置软、硬压板投、退位置正确，硬压板压接牢固，编号清晰正确。

（4）检查保护测控装置的“五防”联锁把手（钥匙、压板）在正确位置。

（5）二次线、光纤无松脱、发热变色现象，电缆孔洞封堵严密。

（6）加热器、空调、风扇等温湿度调控装置工作正常，温湿度满足设备现场运行要求。控制室、保护室内温度应保持在5～30℃范围内，最大相对湿度不超过75%；智能控制柜内温度控制在5～55℃，湿度保持在90%以下；户外就地安装的继电保护装置，当安装于不具有环境调节性能的屏柜时，环境温度应在－25～70℃，最大相对湿度：95%（日平均），90%（月平均）。

（7）严禁空调运行时直吹保护装置，以免造成装置内部凝雾。

（8）智能柜关闭严密，定期对智能柜通风系统进行检查和清扫，确保通风顺畅。

8．测控装置现场巡视项目有哪些？

答：（1）装置外观正常、标识完好。

（2）指示灯指示正常，液晶屏幕显示正常无告警。

（3）光纤、网线、电缆连接牢固、标识完好。

（4）空气开关、把手、检修硬压板、允许远方操作硬压板位置正确。

（5）同期、SV接收、防误闭锁等软压板位置正常。

（6）专业巡视还应定期检查测控装置交流量数据正确。

9．交换机现场巡视项目有哪些？

答：（1）检查设备外观正常，温度正常。

（2）交换机运行灯、电源灯、端口连接灯指示正确。

（3）装置无告警灯光显示。

（4）交换机每个端口所接光纤（或网线）的标识完备。

（5）监控系统中变电站网络通信状态正常。

（6）交换机通风装置运行正常，定期测温正常。

10．智能控制柜现场巡视项目有哪些？

答：（1）智能控制柜柜门密封良好，接线无松动、断裂，光缆无脱落，锁具、铰链、外壳防护及防雨设施良好，通风顺畅，无进水受潮现象。

（2）控制柜标识完好，柜内应整洁、美观，设备状态正常，无告警及异常，无过热等现象。

（3）汇控柜断路器、隔离开关位置指示与一次设备状态一致。

（4）检查柜内的操动切换把手与实际运行位置相符；控制、电源开关位置正确；连锁位置指示正常。

（5）检查柜内加热器、工业空调、风扇等温湿度调控装置工作正常，柜内温（湿）度满足设备现场运行要求。智能控制柜应具备温度、湿度的采集、调节功能，柜内温度控制在5～55℃，湿度保持在90%以下。

11．光纤配线装置现场巡视项目有哪些？

答：（1）检查光纤配线装置外观完好、标识正常。

（2）检查光纤接头连接可靠，无打折、破损现象。

（3）检查备用光口防尘帽无脱落。

（4）检查备用尾纤盘弯整齐，无打折。

12．一体化监控系统现场巡视项目有哪些？

答：（1）查看监控系统运行正常，后台信息刷新正常，告警窗口无异常报文。

（2）检查数据服务器、远动装置等站控层设备运行正常，各连接设备（系统）通信正常，无异响。

（3）监控主备机信息一致，主要包括图形、告警信息、潮流、历史曲线等信息。

（4）在监控主机网络通信状态拓扑图中检查站控层网络、GOOSE链路、SV链路通信状态。

（5）检查监控主机遥测遥信信息实时性和准确性。

（6）监控主机工作正常，无通信中断、死机、异音、过热、黑屏等异常现象。

（7）监控主机同步对时正常。

13．交直流一体化电源系统中交流电源装置现场巡视项目有哪些？

答：（1）检查空气断路器、控制把手位置正确。自动转换开关电器（ATS）正常运行应在自动状态。

（2）检查交流电源无异音，无告警。定期开展红外测温，检查有无过热现象。

（3）显示的三相电压、频率、功率因数以及三相电流、有功功率、无功功率等应正常。

（4）配电屏母线（电源）电压正确，负荷分配正常。

（5）配电屏内接线无松脱、发热变色现象，电缆孔洞封堵严密。

（6）交流电源 220V 单相供电电压偏差为标称电压的＋7%～－10%。

14．交直流一体化电源系统中直流电源装置现场巡视项目有哪些？

答：（1）充电装置交流输入电压、直流输出电压、电流正常，表计指示正确，保护的声、光信号正常，运行声音无异常，无告警。

（2）充电装置输入的交流电源应符合要求，一般不得超过其标称电压的±10%。蓄电池浮充电压值一般（铅酸阀控电池）应控制为（2.23～2.28）V×N（N为电池个数），浮充电流值大小满足厂家规定。

（3）蓄电池室通风、照明及消防设备完好，有防止阳光直晒措施，温度宜保持在 5～30℃，无易燃、易爆物品，同一室内布置两组及以上蓄电池组时，蓄电池组间应有效隔离。

（4）进入蓄电池室前，必须先行开启通风设备，并严禁烟火。

（5）蓄电池组外观清洁，无短路、接地。

（6）各连片连接牢靠无松动，端子无腐蚀。

（7）蓄电池外壳无裂纹、漏液，呼吸器无堵塞，密封良好。

（8）蓄电池极板无龟裂、弯曲、变形、硫化和短路，极板颜色正常，无欠充电、过充电。

（9）各支路的运行监视信号完好、指示正常，熔断器无熔断，自动空气开关位置正确。

15．交直流一体化电源系统中交流不间断电源（逆变电源）装置现场巡视项目有哪些？

答：（1）检查设备运行正常，面板、指示灯、仪表显示正常，风扇运行正常，无异常告警、无异常声响振动。

（2）交流不间断电源输入、输出电压、电流正常，低压断路器位置指示正确，各部件无烧伤、损坏。

（3）装置各指示灯及液晶屏显示正常，无告警。

（4）旁路开关在断开位置，闭锁可靠。

16．交直流一体化电源系统中监控装置现场巡视项目有哪些？

答：（1）交直流一体化电源系统工作状态及运行方式、告警信息、通信状态无异常。

（2）查看蓄电池巡检电压、电流、内阻、温度监测及历史数据显示功能正常。

（3）查看绝缘监察装置信息及直流接地告警信息。

（4）各支路运行监视信号完好、指示正常，熔断器无熔断，自动空气开关位置正确。

17．时间同步系统现场巡视项目有哪些？

答：（1）检查主、从时钟运行正常，站用时间同步系统接收北斗和GPS授时信号，实现时间同步，两种授时互为备用，同时具有守时功能。

（2）站用时间同步系统对全站智能电子设备和系统统一授时，实现全站时间同步。

（3）电源及各种指示灯正常，无告警。

（4）正常运行时，禁止重启装置或随意插拔网线。

（5）正常运行时，全站智能电子设备对时正确。

（6）监控后台检查无同步时钟系统相关告警信息。

18．辅助系统现场巡视项目有哪些？

答：（1）检查图像监控系统视频探头、红外对射、火灾报警系统烟感探头等现场设备运行正常，无损伤。

（2）检查环境监控系统空调风机、各类传感器等辅助系统中的现场设备运行正常，无损伤。

（3）定期检查火灾报警装置运行正常，无告警。

19．电子式互感器现场巡视项目有哪些？

答：（1）采集器无告警、无积尘，光缆无脱落，箱内无进水、无潮湿、无过热等现象。

（2）有源式电子互感器应重点检查供电电源工作无异常。

（3）设备外观完整无破损。

（4）一次引线接触良好，接头无过热迹象，各连接引线无发热、变色。

（5）外绝缘表面清洁、无裂纹及放电现象。

（6）金属部位无锈蚀现象；底座、支架牢固，无倾斜变形。

（7）架构、器身外涂漆层清洁、无爆皮掉漆。

（8）无异常振动、异常音响及异味。

（9）均压环完整、牢固，无异常可见电晕。

（10）设备标识齐全，名称编号清晰，无损坏；相序标注清晰，无脱落、变色。

（11）接地良好，无锈蚀、脱焊现象；黄绿相间的接地标识清晰，无脱落、变色。

20．变压器（电抗器）在线监测系统现场巡视项目有哪些？

答：（1）检查设备外观正常、电源指示正常，各种信号、表计显示无异常。

（2）油气管路接口无渗漏，光缆连接无脱落。

（3）在线监测系统主机后台、变电站监控系统主机监测数据正常，CH_4、C_2H_2等气体含量在正常范围且没有突变现象。

（4）与上级系统的通信功能正常。

21．避雷器在线监测系统现场巡视项目有哪些？

答：（1）系统程序工作正常，无死机、告警现象。

（2）泄漏电流值在正常范围内，动作次数正常。

（3）避雷器表头无失电，显示正常。

（4）系统和表头通信正常、数据一致。

（5）避雷器传感器与设备连接牢固，无松动现象。

（6）就地装置工作正常、标识完好、无告警。

22．网络报文分析仪现场巡视项目有哪些？

答：（1）外观正常，液晶显示画面正常，无异常发热，电源及网络报文记录装置上运行灯、对时灯、硬盘灯正常，无告警。

（2）正常运行时，能够进行变电站网络通信状态的在线监视和状态评估功能，并能实时显示动态 SV 数据和 GOOSE 开关量信息。

（3）网络报文记录装置光口所接光纤的标签、标识完备。

（4）定期检查网络报文分析仪报文记录功能。

23．相量测量装置（PMU）现场巡视项目有哪些？

答：（1）PMU 装置正常工作时，电源状态指示灯、时钟同步指示灯、故障指示灯和时间信息（北京时间）显示正确。

（2）PMU 装置无 SV 链路中断告警，与主站网络通信正常，无异常告警。

（3）PMU 装置具有实时监测和动态数据记录，液晶屏数据正常刷新。

24．数据通信网关机装置现场巡视项目有哪些？

答：（1）数据通信网关机装置正常工作时，电源状态指示灯、时钟同步指示灯、故障指示灯和时间信息显示正确。

（2）数据通信网关机与主站网络通信正常，无异常告警。

25．对智能变电站智能控制柜使用环境条件有什么要求？

答：智能控制柜应能在下列条件下正常使用：

（1）环境温度：－40～＋45℃（户内）；－10～＋45℃（户外）。

（2）环境相对湿度：5%～95%（智能控制柜内无凝露和结冰）。

（3）日照强度：≤1120W/m^2。

（4）大气压力：80～106kPa。

26．对智能控制柜的温湿度调节性能有何要求？

答：（1）控制柜应对柜内温度、湿度具有调节和控制能力。通过调节，柜内最低温度应保持在＋5℃以上，柜内最高温度不超过柜外环境最高温度；柜内湿度应保持在90%以下，以满足柜内智能电子设备正常工作的环境条件，避免因大气环境恶劣导致智能电子设备误动或拒动。

（2）控制柜内应配置加热器，防止柜内出现凝露。

（3）控制柜顶部应加装隔热材料，阻止太阳辐射对控制柜内部造成影响。

（4）控制柜宜采用自然通风方式。柜内空气循环为下进风，上出风。控制柜底座高度应不小于100mm，以确保空气流入不受阻。进、出风口内侧应配置可拆卸的滤网。柜内设备布置时应考虑预留风道的位置。在环境温度较高的地区，可配置换气扇进行主动换气。换气扇应采用AC 220V供电，振动、噪声及电磁干扰不得影响控制柜内智能电子设备的可靠性。

（5）双层控制柜外壁宜上下不封口，形成自然风冷风道。

（6）在环境温度寒冷的地区，柜体内六面应铺设阻燃型保温层，保温材料选用导热系数小、比重轻、阻燃、无毒、防水性好和耐腐蚀的产品。

（7）在环境温度炎热的地区，可在控制柜顶部加装铝散热片，加强传导散热。

27．智能控制柜的温度、湿度控制系统具备哪些告警功能？

答：智能控制柜的温度、湿度控制系统应具有告警功能，能够对温度、湿度传感器及控制器执行元件的异常工作状态进行告警。

（1）告警信号应包括对下述行为的监视：凝露控制器异常、温度控制器异常、加热器异常、换气扇异常等。

（2）温度控制系统中发生温度传感器、换气扇、低温控制加热器损坏时，温度控制系统应能发出异常告警信息。

（3）湿度控制系统中发生湿度传感器、加热器损坏时，湿度控制系统应能发出异常告警信息。

28．什么是智能巡视？

答：智能巡视是指利用视频监控、图模识别等技术，自主完成变电站一次设备巡视、红外测温、设备状态核对等工作，发现异常时自动报警。

29．什么是RFID标签？

答：RFID标签（radio frequency identification）又称电子标签，可通过无线讯号识别特定目标并读写相关数据，而无须在识别系统与特定目标之间建立机械或光学接触。

30．智能巡视系统由哪些设备组成？

答：智能巡视系统由管理机、存储设备、网络交换机、无线网桥、摄像仪、巡视机器人、充电室等设备组成。智能巡视系统应配置智能控制分析软件。

31．智能巡视系统应具备哪些功能？

答：（1）智能巡视系统应具备的基本功能：

1）智能巡视应自动实现巡视设备定位，识别设备分合闸状态、仪表读数、油位计读数，完成红外测温工作。

2）智能巡视应具备本地及远方操作功能。

3）智能巡视应具备就地数据处理、存储和结果上传，多画面录制、回放等功能。

4）智能巡视控制分析软件应具备图像实时抓拍、电子地图、日志查询、自动重联等功能。

5）实现巡视信息智能分析，并自动生成设备巡视、红外测温报告。

6）实现智能巡视异常报警，可采用声光告警、语音告警，可自定义各报警点报警时摄像仪位置及显示对象。

7）具备多种巡视方式，可实现分组轮巡，顺序轮巡，指定通道及画面轮巡。

8）管理机应作为虚拟 IED 装置，与一体化监控系统互联，并具有安全隔离措施。

9）采用巡视机器人时宜实现双向语音传输功能。

10）可与顺序控制配合，实现断路器、隔离开关操作前后位置的校核。

（2）智能巡视系统应具备的控制功能：

1）支持客户端在图像分屏和全屏显示状态下的云台控制；云台控制应具有上下左右转动、巡逻功能，云台转动步进值应可设置，具备预置位设置功能，应提供主预置位设置，在停电恢复和摄像机控制后能自动恢复到主预置位。

2）支持客户端在图像分屏和全屏显示状态下的摄像仪控制；摄像仪的光圈、变倍、聚焦、画面效果（亮度、对比度、色度、饱和度）应实现自动或手动调整。

3）带预置点的摄像仪应在软件上设置预置点，并可通过定位预置点来控制摄像仪。

（3）智能巡视系统应具备的任务功能：

1）应具备自主定时巡视功能。

2）应具备人工指定巡视任务功能。

3）应具备不同任务冲突处理功能。

32．智能巡视系统应有哪些外部接口？

答：（1）应有与一体化监控系统接口，传输结果信息，采用 DL/T 860《变电站通信网络和系统》标准。

（2）应有与视频主站的接口。

（3）应有与生产管理系统（PMS）的接口。

33．对智能巡视系统图像处理功能有何要求？

答：（1）宜采用工程方法，在一次设备上增加明显标示，提高模式识别准确率。

（2）应具备云台视觉伺服功能，通过目标设备在图像中的位置来反馈控制云台水平和垂直方向的调整角度，使目标设备在摄像仪大变焦下仍位于图像中间。

（3）应采用优化图像模式识别算法，完善图像预处理和干扰过滤算法，尽可能消除外界光照等因素影响，提高模式识别的准确率。

34．智能巡视系统如何识别隔离开关位置？

答：隔离开关分合位可靠性状态识别，宜根据隔离开关类型采用直线法、直线角度识别、隔离开关触头接触程度、隔离开关臂特征点与固定端距离、标志线识别等方法，每种类型隔离开关应不少于两种判据。

35．智能巡视系统如何识别断路器位置？

答：通过对断路器分合位置指示器上的"分、合"文字进行分析，来判断断路器分合闸位置。若断路器具有机械拐臂，宜通过判断机械拐臂位置来判断断路器分合位置。

36．智能巡视系统如何识别仪表读数？

答：通过读取不同类型仪表图像，经过图模识别，分析获取表计读数或判断是否处于正常范围。

37．对智能巡视系统巡视机器人运行环境有何要求？

答：（1）巡视机器人越障高度不小于2cm，爬坡能力不小于15°。

（2）工作环境温度范围：－15～55℃或－25～55℃。

（3）降雨量：大雨及以下（24小时：25～49.9mm，12小时：15～29.9mm）。

（4）冰雪：道路覆冰厚度2cm、覆雪厚度5cm。

（5）最大风力：10级。

38．智能巡视系统巡视机器人应实现哪些功能？

答：（1）应实现所有电流致热、电压致热型设备本体和连接处红外测温。

（2）应实现断路器、隔离开关的分合闸位置采集。

（3）应实现变压器、电流互感器、电压互感器等充油设备油位计读数的采集。

（4）应实现SF_6气体压力等表计读数的采集。

（5）应实现一次设备的外观巡视。

（6）应具备最优路径规划功能，通过计算得出从当前点到目标点的最佳行驶路径。

（7）可实现变压器、电流互感器、电压互感器等设备的音频采集。

39．智能巡视系统巡视机器人应具备哪些防护性能？

答：巡视机器人应满足以下防护要求：

（1）巡视机器人的防护性能要求达到IP54标准。

（2）巡视机器人涉水能力应不低于50mm，底盘高度应不低于80mm。

（3）巡视机器人应对行进过程中的障碍物进行探测，避免碰撞。

（4）巡视机器人宜采用非金属外壳、内导电涂层的形式，对内部设备起到电磁屏蔽作用，避免变电站强电磁环境的影响。

40．智能巡视系统巡视机器人充电功能有哪些？

答：巡视机器人充电功能应满足以下要求：

（1）机器人充电器充电模块应固定安装，并显示输出电压、电流。

（2）机器人应实现自主充电、对位准确。

（3）机器人充电室外墙应可靠接地，并具备防风、防雨、防晒、防尘措施，能承受大风、积雪。

（4）机器人充电室应具备自动开启前后门功能。

41．智能巡视系统摄像仪有何技术要求？

答：摄像仪与管理机之间的通信宜采用有线方式，所有的监控点均以光缆方式接入。立杆应满足与带电设备的安全距离要求，安装牢固，接地可靠，可配套安装辅助灯光。

42．智能变电站的维护原则有哪些？

答：（1）变电站智能设备的运行维护应遵循DL/T 393—2010《输变电设备状态检修试验规程》、Q/GDW 431—2010《智能变电站自动化系统现场调试导则》等相关规程。

（2）智能设备维护应综合考虑一、二次设备，加强专业协同配合，统筹安排，开展综合检修。

（3）智能设备的维护应充分发挥智能设备的技术优势，利用一次设备的智能在线监测功能及二次设备完善的自检功能，结合设备状态评估开展状态检修。

（4）智能设备的维护应体现集约化管理、专业化检修等先进理念，适时开展专业化检修。

43．智能设备检修维护要求有哪些？

答：（1）保护装置、合并单元、智能终端等智能设备检修维护时，应做好与其相关联的保护测控设备的安全措施。

（2）保护装置、合并单元、智能终端等智能设备检修维护时，应做好光口及尾纤的安全防护，防止损伤。

（3）保护装置检修维护应兼顾合并单元、智能终端、测控装置、后台监控、系统通信等相关二次系统设备的校验。

（4）具备完善保护自检功能及智能监测功能的保护设备宜开展状态检修。

（5）智能在线监测设备、交换机、站控层设备、智能巡检设备宜开展状态检修。

（6）智能在线监测设备、交换机、站控层设备、智能巡检设备升级改造时应由厂家进行专业化检修。

（7）应做好保护装置、合并单元、智能终端等智能电子设备备品备件管理工作，确保专业化检修顺利开展。

44. 智能控制柜定期维护要求有哪些？

答：（1）智能控制柜内单一设备检修维护时，应做好柜内其他运行设备的安全防护措施，防止误碰。

（2）应遵循Q/GDW 430—2010《智能变电站智能控制柜技术规范》要求进行维护，应定期检测智能控制柜内保护装置、合并单元、智能终端等智能电子设备的接地电阻。

（3）应定期检测智能控制柜温、湿度调控装置运行及上传数据正确性。

（4）应定期对智能柜通风系统进行检查和清扫，确保通风顺畅。

45. 智能控制柜定期维护项目有哪些？

答：（1）热交换器或空调滤网清扫，确保通风顺畅。

（2）箱体门轴、锁具维护。

（3）箱内卫生清理。

（4）箱体密封维护，更换老化胶条。

（5）做好备品备件的管理。

（6）智能电子设备接地电阻测试。

（7）智能控制柜温湿度装置检测。

46. 智能变电站监控系统维护要求有哪些？

答：（1）监控系统检修维护时，非因检修需要，不应随意退出或者停运监控软件，不得在监控后台从事与运行维护或操作无关的工作。

（2）监控系统检修维护时，不得随意修改和删除自动化系统中的实时告警事件、历史事件、报表等设备运行的重要信息记录。

（3）监控系统检修维护时应遵照Q/GDW 431—2010《智能变电站自动化系统现场调试导则》、《电力二次系统安全防护规定》要求，监控系统维护应采用专用设备。

（4）监控系统检修维护时，除系统管理员外禁止启用已停用的自动化系统所有服务器、工作站的软驱、光驱及所有未使用的USB接口。

（5）一体化监控系统功能、自动化系统软件需修改或升级时，应由厂家进行专业化检修，相应程序修改或升级后应提供相应测试报告，并做好程序变更记录及备份。

47. 变压器在线监测装置日常维护项目有哪些？

答：（1）在线监测设备检修时，应做好安全措施，且不影响主设备正常运行。

（2）在线监测设备报警值由监测设备对象的维护单位负责管理，报警值一经设定不应随意修改。

（3）油气路检查应正常。

（4）智能单元测试应正常。

48．避雷器在线监测装置运行维护项目有哪些？

答：（1）定期核对表计显示的泄漏电流值和动作次数与后台显示数据一致。

（2）检查正面数码管常亮，显示监测的泄漏电流值在正常范围。

（3）定期检查二次电缆孔封堵密封正常。

49．光纤链路的日常维护工作有哪些？

答：（1）定期检查光纤标识牌完好，对脱落的标识牌进行更换。

（2）维护时应做好光口及尾纤的安全防护，防止损伤。

（3）备用光纤定期检查正常。

50．智能变电站对红外测温有哪些特殊要求？

答：（1）红外测温工作应按照常规变电站相关红外测温制度执行。

（2）智能终端、合并单元等智能设备应纳入红外普测范围。

（3）辅助监测系统应纳入红外普测范围。

（4）加强光设备红外测温监视。

51．核对软压板时有哪些注意事项？

答：（1）定期在监控后台核对保护软压板位置。

（2）核对压板时，现场和后台应同时进行，核查状态是否对应。

（3）核对压板时，严禁修改压板的状态。

（4）软压板退出后进行检修隔离的安全措施，检修人员应在装置上进行再次确认核对正确。

第十二章　智能变电站操作

1．智能变电站与常规变电站操作有哪些特点？

答：（1）智能变电站要求使用一体化监控系统，“五防”系统融合在监控系统中，倒闸操作前的“五防”模拟直接在监控系统的“五防”界面进行。

（2）智能变电站要求能够通过顺序控制实现倒闸操作。

（3）智能变电站的保护压板主要为软压板，压板操作方法和检查方法与常规站不同。压板操作主要在装置人机界面操作或者在监控后台远方操作，压板操作完毕后应在保护装置和监控后台对照检查压板状态。

2．倒闸操作时容易遗漏哪些项目？

答：（1）当对隔离开关、接地开关进行操作后，应在智能终端上检查该设备对应的分合指示灯同步亮，在通信正常时，监控系统后台机、装置界面接线图应发生对应变位；断路器遥控分合后，监控系统后台机、保护装置、智能终端上对应分、合指示灯也应点亮。

（2）在主变压器差动、母线差动保护中，“SV 间隔投入压板”尤为重要，其投入与否决定该间隔的电流是否参与到“和”电流计算中。在一次设备间隔由备用转运行状态前，应检查确认与之关联的主变压器差动、母线保护中该间隔“SV 间隔投入压板”已投入。

（3）双母线倒闸操作时，应在合并单元和母线保护装置上检查隔离开关指示正确。

（4）智能终端、合并单元、保护装置的“检修压板”。在投入“检修压板”后，应检查相关装置有无闭锁信号。

（5）智能终端的分合闸出口硬压板。

3．顺序控制有哪些功能？

答：顺序控制的功能有：

（1）满足无人值班及区域监控中心站管理模式的要求。

（2）可接收和执行监控中心、调控中心和本地自动化系统发出的控制指令，经安全校核正确后，自动完成符合相关运行方式变化要求的设备控制。

（3）应具备自动生成不同主接线和不同运行方式下典型操作流程的功能。

（4）应具备投、退保护软压板功能。

（5）应提供操作界面，显示操作内容、步骤及操作过程等信息。应支持开始、终止、暂停、继续等进度控制，并提供操作的全过程记录。对操作中出现的异常情况，应具有急停功能。

（6）宜通过辅助触点状态、量测值变化等信息自动完成每步操作的检查工作，包括设备操作过程、最终状态等。

（7）可配备直观图形图像界面，顺序控制宜和图像监控系统实现联动，提供辅助的操作监视，在站内和远端实现可视化操作。

4．顺序控制的操作原理是什么？

答：根据预先录入至监控系统后台机中的倒闸操作票，实现“一键”完成一个倒闸操作任务的目的。执行顺控操作时，监控系统发出整批指令，经过“五防”逻辑校核后，由系统根据设备状态信息变化情况判断每步操作是否到位，确认到位后自动执行下一指令，直至执行完所有指令。根据站端和远方实现的方式分为两类：

（1）站端实现方式是通过站内监控系统发起顺控操作任务，由站端监控后台负责将操作票解析分解成单步操作指令，下发给测控装置执行。

（2）远方实现方式是由监控主站端发起顺控操作任务，由站端配置的顺控操作服务器负责将操作票解析分解成单步操作指令，下发给测控装置执行。

5．顺控操作的范围有哪些？

答：（1）一次设备（包括主变压器、母线、断路器、隔离开关、接地开关等）运行方式转换。

（2）保护装置定值区切换、软压板投退。

6．顺控逻辑检测与“五防”怎样配合？

答：顺控逻辑检测与“五防”的配合有以下四种形式：

（1）独立设置的“五防”主机在操作前进行人工模拟操作，生成“五防”系统的操作顺序，监控后台在执行每步操作前向“五防”机发送操作请求，与操作顺序匹配，则“五防”应答允许操作；反之，则中断操作。

（2）独立设置的“五防”主机无须进行人工模拟操作，只对监控后台发出的操作请求进行逻辑正误的判断，来决定允许与否。

（3）对于内嵌式“五防”系统，由间隔层设备和监控后台分别根据预设的“五防”逻辑验证操作步骤的正确性。

（4）原有独立“五防”进行升级，负责根据顺控操作服务器的操作任务进行自动预演，以生成操作序列后，来校核验证顺控操作服务器随后发送的单步操作请求。

7．顺控操作票管理有哪些要求？

答：（1）应根据变电站接线方式、智能设备现状和技术条件编制顺序控制操作票。

（2）顺序控制操作票的编制应符合《国家电网公司电力安全工作规程》（变电部分）相关要求，并符合电气误操作安全管理规定的相关要求。

（3）变电站设备及接线方式变化时应及时修改顺序控制操作票。

8．软压板操作应注意哪些事项？

答：软压板操作应注意：

（1）软压板操作分为在装置上就地操作和在监控系统后台机上遥控操作两种方法，一般采用在后台机上遥控操作。

（2）宜在站端和主站端监控系统中进行软压板的操作，遥控操作软压板前应注意核对监控画面软压板实际状态，操作后应在监控画面和保护装置上核对软压板实际状态。

（3）保护装置就地操作软压板时，应查看装置液晶显示确认报文，确认正确后继续操作。

（4）部分装置设置了就地操作优先的原则，即在装置进入主菜单后，监控系统后台无法遥控操作软压板。

（5）失灵启动母差、失灵联跳主变压器三侧断路器的 GOOSE 软压板分别配置在发送侧、接收侧，两侧软压板应同投同停。

（6）正常运行时，严禁投入保护装置、合并单元、智能终端等装置检修压板。设备投运前应确认各智能组件检修压板已经退出，禁止通过投退智能终端上断路器跳合闸硬压板的方式投退保护。

（7）远程操作软压板模式下，禁止在保护装置上进入定值修改菜单。

（8）“远方投退软压板”“远方控制”软压板、“远方操作”硬压板采用“与门”逻辑，当遥控操作失败时，应检查“远方投退软压板”“远方操作”硬压板均在投入状态。

（9）采用监控后台遥控操作软压板时应检查装置 MMS A、B 网通信正常。

（10）因通信中断无法远程投退软压板时，可转为就地操作。

9．定值操作应注意哪些事项？

答：（1）宜在站端和主站端监控系统中进行定值区切换操作，操作前、后应在监控画面上核对定值实际区号，切换后应在站端重新召唤新定值区定值并打印核对。

（2）正常运行时，应按定值单要求投入保护装置的功能投入软压板、GOOSE 发送（接收）软压板、智能终端装置跳合闸出口硬压板，退出装置“检修状态硬压板”。

（3）远方修改定值、远方控制、远方切换定值区软压板标记保护定值、软压板的远方控制模式，正常不进行操作。装置运行时，远方修改定值软压板、远方控制、远方切换定值区软压板应按定值单投退。

10．保护装置有哪些软压板只能就地操作？

答：智能变电站保护装置中，“远方修改定值”“远方控制压板”“远方切换定值区”“允许远方操作”等与远方操作相关的软压板只能就地操作。部分厂家的保护装置，在检修压板投入后，所有软压板都无法进行远方投退，只能就地操作。

11．保护装置具备哪些远方操作功能？

答： 智能变电站保护装置具备远方投退软压板、远方修改定值、远方切换定值区、远方召唤并打印定值、远方召唤版本信息、远方调取故障报告、远方复归装置等远方操作功能。

12．如何实现保护装置的远方操作功能？

答： 若要实现保护装置远方操作功能，应就地投入"允许远方操作""远方控制""远方切换定值区""允许远方操作"，将远方操作相关控制字置于"1"，并确保装置检修压板在退出状态，才能进行相关远方操作。

13．如何将合并单元和智能终端停用？

答： 合并单元停用可投入合并单元检修压板；智能终端停用时应投入智能终端检修压板，退出跳、合闸出口压板，可根据检修工作需求退出断路器、隔离开关、接地开关遥控压板。

14．智能终端的出口压板与常规变电站保护装置出口压板有何不同？

答： 智能终端出口压板与常规变电站保护装置出口压板命名相同，但功能不同。

（1）常规变电站保护装置出口压板退出只影响该套保护装置对断路器的控制。

（2）智能终端的出口压板，实际上是断路器出口回路的总控制压板。智能终端跳、合闸出口压板退出，不仅影响本间隔的保护装置跳、合闸，而且会造成通过该智能终端实现断路器控制的所有设备对断路器的控制失效，如跨间隔保护（母线保护）、备自投装置测控装置的分合闸。

15．在什么情况下需要退出智能终端的跳、合闸出口压板？

答： 因智能终端出口压板设置在断路器机构的跳合闸回路上，单间隔保护（如线路保护）、跨间隔保护（如母差保护）和测控装置均经过智能终端的出口压板实现断路器控制，禁止通过投退智能终端的断路器跳合闸硬压板的方式投退保护。智能终端出口压板退出时，将失去对断路器的跳、合闸控制，会导致各类保护、测控装置无法使断路器跳、合闸。因此，智能终端出口压板退出的情况有：

（1）智能终端故障。

（2）一次设备停电检修。

（3）该智能终端对应间隔保护、跨间隔保护均停用。

16．保护装置软压板一般分为哪几类？

答： 保护装置软压板按照功能一般分为三类：

（1）功能压板。

（2）出口压板。

（3）接收压板。

17．保护装置软压板与智能终端硬压板有何逻辑关系？

答：保护装置除“远方操作”和“检修状态”采用硬压板外，其他功能压板和出口压板均为软压板，以满足远方操作的要求。智能终端出口硬压板安装于智能终端与断路器之间的电气回路中，可作为明显断开点，实现二次回路的通断，出口硬压板退出时，无法通过智能终端实现对断路器的跳、合闸。

保护装置软压板与智能终端硬压板构成“与”逻辑关系，即只有当保护装置软压板和智能终端硬压板均投入时，保护装置方能出口跳闸。

18．智能变电站检修压板与常规变电站检修压板功能有何不同？

答：常规变电站检修压板的作用是控制装置动作报告、告警信息等软报文信号的上传，投入后装置不向监控后台发送报文，以免干扰正常运行监视。

智能变电站中，检修压板是为实现检修装置与运行装置有效隔离约定而设置的。保护装置检修压板投入时，站控层根据上送报文中的品质q的Test位判断报文是否为检修报文并做出相应处理。当报文为检修报文时，报文内容应不显示在简报窗中，不发出音响告警，但应刷新画面，保证画面状态与实际状况相符。当合并单元与保护的检修压板均在投入位置，智能终端检修压板在退出位置时，保护可以正确动作，但不能出口跳闸，合并单元与智能终端的检修压板在投入位置，保护检修压板在退出位置时，保护不动作，也不出口跳闸。

19．检修压板应遵循哪些操作原则？

答：（1）操作保护装置检修压板前，应确认保护装置处于信号状态，且与之相关的运行保护装置（如母差保护、安全自动装置等）二次回路的软压板（如失灵启动软压板等）已退出。

（2）操作间隔合并单元检修压板前，需确认相关保护或装置的SV软压板已退出，相关保护装置处于信号、停用后，方可投入该合并单元检修压板。对于母线合并单元，在一次设备不停运时，应先按照母线电压异常处理，根据需要申请变更相应继电保护的运行方式后，方可投入该合并单元检修压板。

（3）在一次设备停运时，操作智能终端检修压板前，应确认相关线路保护装置的“边（中）断路器置检修”软压板已投入（若有）。在一次设备不停运时，应先确认该智能终端出口硬压板已退出，并根据需要退出保护重合闸功能、投入母线保护对应隔离开关强制软压板后，方可投入该智能终端检修压板。

（4）保护装置检修状态硬压板投入后，必须查看保护装置液晶面板变位报文或开入变位，智能终端、合并单元检修状态硬压板投入后，必须查看相应面板指示灯，同时核查相关运行装置是否出现非预期信号，确认正确后方可继续操作。

20．“检修状态”压板投入时应注意什么？

答：“检修状态”压板投入时应注意如下方面：

（1）运行中的智能终端、合并单元、保护装置严禁投入“检修状态”硬压板。

（2）合并单元置检修前，需先将与之相关的保护装置、自动装置中的该合并单元 SV 压板退出。

（3）一次设备不停电进行保护装置检修或故障处理时，应投入该保护装置检修压板，智能终端的检修压板不投入。

21．一次设备不同运行状态下退出 SV 接收压板有何要求？

答：SV 接收压板应根据一次设备停运情况采用“同投同退”的原则进行投退，否则可能导致保护装置中产生差流，引起保护误动。具体如下：

（1）若一次设备已停运，可以将保护、自动装置中该间隔的 SV 压板直接退出。

（2）若一次设备未停运，跨间隔保护需退出后，方能退出 SV 接收压板。

22．合并单元、智能终端和保护装置的停用操作顺序有何要求？为什么？

答：停用合并单元之前，先停用使用该合并单元采样量的保护，包括对功能有影响的整套保护装置或保护功能，退出使用该合并单元采样量的运行保护装置中该间隔“SV 接收”或“元件投入”软压板，因先投入合并单元检修状态压板，会引起保护装置因检修不一致闭锁。

（1）若一次设备已停运，则智能终端的停用顺序无要求，因智能终端与合并单元布置在开关场智能柜内，为了操作方便，可在保护操作结束后一同将智能终端与合并单元停用。

（2）若一次设备未停运，则操作中不能停用智能终端，因为：

1）智能终端的出口压板，实际是断路器出口回路的总控压板，一次设备未停运时退出智能终端，会影响在运装置如母线保护对断路器的控制。

2）进行一次设备不停电时的保护校验工作，若停用智能终端时投入“检修状态”压板，可能因保护装置和智能终端检修状态一致，在校验工作中引起运行断路器跳闸。

23．单一间隔停电操作时，二次设备压板操作顺序有何要求？

答：二次设备停用操作，先退出出口压板，再退出功能压板，最后退出“SV 接收”或“元件投入”软压板，投入“间隔检修”等置位软压板，以防止软压板操作顺序错误导致保护装置误动。

24．保护装置停用时“检修状态”压板最先投入和最后投入有何区别？

答：双重化配置的保护装置退出单套保护，而一次设备运行时：

（1）先投入保护“检修状态”压板，可避免因软压板操作顺序错误引起保护误动。如双母线接线方式双重化配置的母线保护，如果最先已投入“检修状态”压板，则保护装置整体功能已退出，不会引起保护误动。

（2）后投入“检修状态”压板，不能防止因软压板操作顺序错误引起的保护误动。如双母线接线方式双重化配置的母线保护，在一次设备运行时退出单套保护，操作时若先退出单元 SV 接收压板，则装置中存在的差流，若最后才投入“检修状态”压板，则不能防止保护误动。

25．保护装置投入操作时压板操作顺序有何要求？为什么？

答：保护装置投入操作，宜先退出检修状态压板，投入“SV 接收”或“元件投入”软压板，再投入功能压板，最后投入出口压板，以防止软压板操作顺序错误引起保护装置误动。

26．母线保护在某间隔合并单元检修压板误投入时是否会闭锁母差保护？

答：当某间隔合并单元检修压板误投入时，该装置发出的合并单元报文均带有检修位，对于跨间隔的母线保护装置，会将接收到的合并单元报文检修位与本保护检修位进行对比，因两者检修状态不一致，母差保护装置会报“检修压板不一致”，并闭锁母差保护。

27．误投主变压器某一侧间隔合并单元检修压板时对主变压器保护有何影响？

答：当主变压器某一侧间隔合并单元检修压板误投入时，该侧合并单元发出的报文均带有检修位，对于跨间隔的主变压器差动保护，会将接收到的合并单元报文检修位于变压器保护装置检修位进行对比，因两者检修状态不一致，主变压器差动保护退出，该侧后备保护也会退出，如果与各侧合并单元检修压板都不一致，则差动及所有后备保护都退出。

28．误投母线合并单元检修压板，对保护装置有何影响？

答：（1）线路保护按 TV 断线处理，闭锁纵联和距离保护，开放复压闭锁。

（2）母线保护按 TV 断线处理，开放两段母线电压复压闭锁。

（3）主变保护按本侧 TV 断线处理。

29．误投 220kV 线路间隔 A 套合并单元检修压板时，对保护装置有何影响？

答：误投 220kV 线路间隔 A 套合并单元检修压板时，将闭锁本线路 A 套保护所有保护功能，并闭锁 A 套母差保护。

30．误投 220kV 某间隔智能终端检修压板时，有何影响？

答：（1）保持 TV 切换状态。

（2）线路保护装置收到的位置信息保持为投检修前的状态，线路保护逻辑能正常动作，但不能跳开断路器。

（3）母线保护装置收到的位置信息保持为投检修前的状态，母线保护逻辑能正常动作，但不能通过本套智能终端出口跳闸。

31．220kV 线路由运行转检修应遵循哪些操作原则？

答：220kV 线路间隔整体停运检修时，在一次设备转为检修态后，宜按以下顺序进行相关二次设备操作。

（1）退出相关运行保护装置中该间隔的 GOOSE 接收软压板（如启动失灵等）。

（2）退出相关运行保护装置中该间隔的 SV 软压板或间隔投入压板。

（3）退出该间隔保护装置中跳闸、合闸、启动失灵等 GOOSE 发送软压板。

（4）退出该间隔保护装置中保护功能压板。

（5）退出该间隔保护装置中 SV 软压板或间隔投入压板。

（6）退出该间隔智能终端出口硬压板。

（7）投入该间隔保护装置、智能终端、合并单元检修压板。

（8）必要时，断开合并单元至母线保护的光纤。

32．220kV 线路由检修转运行应遵循哪些操作原则？

答：220kV 线路间隔整体恢复送电前，宜按以下顺序先进行恢复二次设备操作，再将一次设备投入运行。

（1）恢复已断开的合并单元至母线保护光纤。

（2）退出该间隔保护装置、智能终端、合并单元检修压板。

（3）投入该间隔智能终端出口硬压板。

（4）投入该间隔保护装置中 SV 软压板或间隔投入压板。

（5）投入该间隔保护装置中保护功能压板。

（6）投入该间隔保护装置中跳闸、合闸、启动失灵等 GOOSE 发送软压板。

（7）投入相关运行保护装置中该间隔的 SV 软压板或间隔投入压板。

（8）投入相关运行保护装置中该间隔的 GOOSE 接收软压板（如启动失灵等）。

33．220kV 主变压器由运行转检修应遵循哪些操作原则？

答：在完成一次设备转检修操作后，宜按照以下顺序操作二次设备。

（1）母线保护退出主变压器间隔 GOOSE 接收软压板（如启动失灵等）。

（2）母线保护退出主变压器各侧间隔 SV 软压板或间隔投入压板。

（3）退出主变压器保护装置中跳闸、启动失灵等 GOOSE 发送软压板（含“GOOSE 启动失灵出口”“GOOSE 跳母联出口”“GOOSE 跳分段出口”“解除复压闭锁”等）。

（4）退出主变压器保护装置中保护功能软压板。

（5）退出主变压器保护装置中各侧间隔 SV 软压板或间隔投入压板。

（6）退出主变压器三侧智能终端出口硬压板。

（7）投入主变压器保护装置、智能终端、合并单元检修压板。

（8）必要时，断开合并单元与母线保护、备自投等运行设备的光纤。

34．220kV主变压器由检修转运行应遵循哪些操作原则？

答：主变压器间隔整体恢复送电前，宜按以下顺序先进行恢复二次设备操作，再将一次设备投入运行。

（1）恢复合并单元与母线保护、备自投等运行设备的光纤。

（2）退出主变压器保护装置、智能终端、合并单元检修压板。

（3）投入主变压器三侧智能终端出口硬压板。

（4）投入主变压器保护装置中各侧间隔SV软压板或间隔投入压板。

（5）投入主变压器保护装置中保护功能软压板。

（6）投入主变压器保护装置中跳闸、启动失灵等GOOSE发送软压板（含“GOOSE启动失灵出口”“GOOSE跳母联出口”“GOOSE跳分段出口”“解除复压闭锁”等）。

（7）母线保护投入主变压器各侧间隔SV软压板或间隔投入压板。

（8）母线保护投入主变压器间隔GOOSE接收软压板（如启动失灵等）。

35．母线保护所接出线间隔停电操作有哪些注意事项？

答：在一次设备间隔由运行态转为检修态时，与之相关联的母线差动、主变差动保护中该间隔“SV间隔投入压板”应在一次设备无流后退出，并同时退出母线保护跳该断路器GOOSE出口、启动失灵保护压板，以免在对该停电间隔进行调试时造成保护装置误动。

36．间隔停电检修时，不退出线保护中该间隔投入压板，会造成何后果？

答：间隔停电检修时，若不退出母线保护中该间隔投入压板，则母差保护装置会将接收到的该间隔采样值投入到“差电流”的计算中，并将接收到合并单元报文检修位与母差保护检修状态对比。若该间隔合并单元检修硬压板投入，则母差保护接收到该间隔合并单元报文带检修位，母差保护会被闭锁，并报“检修不一致”信号；若该间隔合并单元检修硬压板未投入，则母差保护会将该间隔保护装置调试时所加电流量纳入到“差电流”计算，可能因差流过大造成母差保护动作跳闸。

37．3/2接线边断路器由运行转检修应遵循哪些操作原则？

答：边断路器转检修，在完成一次设备转检修操作后，宜按照以下顺序操作二次设备。

（1）退出相关运行母线、线路或主变压器间隔A、B套保护装置、自动装置中该检修断路器GOOSE接收软压板。

（2）退出相关运行母线、线路或主变压器间隔A、B套保护装置、自动装置中该检修断路器间隔 SV 接收软压板或间隔投入软压板。

（3）投入相关运行线路间隔 A、B 套保护装置、自动装置中该检修断路器“边断路器置检修”压板。

（4）退出检修断路器 A、B 套保护中跳闸、合闸、启失灵等 GOOSE 发送软压板。

（5）退出检修断路器 A、B 套保护中保护功能软压板。

（6）退出检修断路器 A、B 套保护中 SV 接收软压板或间隔投入软压板。

（7）退出检修断路器间隔智能终端出口硬压板。

（8）投入检修断路器间隔保护装置、合并单元、智能终端检修硬压板。

38．3/2 接线边断路器由检修转运行应遵循哪些操作原则？

答：3/2 接线边断路器转运行，在进行一次设备操作前，宜按照以下顺序操作二次设备，再将一次设备投入运行。

（1）退出检修断路器间隔保护装置、合并单元、智能终端检修硬压板。

（2）投入检修断路器间隔智能终端出口硬压板。

（3）投入检修断路器 A、B 套保护中 SV 接收软压板或间隔投入软压板。

（4）投入检修断路器 A、B 套保护中保护功能软压板。

（5）投入检修断路器 A、B 套保护中跳闸、合闸、启失灵等 GOOSE 发送软压板。

（6）退出相关运行线路间隔 A、B 套保护装置、自动装置中该检修断路器“边断路器置检修”压板。

（7）投入相关运行母线、线路或主变压器间隔 A、B 套保护装置、自动装置中该检修断路器间隔 SV 接收软压板或间隔投入软压板。

（8）投入相关运行母线、线路或主变压器间隔 A、B 套保护装置、自动装置中该检修断路器启失灵等 GOOSE 接收软压板。

39．3/2 接线中断路器由运行转检修应遵循哪些操作原则？

答：3/2 接线中断路器转检修，在完成一次设备转检修操作后，宜按照以下顺序操作二次设备。

（1）退出相关运行线路或主变压器间隔 A、B 套保护装置、自动装置中该检修断路器启失灵等 GOOSE 接收软压板。

（2）退出相关运行线路或主变压器间隔 A、B 套保护装置、自动装置中该检修断路器间隔 SV 接收软压板或间隔投入软压板。

（3）投入相关运行线路或主变压器间隔 A、B 套保护装置、自动装置中该检修断路器“中断路器置检修”压板。

（4）退出检修断路器 A、B 套保护中跳闸、合闸、启失灵等 GOOSE 发送软压板。

（5）退出检修断路器 A、B 套保护中保护功能软压板。

（6）退出检修断路器 A、B 套保护中 SV 接收软压板或间隔投入软压板。

（7）退出检修断路器间隔智能终端出口硬压板。

（8）投入检修断路器间隔保护装置、合并单元、智能终端检修硬压板。

40．3/2 接线中断路器由检修转运行应遵循哪些操作原则？

答：3/2 接线中断路器转运行，在进行一次设备操作前，宜按照以下顺序操作二次设备，再将一次设备投入运行。

（1）退出检修断路器间隔保护装置、合并单元、智能终端检修硬压板。

（2）投入检修断路器间隔智能终端出口硬压板。

（3）投入检修断路器 A、B 套保护中 SV 接收软压板或间隔投入软压板。

（4）投入检修断路器 A、B 套保护中保护功能软压板。

（5）投入检修断路器 A、B 套保护中跳闸、合闸、启失灵等 GOOSE 发送软压板。

（6）退出相关运行线路或主变压器间隔 A、B 套保护装置、自动装置中该检修断路器“中断路器置检修”压板。

（7）投入相关运行线路或主变压器间隔 A、B 套保护装置、自动装置中该检修断路器间隔 SV 接收软压板或间隔投入软压板。

（8）投入相关运行线路或主变压器间隔 A、B 套保护装置、自动装置中该检修断路器启失灵等 GOOSE 接收软压板。

41．3/2 接线线路由运行转检修应遵循哪些操作原则？

答：3/2 接线线路由运行转检修，在完成一次设备转检修操作后，宜按照以下顺序操作二次设备。

（1）退出相关运行母线、线路或主变压器间隔 A、B 套保护装置、自动装置中与检修线路对应的停运断路器启失灵等 GOOSE 接收软压板。

（2）退出相关运行母线、线路或主变压器间隔 A、B 套保护装置、自动装置中与检修线路对应的停运断路器 SV 接收软压板或间隔投入软压板。

（3）投入相关母线、线路或主变压器间隔 A、B 套保护装置、自动装置中与检修线路对应的停运断路器“边断路器置检修”或“中断路器置检修”压板。

（4）退出检修线路同串的运行边断路器 A、B 套保护中对停运中断路器 GOOSE 启失灵接收软压板。

（5）退出检修线路 A、B 套保护中跳闸、合闸、启失灵等 GOOSE 发送软压板。

（6）退出检修线路 A、B 套保护功能软压板。

（7）退出检修线路 A、B 套保护中 SV 接收软压板。

（8）退出检修线路对应停运断路器 A、B 套保护跳闸、合闸、启失灵等 GOOSE 发送软压板。

（9）退出检修线路对应停运断路器 A、B 套保护功能压板。

（10）退出检修线路对应停运断路器 A、B 套保护中 SV 接收软压板。

（11）退出检修线路对应停运断路器间隔智能终端出口硬压板。

（12）投入检修线路保护装置、停运断路器间隔保护装置、合并单元、智能终端检修硬压板。

42．3/2 接线线路由检修转运行应遵循哪些操作原则？

答：3/2 接线线路转运行，在进行一次设备操作前，宜按照以下顺序操作二次设备，再将一次设备投入运行。

（1）退出检修线路保护装置、停运断路器间隔保护装置、合并单元、智能终端检修硬压板。

（2）投入检修线路对应停运断路器间隔智能终端出口硬压板。

（3）投入检修线路对应停运断路器 A、B 套保护中 SV 接收软压板。

（4）投入检修线路对应停运断路器 A、B 套保护功能压板。

（5）投入检修线路对应停运断路器 A、B 套保护跳闸、合闸、启失灵等 GOOSE 发送软压板。

（6）投入检修线路 A、B 套保护中 SV 接收软压板。

（7）投入检修线路 A、B 套保护功能软压板。

（8）投入检修线路 A、B 套保护中跳闸、合闸、启失灵等 GOOSE 发送软压板。

（9）投入检修线路同串的运行边断路器 A、B 套保护中对停运中断路器 GOOSE 启失灵接收软压板。

（10）退出相关线路间隔 A、B 套保护装置、自动装置中与检修线路对应的停运断路器“边断路器置检修”或“中断路器置检修”压板。

（11）投入相关运行母线、线路或主变压器间隔 A、B 套保护装置、自动装置中与检修线路对应的停运断路器 SV 接收软压板或间隔投入软压板。

（12）投入相关运行母线、线路或主变压器间隔 A、B 套保护装置、自动装置中与检修线路对应的停运断路器启失灵等 GOOSE 接收软压板。

43．3/2 接线母线由运行转检修应遵循哪些操作原则？

答：3/2 接线母线由运行转检修，在完成一次设备转检修操作后，宜按照以下顺序操作二次设备。

（1）退出相关运行线路或主变压器间隔 A、B 套保护装置、自动装置中与检修母线对应的停运断路器启失灵等 GOOSE 接收软压板。

（2）退出相关运行线路或主变压器间隔 A、B 套保护装置、自动装置中与检修母线对应的停运断路器 SV 接收软压板或间隔投入软压板。

（3）投入相关运行线路 A、B 套保护装置、自动装置中与检修母线对应的停运断路器“边断路器置检修”压板。

（4）退出与停运边断路器同串的运行中断路器 A、B 套保护中对停运边断路器 GOOSE 启失灵接收软压板。

（5）退出检修母线 A、B 套保护中跳闸、失灵经母差等 GOOSE 发送软压板。

（6）退出检修母线 A、B 套保护功能软压板。

（7）退出检修母线 A、B 套保护中 SV 接收软压板。

（8）退出检修母线对应停运断路器 A、B 套保护跳闸、合闸、启失灵等 GOOSE 发送软压板。

（9）退出检修母线对应停运断路器 A、B 套保护功能软压板。

（10）退出检修母线对应停运断路器 A、B 套保护中 SV 接收软压板。

（11）退出检修母线对应停运断路器间隔智能终端出口硬压板。

（12）投入检修母线保护装置、停运断路器间隔保护装置、合并单元、智能终端检修硬压板。

44．3/2 接线母线由检修转运行应遵循哪些操作原则？

答：3/2 接线母线转运行，在进行一次设备操作前，宜按照以下顺序操作二次设备，再将一次设备投入运行。

（1）退出检修母线保护装置、停运断路器间隔保护装置、合并单元、智能终端检修硬压板。

（2）投入检修母线对应停运断路器间隔智能终端出口硬压板。

（3）投入检修母线对应停运断路器 A、B 套保护中 SV 接收软压板。

（4）投入检修母线对应停运断路器 A、B 套保护功能软压板。

（5）投入检修母线对应停运断路器 A、B 套保护跳闸、合闸、启失灵等 GOOSE 发送软压板。

（6）投入检修母线 A、B 套保护中 SV 接收软压板。

（7）投入检修母线 A、B 套保护功能软压板。

（8）投入检修母线 A、B 套保护中跳闸、失灵经母差等 GOOSE 发送软压板。

（9）投入与停运边断路器同串的运行中断路器 A、B 套保护中对停运边断路器 GOOSE 启失灵接收软压板。

（10）退出相关运行线路或主变压器间隔 A、B 套保护装置、自动装置中与检修母线对应的停运断路器“边断路器置检修”压板。

（11）投入相关运行线路或主变压器间隔 A、B 套保护装置、自动装置中与检修母线对应的停运断路器 SV 接收软压板或间隔投入软压板。

（12）投入相关运行线路或主变压器间隔 A、B 套保护装置、自动装置中与检修母线对应的停运断路器启失灵等 GOOSE 接收软压板。

45．双母线接线，若单母线由运行转检修应遵循哪些操作原则？

答：双母线接线中某一母线由运行转检修，在完成一次设备转检修操作后，宜按照以下顺序操作二次设备。

（1）退出主变压器 A、B 套保护跳母联出口 GOOSE 接收压板。

（2）退出母联 A、B 套保护中跳闸、启动失灵等 GOOSE 发送软压板。

（3）退出母联 A、B 套保护功能软压板。

（4）退出母联 A、B 套中 SV 接收软压板或间隔投入软压板。

（5）退出母线 A、B 套保护中母联断路器启失灵等 GOOSE 接收软压板。

（6）退出母线 A、B 套保护中母联断路器 SV 接收软压板或间隔投入软压板。

（7）投入母线 A、B 套保护中“分列运行”软压板。

（8）退出母联智能组件柜内 A、B 套智能终端出口硬压板。

（9）投入母联保护、线路合并单元、母联合并单元、线路单元智能终端、母联智能终端检修硬压板。

46．双母线接线，若单母线由检修转运行应遵循哪些操作原则？

答：双母线接线中单母线转运行，在进行一次设备操作前，宜按照以下顺序操作二次设备，再将一次设备投入运行。

（1）退出母联保护、线路合并单元、母联合并单元、线路单元智能终端、母联智能终端检修硬压板。

（2）投入母联智能组件柜内 A、B 套智能终端出口硬压板。

（3）退出母线 A、B 套保护中“分列运行”软压板。

（4）投入母线 A、B 套保护中母联断路器 SV 接收软压板或间隔投入软压板。

（5）投入母线 A、B 套保护中母联断路器启失灵等 GOOSE 接收软压板。

（6）投入母联 A、B 套中 SV 接收软压板或间隔投入软压板。

（7）投入母联 A、B 套保护功能软压板。

（8）投入母联 A、B 套保护中跳闸、启动失灵等 GOOSE 发送软压板。

（9）投入出主变压器 A、B 套保护中跳母联出口 GOOSE 接收压板。

47．如何退出 220kV 线路重合闸？

答：退出 220kV 线路重合闸时，应退出 A、B 套保护“重合闸出口”软压板，投入 A、B 套保护“停用重合闸”软压板。

48．如何投入 220kV 线路重合闸？

答：投入 220kV 线路重合闸时，应退出 A、B 套保护“停用重合闸”软压板，投入 A、B 套保护“重合闸出口”软压板。

49．单母线接线线路由运行转检修应遵循哪些操作原则？

答：单母线接线线路由运行转检修时，一次设备转检修操作完成后，宜按照以下顺序操作二次设备。

（1）退出相关运行保护装置中该间隔的 GOOSE 接收软压板（如启动失灵）。

（2）退出相关运行保护装置中该间隔的 SV 软压板或间隔投入压板。

（3）退出该间隔保护装置中跳闸、合闸、启动失灵等 GOOSE 发送软压板。

（4）退出该间隔保护装置中保护功能压板。

（5）退出该间隔智能终端出口硬压板。

（6）投入该间隔保护装置、智能终端、合并单元检修压板。

（7）必要时，断开合并单元至母线保护光纤。

50．单母线接线线路由检修转运行应遵循哪些操作原则？

答：单母线接线线路转运行，在进行一次设备操作前，宜按照以下顺序操作二次设备，再将一次设备投入运行。

（1）恢复已断开的合并单元至母线保护光纤。

（2）退出该间隔保护装置、智能终端、合并单元检修压板。

（3）投入该间隔智能终端出口硬压板。

（4）投入该间隔保护装置中保护功能压板。

（5）投入该间隔保护装置中跳闸、合闸、启动失灵等 GOOSE 发送软压板。

（6）投入相关运行保护装置中该间隔的 SV 软压板或间隔投入压板。

（7）投入相关运行保护装置中该间隔的 GOOSE 接收软压板（如启动失灵等）。

51．220kV 三圈变压器单侧断路器停送电检修操作有哪些注意事项？

答：三圈变压器单侧断路器停电检修时，应注意主变压器保护中该侧间隔投入压板与智能终端、合并单元检修压板的操作先后次序。应在一次侧无流后，先退出主变压器保护中该侧间隔投入压板，该侧采样数据不会进入主变压器保护中，然后才能加用该侧合并单元、智能终端检修压板。恢复送电顺序与之相反。

52．500kV 主变压器由运行转检修操作应遵循哪些操作原则？

答：500kV 主变压器由运行转检修，一次设备转检修操作完成后，宜按照以下顺序操作二次设备。

（1）退出相关运行 500kV 母线、线路间隔 A、B 套保护装置、自动装置中主变压器高压侧断路器启失灵等 GOOSE 接收软压板。

（2）退出相关运行 500kV 母线、线路间隔 A、B 套保护装置、自动装置中主变压器高压侧断路器间隔 SV 接收软压板或间隔投入软压板。

（3）投入相关运行 500kV 线路间隔 A、B 套保护装置中主变压器高压侧断路器“中断路器置检修”压板。

（4）退出主变压器高压侧同串运行边断路器 A、B 套保护中对停运中断路器启失灵等 GOOSE 接收软压板。

（5）退出 220kV 母线 A、B 套保护中主变压器中压侧断路器 GOOSE 启失灵接收软压板。

（6）退出 220kV 母线 A、B 套保护中主变压器中压侧断路器间隔 SV 接收软压板或间隔投入软压板。

（7）退出主变压器 A、B 套保护中跳闸、启失灵等 GOOSE 发送软压板。（GOOSE

发送压板包括“GOOSE 启动失灵出口”“GOOSE 跳母联出口”“GOOSE 跳分段出口”“解除复压闭锁”等）

（8）退出主变压器 A、B 套保护功能软压板。

（9）退出主变压器 A、B 套保护中 SV 接收软压板。

（10）退出主变压器高压侧断路器 A、B 套保护跳闸、合闸、启失灵等 GOOSE 发送软压板。

（11）退出主变压器高压侧断路器 A、B 套保护功能压板。

（12）退出主变压器高压侧断路器 A、B 套保护中 SV 接收软压板。

（13）退出主变压器本体智能终端非电量出口硬压板。

（14）退出主变压器高、中、低压侧断路器间隔 A、B 套智能终端出口硬压板。

（15）投入停用的主变压器保护、断路器保护、高、中、低压侧合并单元、智能终端检修硬压板。

53．500kV 主变压器由检修转运行操作应遵循哪些操作原则？

答：500kV 系统主变压器转运行，在进行一次设备操作前，宜按照以下顺序操作二次设备，再将一次设备投入运行。

（1）退出停用的主变压器保护、断路器保护、高、中、低压侧合并单元、智能终端检修硬压板。

（2）投入主变压器高、中、低压侧断路器间隔 A、B 套智能终端出口硬压板。

（3）投入主变压器本体智能终端非电量出口硬压板。

（4）投入主变压器高压侧断路器 A、B 套保护中 SV 接收软压板。

（5）投入主变压器高压侧断路器 A、B 套保护功能压板。

（6）投入主变压器高压侧断路器 A、B 套保护跳闸、合闸、启失灵等 GOOSE 发送软压板。

（7）投入主变压器 A、B 套保护中 SV 接收软压板。

（8）投入主变压器 A、B 套保护功能软压板。

（9）投入主变压器 A、B 套保护中跳闸、启失灵等 GOOSE 发送软压板。（GOOSE 发送压板包括“GOOSE 启动失灵出口”“GOOSE 跳母联出口”“GOOSE 跳分段出口”“解除复压闭锁”等）

（10）投入 220kV 母线 A、B 套保护中主变压器中压侧断路器间隔 SV 接收软压板或间隔投入软压板。

（11）投入 220kV 母线 A、B 套保护中主变压器中压侧断路器 GOOSE 启失灵接收软压板。

（12）投入主变压器高压侧同串运行边断路器 A、B 套保护中对停运中断路器启失灵等 GOOSE 接收软压板。

（13）退出相关运行 500kV 线路间隔 A、B 套保护装置中主变压器高压侧断路器检修软压板。

（14）投入相关运行 500kV 母线、线路间隔 A、B 套保护装置、自动装置中主变压器高压侧断路器间隔 SV 接收软压板或间隔投入软压板。

（15）投入相关运行 500kV 母线、线路间隔 A、B 套保护装置、自动装置中主变压器高压侧断路器启失灵等 GOOSE 接收软压板。

54．3/2 接线方式边断路器单套断路器保护故障，一次设备不停电时故障处理，二次隔离操作的流程如何？

答：（1）考虑断路器重合闸切换，若使用的是故障保护装置的重合闸，则进行切换，否则不需切换。

（2）退出与故障断路器保护 GOOSE 连接的同套断路器保护、线路或主变压器保护、母线保护中故障断路器保护启失灵等 GOOSE 接收软压板。

（3）退出故障断路器保护 GOOSE 出口软压板、启失灵软压板，投入该装置检修压板。

（4）如有需要可断开故障断路器保护背板光纤。

55．3/2 接线方式单套线路保护故障，一次设备不停电时故障处理，二次隔离操作的流程如何？

答：（1）退出该线路所用断路器对应的同套断路器保护中故障线路保护启失灵等 GOOSE 接收软压板。

（2）退出故障的单套线路保护中 GOOSE 出口软压板、启失灵软压板、远跳软压板，投入该装置检修压板。

（3）断开该线路保护相关联的稳控等自动装置中该保护动作信息的 GOOSE 传输。

（4）如有需要可断开故障断路器保护背板光纤。

56．3/2 接线方式单套母线保护故障，一次设备不停电时故障处理，二次隔离操作的流程如何？

答：（1）退出该母线所接断路器对应的同套断路器保护中故障母线保护启失灵等 GOOSE 接收软压板。

（2）退出故障的单套母线保护中 GOOSE 出口软压板、失灵经母差跳闸压板，投入该装置检修压板。

（3）如有需要可断开故障断路器保护背板光纤。

57．220kV 双重化配置的继电保护如何单独停用第一套线路保护装置？

答：（1）退出第一套母线保护该间隔 GOOSE 启动失灵接收软压板。

（2）退出该间隔第一套线路保护内 GOOSE 出口软压板、启动失灵发送软压板。

（3）投入该间隔第一套线路保护检修压板。

（4）如有需要可断开线路保护至对侧纵联光纤及线路保护背板光纤。

（5）若重合闸随第一套保护退出运行，应投入第二套保护重合闸。

58．220kV 双重化配置的继电保护如何进行第一套线路保护装置的恢复操作？

答：（1）恢复线路保护至对侧纵联光纤及线路保护背板光纤。

（2）退出该间隔第一套线路保护装置检修状态硬压板。

（3）投入该间隔第一套线路保护内 GOOSE 出口软压板、启动失灵发送软压板。

（4）投入第一套母线保护该间隔 GOOSE 启动失灵接收软压板。

（5）若已投入第二套保护重合闸，则应将重合闸切换回第一套保护。

59．双母线接线方式保护双重化配置，某线路单套保护故障，一次设备不停电时故障处理，二次隔离操作的流程如何？

答：缺陷处理时安全措施如下：

（1）退出第一套母线保护该间隔 GOOSE 启动失灵接收软压板。

（2）退出该间隔第一套线路保护内 GOOSE 出口软压板、启动失灵发送软压板，投入该线路保护检修压板。

（3）如有需要可断开线路保护至对侧纵联光纤及线路保护背板光纤。

60．双重化配置的 220kV 母线保护如何停用单套母线保护装置？

答：双套配置的 220kV 母线保护停用单套母线保护装置时，可按以下操作次序完成操作，以“220kV 第一套母线保护（含失灵）退出操作”为例：

（1）退出 220kV 第一套母线保护所有 GOOSE 跳闸出口软压板、GOOSE 接收软压板。

（2）退出 220kV 第一套母线保护装置失灵开入软压板。

（3）退出 220kV 第一套母线保护所有功能软压板（差动保护、失灵保护）。

（4）退出 220kV 第一套母线保护所有 SV 接收软压板（间隔投入软压板）。

（5）投入 220kV 第一套母线保护检修压板。

61．双重化配置的 220kV 母线保护如何进行单套母线保护装置的恢复操作？

答：在进行双套配置的 220kV 母线保护恢复单套母线保护装置的操作时，可按以下操作次序完成操作，在投入保护装置功能软压板后，应检查保护装置有无异常，并复归信号，若信号不能复归则暂停操作，查明原因。以“220kV 第一套母线保护（含失灵）投入操作”为例：

（1）投入 220kV 母线电压间隔投入软压板。

（2）投入 220kV 第一套母线保护所有 SV 接收软压板（间隔投入软压板）。

（3）投入 220kV 第一套母线保护所有功能软压板（差动保护、失灵保护）。

（4）检查 220kV 第一套母线保护装置无异常信号（保护在检修状态下其告警灯会一直点亮，不便于检查装置是否有异常，若要进行装置检查，应将检修压板退出后进行）。

（5）投入 220kV 第一套母线保护装置失灵开入软压板。

（6）投入220kV第一套母线保护所有GOOSE跳闸出口软压板、GOOSE接收软压板。

（7）退出220kV第一套母线保护检修压板。

62．220kV双重化配置的设备间隔中，第一套智能终端故障时，如何执行停用第一套智能终端的操作？

答：（1）退出该间隔第一套智能终端出口硬压板，投入装置检修压板。

（2）退出该间隔第一套线路保护GOOSE出口软压板，启动失灵发送软压板。

（3）投入220kV第一套母线保护内该间隔隔离开关强制软压板。

（4）退出该线路双套保护装置重合闸功能软压板（第一套智能终端中含重合闸继电器时应操作该项）。

（5）如有需要可断开智能终端背板光纤，解开至另外一套智能终端闭锁重合闸回路。

63．220kV双重化配置的设备间隔中，第二套智能终端故障时，如何执行停用第二套智能终端的操作？

答：（1）退出该间隔第二套智能终端出口硬压板，投入装置检修压板。

（2）退出该间隔第二套线路保护GOOSE出口软压板，启动失灵发送软压板。

（3）投入220kV第二套母线保护内该间隔隔离开关强制软压板。

（4）如有需要可断开智能终端背板光纤，解开至另外一套智能终端闭锁重合闸回路。

64．220kV双重化配置的设备间隔中，单套合并单元故障时，如何执行停用该套合并单元的操作？

答：（1）投入该套合并单元所接母线保护屏检修硬压板，退出该套母线保护装置各间隔GOOSE发送软、失灵开入软压板，各功能软压板（差动保护、失灵保护）。

（2）投入该套合并单元所接线路、主变压器保护装置检修硬压板，退出该套合并单元所接线路、主变压器保护装置GOOSE跳、合闸出口软压板，GOOSE启动失灵软压板，各功能软压板。

（3）投入该套合并单元检修硬压板。

（4）若重合闸使用该套保护，应考虑220kV线路重合闸切换。

65．操作母线侧隔离开关时应注意检查哪些信号？

答：智能终端上隔离开关分、合指示灯直观反映隔离开关辅助触点转换是否良好，并将其位置信息以网络方式向间隔层、过程层发送。操作隔离开关时，应注意检查智能终端、合并单元、母线保护上该隔离开关对应的分、合位置指示灯应同步点亮。

66．能否在智能终端进行手动同期合闸操作？为什么？

答：不能在智能终端进行手动同期合闸操作，因智能变电站检同期功能由测控装置实现，智能终端不具备检同期功能，而在智能终端手动合闸不经过测控装置，因此不能在智能终端进行手动同期合闸操作。

67．220kV 双母线接线中，线路保护和母线保护在检修不一致时有什么后果？

答：双母线接线中，母线保护和线路保护之间通过 GOOSE 链路存在“启动失灵”连接，当母线保护和线路保护检修状态不一致时，导致处于运行状态的线路保护或母线保护告警。在该告警状态下，保护装置除该单元“启动失灵”无法工作外，其他保护功能不受影响。

68．投退合并单元、采集单元时应注意哪些事项？

答：（1）双重化配置的合并单元、采集单元单台校验、消缺时，可不停运相关一次设备，但应退出对应的线路保护、母线保护等接入该合并单元采样值信息的保护装置。

（2）单套配置的合并单元、采集单元校验、消缺时，视情况停运相关一次设备。

（3）一次设备停运，合并单元、采集单元校验、消缺时，应退出对应的线路保护、母线保护等相关装置内该间隔的软压板（如母线保护内该间隔投入软压板、SV 软压板等）。

（4）母线合并单元、采集单元校验、消缺时，按母线电压异常处理。

69．投退智能终端时应注意哪些事项？

答：（1）双重化配置的智能终端单台校验、消缺时，可不停运相关一次设备，但应退出该智能终端出口压板，退出重合闸功能，同时根据需要退出受影响的相关保护装置。

（2）单套配置的智能终端校验、消缺时，需停运相关一次设备，同时根据需要退出受影响的相关保护装置。

第十三章　智能变电站异常及故障处理

1．智能变电站继电保护和安全自动装置缺陷按严重程度可分为哪几级？

答：设备缺陷按严重程度和对安全运行造成的威胁大小分为危急缺陷、严重缺陷、一般缺陷三个等级。

（1）危急缺陷。危急缺陷指性质严重，情况危急，直接威胁安全运行的隐患，应当立即采取应急措施，并组织力量予以消除。

（2）严重缺陷。严重缺陷指设备缺陷情况严重，有恶化发展趋势，影响保护正确动作，对电网和设备安全构成威胁，可能造成事故的缺陷。严重缺陷可在专业维护人员到达现场进行处理时再申请退出相应保护。缺陷未处理期间，现场运维人员应加强监视，保护有误动拒动风险时应及时处置。

（3）一般缺陷。一般缺陷指上述危急、严重缺陷以外的，性质一般，情况较轻，保护能继续运行，对安全运行影响不大的缺陷。

2．智能变电站继电保护和安全自动装置缺陷通用归类原则有哪些？

答：（1）危急缺陷。在下列范围内或特征相符的缺陷应列为危急缺陷：

1）电子互感器（含采集单元）故障。

2）合并单元故障。

3）智能终端故障。

4）过程层网络交换机故障。

5）保护装置故障或异常退出。

6）纵联保护通道异常，无法收发数据。

7）SV、GOOSE断链以及开入量异常变位，可能造成保护不正确动作。

8）控制回路断线或控制回路直流消失。

9）其他直接威胁安全运行的情况。

（2）严重缺陷。在下列范围内或特征相符的缺陷应列为严重缺陷：

1）纵联保护通道衰耗增加，超过3dB；纵联保护通道丢帧数明显异常。

2）保护装置只发异常或告警信号，未闭锁保护。

3）故障录波器、过程层网络分析仪装置故障、电源消失。

4）操作箱指示灯不亮但未发控制回路断线。

5）保护装置动作后报告不完整或无事故报告。

6）就地信号正常，后台或中央信号不正常。

7）无人值守站的保护信息通信中断。

8）母线保护隔离开关辅助接点开入异常，但不影响母线保护正确动作。

9）继电保护故障信息系统子站与主站、子站与保护装置、子站与一体化监控系统的通信异常以及子站自检异常等。

10）频繁出现又能自动复归的缺陷。

11）其他可能影响保护正确动作的情况。

（3）一般缺陷。在下列范围内或特征相符的缺陷应列为一般缺陷：

1）保护装置时间不准确、时钟无法校准。

2）保护屏上按钮接触不良。

3）保护装置液晶显示屏异常。

4）有人值守站的保护信息通信中断。

5）能自动复归的偶然缺陷。

6）其他对安全运行影响不大的缺陷。

3．运维人员发现继电保护和安全自动装置缺陷后的防范基本原则是怎样的？

答：（1）危急缺陷。可能导致一次设备失去保护时，应申请停运相应一次设备；继电保护和安全自动装置存在误动或拒动风险时，应申请退出该装置。

（2）严重缺陷。可在保护专业人员到达现场进行处理时再申请退出相应继电保护和安全自动装置。严重缺陷未处理期间应加强设备的运行监视。

（3）一般缺陷。不影响继电保护和安全自动装置性能，装置能继续运行，可在不退出装置的情况下或随检验工作同时开展消缺。

4．智能变电站设备异常处理的总体原则是什么？

答：变电站异常及事故处理的原则如下：

（1）对于单套配置的智能设备故障，影响保护正常动作时，应视情况申请退出其对应的一次设备。

（2）对于双套配置的保护装置单套故障时，应申请停用对应的母差装置失灵保护，及与该保护对应的智能终端。

（3）对于双套配置的合并单元单套故障时，应申请停用对应的线路（主变压器）保护、断路器保护（500kV）、母线保护装置。

（4）对于双套配置的智能终端单套故障可能造成跳合闸异常时，应退出该智能终端出口压板及所对应的保护装置。

（5）交换机故障：

1）按间隔配置的交换机故障，当不影响保护装置正常运行时（如保护采用直采直跳方式）可不停用相关保护装置；当影响保护装置正常运行时（如保护采用网络跳闸方式），应视为失去对应间隔保护，应停用相关保护装置，必要时停运对应的一次设备。

2）公用交换机故障，根据交换机所处网络位置以及网络结构确定其影响范围，可能影响母线保护、变压器保护、过负荷联切等公用设备，应申请停用相关设备。

5．智能电子设备常见异常有哪些？如何处理？

答：智能电子设备常见异常及处理方法如表 13-1 所示。

表 13-1　　智能电子设备常见异常及处理方法

序号	异常部件	异常现象	检查内容及方法	采取措施
1	逆变电源插件	指示灯异常、电压不稳、电压超限	测量输入输出电压	更换电源插件
		烟味、过热	检查负载	排除过流负载，更换插件
2	CPU 系统	重复启机、死机	（1）检查软件缺陷； （2）检查硬件缺陷	通知制造商，更换硬件、升级软件
3	交流采样	数据跳变、数据错误、精度超差、交流采样通道异常	（1）检查合并单元工作是否正常，软件配置是否正确； （2）检查采集单元工作是否正常； （3）检查各智能电子设备相关报文； （4）检查接线是否正确、压接、连接是否良好； （5）检查硬件是否有损坏	（1）升级软件或更换插件； （2）对接线重新压接； （3）正确设置装置参数等
4	开关量回路	开关量异常	（1）检查接线是否正确、压接是否良好； （2）检查硬件是否有损坏； （3）检查智能终端； （4）检查是否有干扰； （5）检查光纤连接是否良好	对接线、回路重新压接，正确设置参数，更换插件
5	GOOSE	光纤通道信号中断、衰耗变化、误码增加	（1）检查连接； （2）检查交换机； （3）检查各智能电子设备	调整参数，更换有缺陷插件、光缆等
6	二次常规回路	接触不良、断线	目测、万用表测量等	压接牢固
		绝缘损坏	检查接线	处理损坏处，更换有缺陷的电缆、插件等
		接线错误	检查接线、核对装置图纸	重新正确接线
		接地	检查接线	排除接地
7	线路纵联保护光纤通道	衰耗变化 信号中断 误码增加	（1）检查连接； （2）检查光电接口、光缆、光端机等； （3）检查保护设备	调整参数，更换有缺陷插件、光缆、电缆等

6．合并单元常见故障有哪些？有什么影响？

答：合并单元常见故障如下：

（1）装置、板卡配置错误，导致合并单元闭锁。

（2）定值超过可整定范围，导致合并单元闭锁。

（3）接收电压合并单元数据异常、延时异常、计数器跳变、光纤光强异常等，造成电压数据异常。

（4）合并单元接口程序异常、接口板损坏、接口损坏，导致 SV 链路中断。

（5）装置自检错误，CPU 运行异常，导致合并单元闭锁。

（6）采样异常、采样同步异常、双 AD 采样不一致，导致相关保护装置保护功能异常。

（7）隔离开关位置异常、GOOSE 插件网络异常、光耦电源异常，发出告警信号。

7．合并单元异常处理的原则有哪些？

答：合并单元异常或故障，将影响到所有使用该合并单元采样值的间隔层设备，如保护、安全自动装置、测控、计量、录波、网络报文分析系统等，特别对继电保护装置运行影响较大，往往造成保护闭锁等严重后果。因此，合并单元异常处理，通常根据对保护装置的影响作出相应隔离措施，然后进行异常检修处理。

（1）单套配置的合并单元故障，影响保护正确动作时，应视情况申请退出其对应的一次设备。

（2）主变压器本体合并单元异常时，应申请退出相应保护功能。

（3）双套配置的合并单元单套异常时，应申请停用异常合并单元、对应的线路（主变压器）保护、对应的母线保护、对应的断路器保护功能。

8．合并单元装置告警如何处理？

答：合并单元装置告警处理方法如下：

（1）现场检查核实告警信号，查看告警信号是否影响装置正常工作。

（2）查看相关二次设备（保护、测控、稳控等）是否同时有异常告警。

（3）若告警原因对相关保护装置运行无影响，则尽快联系检修人员和厂家人员处理。

（4）若告警原因影响相关保护装置运行，则向调度申请停用相关保护、自动装置，并将合并单元置“检修”状态。

（5）经调度同意，在保护专业人员和厂家人员指导下，可对合并单元重启一次，用于保护、自动装置的合并单元重启会影响保护装置运行，重启前应向调度申请停用相关保护，并做好相应安全措施。

9．合并单元直流电源消失如何处理？

答：正常运行时，合并单元面板和电源插件上的电源指示灯均应点亮。合并单元失去电源情况下，无法进行采样，相关保护、自动装置和测控系统均有影响。运行中合并单元直流电源消失告警的处理方法如下：

（1）现场检查装置电源指示灯是否正常点亮，装置是否在运行，判断告警是否为误信号。

（2）若装置确实掉电，向调度申请停用相关保护、自动装置。

（3）检查智能柜内装置电源空气开关是否跳闸，若智能柜内装置电源空气开关跳闸，在检查无明显异常时可向调度申请重合一次，若重合不成功，应尽快联系保护专业及厂家人员处理。

（4）若智能柜内装置电源空开未跳闸，对应智能柜内的直流电源接入端子无电，则可能是电源回路存在异常，应尽快联系保护专业人员处理。

（5）若直流端子有电，则可能是装置电源模块故障，应尽快联系保护专业和厂家人员处理。

10．合并单元对时异常如何处理？

答：（1）直采配置的保护、自动装置，合并单元对时异常不会影响相关保护、自动装置功能，可不立即停用合并单元及相关保护、自动装置，但进行异常处理时，应将合并单元及相关保护、自动装置停用。

（2）网采配置的保护、自动装置，合并单元对时异常会影响相关保护、自动装置功能，应立即申请停用合并单元及相关保护、自动装置，再由专业人员处理。

11．合并单元自检硬件异常如何处理？

答：合并单元自检硬件异常应向调度申请停用相关保护、自动装置，再投入合并单元“检修”压板，联系专业人员进行装置检查。

12．合并单元自检配置文件异常如何处理？

答：合并单元自检配置文件异常应向调度申请停用相关保护、自动装置，再投入合并单元“检修”压板，联系专业人员进行处理，考虑更换故障插件或重新下载装置配置文件。配置文件重新装载后，应检验该合并单元和与之存在虚回路联系的装置之间的关联是否与配置相符。

13．合并单元故障或失电对保护装置有何影响？

答：智能变电站保护装置所需的电流、电压等模拟采样量均由合并单元提供，电流合并单元故障或失电，相关保护装置接收电流采样无效，闭锁所有保护功能；采用级联母线电压的电压合并单元故障或失电，则采用该电压合并单元电压采样值的保护装置中与电压有关保护功能闭锁。

14．电子式互感器的合并单元如何监测电流、电压等 SV 数据的完整性，收到异常数据时有何种动作？

答：电子式互感器的合并单元采用数字化采样方式，不正确的数据可使合并单元工作出现异常。合并单元通过检测采样数据的“有效位”变化来检测采样通道及数据源的工作状态，当采样通道故障或者数据源破坏时，有效位均置于“0”，合并单元自动屏蔽该数据，并发出采样异常告警。

15．合并单元采样硬件故障时有何影响？如何处理？

答：所有相关联的继电保护装置、计量装置、测控装置会发出“TV 断线”“TA 断线”“电压异常”“电流异常”“采样无效”“采样中断”等信号，保护装置、计量装置、测控装置的电压、电流均异常，合并单元告警灯亮且运行灯灭。该故障可能影响保护装置、计量装置、测控装置正常工作。为防止保护装置误动或拒动，应将对应保护装置退出运行。若为单套电流合并单元故障，为防止无保护运行，应停运该间隔断路器。

16．智能终端常见异常有哪些？

答：智能终端常见异常如下：

（1）板卡配置错误。

（2）GPS 时钟源异常。

（3）控制回路断线。

（4）信号电源失电。

（5）GOOSE 信号长期输入。

（6）GOOSE 网络风暴。

（7）GOOSE 链路断链。

（8）GOOSE 配置错误。

（9）断路器跳合闸压力或储能异常。

17．智能终端异常处理原则有哪些？

答：智能终端异常或故障，将可能影响到对应断路器的跳、合闸功能，对应隔离开关、接地开关的遥控操作，以及上述设备的告警、位置等信号的上传。因此，智能终端异常处理，将根据对相关联设备的影响做出隔离措施，然后进行检修处理。

（1）单套配置的智能终端故障，应申请退出其对应的运行断路器。

（2）双套配置的智能终端单套异常时，应申请停用异常智能终端，注意重合闸出口压板的切换，一次设备可继续运行。若重合闸功能不能实现，则应及时汇报调度，将两套保护依据指令投入“停用重合闸”软压板，停用该线路重合闸。

（3）智能终端异常且影响对应母差保护正常运行，应申请停用异常智能终端对应母差装置。

18．智能终端异常应如何处理？

答：智能终端异常处理的步骤如下：

（1）立即检查智能终端异常原因，汇报调度。

（2）如果发现单套配置的智能终端故障或双套配置的智能终端均故障，导致保护装置无法跳闸，则应申请停用相应一次设备。若为双套配置其中单套故障，则应立即申请停运相关的保护装置等，做好隔离措施，通知检修人员处理。

（3）经调度同意后并做好相应安全措施可重启智能终端装置一次。重启后，若智能终端恢复正常，则退出“装置检修状态”压板，投入分、合闸出口硬压板，并将结果汇报调度；若智能终端不能恢复，将重启情况及当前状态汇报调度并通知检修，按调度指令调整保护运行方式。

19．第一套或第二套智能终端故障分别可能有哪些影响？

答：第一、二套智能终端故障，均会影响该套保护跳闸重合闸功能，同时影响断路器、隔离开关、接地开关等一次设备位置采样、各类告警信号的上传、机构给保护的闭锁重合闸信息、该套智能终端对应母线保护的信号、该套智能终端发给另一套智能终端的闭锁重合闸信号等。同时还将影响相应合并单元的电压切换功能。

第一套智能终端故障，还可能影响设备遥控操作、两套保护的重合闸出口功能。

20．一次设备正常时智能终端无法实现跳闸应检查什么？

答：（1）两侧的检修压板状态是否一致，跳闸出口压板是否投入。

（2）输出硬接点是否动作，输出二次回路是否正确。

（3）装置收到的 GOOSE 跳闸报文是否正确。

（4）保护（测控）装置 GOOSE 出口软压板是否正常投入。

（5）装置的光纤连接是否良好。

（6）保护（测控）及智能终端装置是否正常工作。

（7）SCD 文件的虚端子连接是否正确。

21．双母线接线线路间隔智能终端母线隔离开关位置异常对哪些保护产生影响？如何处理？

答：双母线接线线路间隔智能终端母线隔离开关位置异常，将影响线路保护、母线保护判断所接线路实际运行方式，对线路保护、母线保护的正确动作产生影响。

（1）若智能终端是在正常运行时突发异常，导致一次设备状态信息不能有效传输，此时保护装置能够记忆异常发生前隔离开关的位置信息，暂时不会影响保护运行，可以申请退出智能终端上断路器出口压板，和一次设备遥控压板。

（2）若智能终端向保护装置发送一次设备的错误信息，则应向调度申请停用该智能终端对应的线路保护、母线保护，并退出该智能终端的出口压板、遥控操作压板，将智能终端置于“检修”状态。

22．第一套、第二套智能终端“控制回路断线”分别应如何处理？

答：第一套智能终端“控制回路断线”应退出第一套智能终端出口压板、遥控操作压板，投入第一套智能终端“检修状态”压板，并停用断路器重合闸；第二套智能终端“控制回路断线”应退出第二套智能终端出口压板，投入第二套智能终端“检修状态”压板。

23．智能终端对时异常时如何处理？

答：（1）直跳配置的继电保护及安全自动装置，智能终端对时异常不会影响相关保护、自动装置、测控功能，可不立即停用智能终端及相关保护、自动装置，但进行异常处理时，应将相关保护、自动装置停用。

（2）网采配置的保护、自动装置，智能终端对时异常会影响相关保护、自动装置及测控功能，应立即申请停用合并单元及相关继电保护及安全自动装置，再由专业人员处理。

24．智能终端装置电源消失应如何处理？

答：正常运行时，智能终端装置面板和电源插件上的电源指示灯均应点亮。智能终端失去装置电源情况下，无法实现对一次设备的正常操作，保护不能通过其出口跳、合断路器，一次设备的监视、告警信号无法上传。运行中智能终端装置电源消失告警，应进行如下处理：

（1）现场检查装置电源指示灯是否正常点亮，装置是否在运行，判断告警是否为误信号。

（2）若装置确实掉电，向调度申请停用智能终端，退出其跳、合闸出口压板和一次设备遥控压板。

（3）检查智能柜内装置电源空气开关是否跳闸，若智能柜内装置电源空开跳闸，在检查无明显异常时可重合一次，若重合不成功，应尽快联系保护专业及厂家人员处理。

（4）若智能柜内装置电源空气开关未跳闸，对应智能柜内的直流电源接入端子无电，则可能是电源回路存在异常，应尽快联系保护专业人员处理。

（5）若直流端子有电，则可能是装置电源模块故障，应尽快联系保护专业和厂家人员处理。

25．智能终端遥信电源消失应如何处理？

答：智能终端失去遥信电源的情况下，其所在单元的断路器、隔离开关、接地开关的位置、告警等信息、智能终端本装置运行情况监视、自检信息均不能上传。运行中智能终端遥信电源消失告警，应进行如下处理：

（1）现场检查智能终端装置是否有反映遥信电源消失的告警信号，装置有无其他异常信号，判断告警是否为误信号。

（2）若装置遥信电源确实消失，应立即向调度汇报检查情况，并派人驻守现场，加强对现场一次设备和智能终端运行情况监视。

（3）检查智能柜内遥信电源空气开关是否跳闸，若该空气开关跳闸，在检查无明显异常时可重合一次，若重合不成功，应尽快联系保护专业人员及厂家人员处理。

（4）若智能柜内遥信电源空气开关未跳闸，对应智能柜内的直流电源接入端子无电，则可能是电源回路存在异常，应尽快联系保护专业人员处理。

（5）若直流接入端子有电，则可能是装置内部电源故障，应尽快联系保护专业人员和厂家人员处理。

26．智能终端操作电源消失如何处理？

答：智能终端失去操作电源时，其不能实现对一次设备的正常操作，保护不能通过其出口跳、合断路器。运行中智能终端操作电源消失告警，应进行如下处理：

（1）现场检查智能终端装置是否有反映操作电源消失的告警信号，装置有无其他异常信号，判断告警是否为误信号。

（2）若装置操作电源确实消失，向调度申请停用智能终端，退出其跳、合闸出口压板和一次设备遥控压板。

（3）检查智能柜内操作电源空气开关是否跳闸，若该电源空气开关跳闸，在检查无明显异常时可重合一次，若重合不成功，应尽快联系保护专业人员及厂家人员处理。

（4）若智能柜内操作电源空气开关未跳闸，对应智能柜内的直流电源接入端子无电，则可能是电源回路存在异常，应尽快联系保护专业人员处理。

（5）若直流端子有电，则可能是装置电源模块故障，应尽快联系保护专业人员和厂家人员处理。

27．变压器本体智能终端告警处理方法是什么？

答：智能变电站内主变压器非电量保护采取就地跳闸的方式，因此本体智能终端告警不影响非电量保护跳闸（可能影响发信号），一般可不退出非电量保护。若告警不能复归，一般需联系保护人员查明告警原因。在实际工作中用于上传油温、绕组温度等采样插件损坏造成主变压器本体智能终端告警的情况较常见，遇到类似情况非电量保护可继续运行，更换插件前需退出非电量保护跳闸出口硬压板，插件更换后用万用表量得出口压板上下端电压正常后方可再次加用主变压器非电量保护跳闸出口压板。

28．智能变电站常见保护装置异常及处理方法是什么？

答：常见保护装置异常及处理方法如下：

（1）装置定值出错。申请退出保护后重新固化定值或重启保护装置。

（2）差动保护用光纤通道异常。申请退出保护后用光功率计检查装置收发功率是否正常，装置光纤自环后异常是否消失，判断异常产生原因是通道问题还是保护装置问题。若为通道问题应检查站内光纤通道，如站内通道正常，则和对侧检修人员配合做进一步检查。

（3）GPS 对时异常。一般可不退出保护，尝试更换 GPS 时钟侧的备用对时光口或更换备用光纤观察异常是否消失，必要时使用光功率计测光纤衰耗。

（4）SV 采样异常。检查后台同一间隔测控、母差保护等装置是否有 SV 采样异常信号，如果有一般判断为该间隔合并单元异常。如果仅保护装置 SV 采样异常可申请退出保护后用光功率计检查合并单元发口功率、光纤通道是否正常，进一步判断是保护装置内部故障还是外部故障。

（5）GOOSE 断链。结合后台报文确定保护装置与什么装置间 GOOSE 断链。申请退出保护后用光功率计检查光纤、保护装置及相关装置光口收发功率是否正常，判断链路故障还是装置插件故障。

29. 智能变电站保护装置异常处理原则是什么？

答：（1）继电保护装置自身或相关设备及回路存在问题可能导致失去主要保护功能，直接威胁安全运行时，应申请停运相应一次设备；存在误动或拒动风险时，应申请退出该装置。

（2）保护装置自身或相关设备及回路存在问题导致部分保护功能缺失或性能下降，但在短时内尚能坚持运行时，可在保护专业人员到达现场进行处理时再申请退出相应继电保护和装置，未处理期间应加强设备的运行监视。

（3）保护装置发生对装置功能无实质性影响的异常，装置能继续运行的，未处理期间应加强设备的运行监视。

（4）若需将保护装置停用检修，应在与之相关的其他保护、自动装置中，断开检修保护装置的失灵开入、动作信号开入等 GOOSE 开入压板。

（5）因保护装置故障，需将保护装置退出运行，但由于保护装置人机界面死机或者屏幕故障，应立即投入该保护装置“检修状态”硬压板。

30. 智能站出现哪些问题会引起保护功能异常？

答：以南瑞和四方厂家保护装置为例进行说明。

（1）南瑞保护：

1）定值异常，当前定值相与装置保存定值单定值不一致、管理板定值与 DSP 板定值不一致或 DSP 定值错误。

2）配置错误，板卡或 DSP 等配置错误。

3）DSP 异常，保护 DSP 或启动 DSP 内存错误、启动错误或校验错误。

4）非操作引起的保护 TV 或同期 TV 断线。

5）TA 断线。

6）跳闸位置开入异常。

7）重合方式整定错误。

8）远跳异常。

9）保护通道异常，包括通道无有效帧、识别码错误、严重误码、长期有差流等。

10）检修状态异常，检修不一致。

11）电流、电压 SV 采样异常，包括 SV 采样无效、采样失步、间隔压板退出后仍有电流等。

12）链路异常。

13）开入量异常，包括相关联保护开入量异常、跳闸位置开入异常。

14）GOOSE 网络异常，包括网络风暴、断链等。

（2）四方保护：

1）自检出错，包括设备参数错误、ROM 自检错误、软压板自检错误、SRAM、

FLASH 芯片自检错误。

2）定值异常，定值无效、显示定值与设置不一致等。

3）跳闸回路异常。

4）开入开出异常，包括开入通信中断、击穿、输入不正常、EEPROM 出错等。

5）传动状态未复归。

6）TV 断线。

7）TA 断线。

8）通道异常，包括识别码不一致、环回错、通信中断、通道故障等。

9）压板、控制字状态错误，包括差动保护双侧差动压板不一致、重合闸控制字设置错等。

10）配置错误，装置或插件配置错误。

11）双 AD 采样不一致。

12）模拟采样异常，包括电压、电流量相序错误、$3I_0$ 相位错误、采样异常、失步、无效、合并单元上送电压、电流量异常等。

13）插件与 CPU 板通信异常。

14）检修状态异常，检修不一致。

15）GOOSE 文件模型或配置错误。

16）开入量异常，包括相关联保护开入量异常、跳闸位置开入异常。

31．测控装置如何监测电流、电压等 SV 数据的完整性？收到异常数据时如何动作？

答：测控装置采用数字化采样方式，不正确的数据可使测控装置误动或拒动。测控装置通过检测采样数据的“有效位”变化来检测采样通道及数据源的工作状态。当采样通道故障或者数据源破坏时，有效位均置于“0”，测控装置自动屏蔽该数据，并发出“采样异常”告警。

32．过程层交换机故障处理应遵循什么原则？

答：过程层交换机故障处理应遵循以下原则：

（1）单间隔过程层交换机故障，影响本间隔 GOOSE、SV 链路，应视为失去本间隔保护，汇报调度后，考虑停用相关一次设备。

（2）过程层交换机故障，应根据交换机所处网络位置及网络结构确定其影响范围，停用相关保护、自动装置及一次设备。

（3）过程层交换机检修工作时，应调整相关保护运行方式，做好安全措施。

33．过程层交换机故障应如何处理？

答：（1）立即汇报调度，上报严重或危急缺陷。

（2）经过调度许可，可对交换机进行一次重启，重启前可不改变设备运行状态，但应向调度说明交换机重启需几分钟时间，重启过程中所有连接支路数据传输将中断。

（3）若重启后异常无法恢复，应根据交换机接入数据单元按调度指令调整保护运行方式，通知检修人员立即处理。

检修人员到达现场后重点检查以下几类故障：

（1）链路中断。检查水晶头是否损坏或松动，光纤接口是否接好或污损，必要时用酒精擦拭。

（2）电源故障。检查交换机面板上的 POWER 指示灯是否正常点亮，未正常点亮判断为电源故障，首先用万用表检查外部输入电源是否正常，若正常考虑装置电源损坏，需联系检修人员或厂家更换交换机电源。

（3）设置故障。检查交换机 IP 地址是否设置正确，VLAN 设置是否正确，端口速度设置是否正确。

34．常见故障录波及网络记录分析装置有哪些故障？如何处理？

答：（1）装置的故障有：

1）SV 通道告警、GOOSE 通道告警、MMS 通道告警、对时告警、硬盘故障、电源故障等告警灯亮，不能复归。

2）无法正常录波。

（2）处理方法：

1）重启装置。

2）装置存储数据量大，硬盘极易损坏，联系检修人员和厂家更换硬盘。

3）更换站内交换机后交换机设置错误，重新设置交换机参数。

4）系统中毒，联系检修人员和厂家重装系统和录波软件。

35．SV 链路、GOOSE 链路异常的原因有哪些？

答：智能站数据链路异常的常见原因如下：

（1）物理回路异常，物理回路异常主要指光纤回路异常，包括光纤终端，光纤衰耗过大等。

（2）物理端口异常，物理端口异常主要指二次设备光端口在长期运行的情况下，出现端口过热，物理松动等原因造成的数据发送问题，与装置的运行环境，产品质量有关。

（3）软件运行异常，软件运行异常主要指二次设备在长时间运行时，程序软件出现运行异常，逻辑 BUG 等造成的数据发送问题。

（4）网络风暴，网络风暴主要指在变电站拓扑中，交换机配置、运行出现问题，或网络拓扑结构异常造成的大量数据在网络交互，导致正常数据无法进行处理的异常现象。

36．数据断链异常如何处理？

答：在发生数据断链异常时，运维人员应及时向有关部门汇报，并保存现场监控报文，查询网络报文分析仪在该时刻记录的报文并予以保存。数据断链异常处理过程大致如下：

（1）读取监控报文，详细记录报文内容，异常发生的准确时间。

（2）判断是否由于其他原因造成的数据断链，如装置失电等。

（3）结合全站 SCD 文件（有条件可使用可视化工具），通过报文内容、监控过程层网络结构图判断断链发生的位置、断链回路类型（点对点/组网）。

（4）根据监控报文时间，在网络报文分析仪上找到该时间的网络报文，并做好记录工作。

（5）检查订阅端装置自检告警，确认断链回路。

（6）检查该回路光纤连接是否完好。

（7）检查网络报文分析仪上该断链回路的发送端是否正常发送，是否存在丢帧，是否存在帧离散度过大的现象（网络报文分析仪会以红色字体显示异常发生的时刻以及异常名称）。

（8）若为光纤物理损坏，更换备用光纤。

（9）若为装置软件异常，由网络报文分析仪确认断链发生的具体原因（丢帧、抖动、无效等），联系设备生产厂家进行处理。

37．保护装置接收合并单元 SV 中断如何处理？

答：保护装置接收合并单元 SV 中断会引起保护装置闭锁，应进行如下处理：

（1）单套配置的保护装置，应立即向调度申请停用对应的一次设备，并将保护装置停用。

（2）双套配置的保护装置，应将 SV 中断的保护装置停用。

（3）检查 SV 中断的原因，若是合并单元故障，应将使用该合并单元采样量的所有保护装置功能停用，并将该合并单元置于“检修”状态，待专业人员具体处理。

（4）若是保护装置的输入口异常引起 SV 中断，应对已停用的保护装置采取更换插件、光口等处理措施。

（5）连接光纤回路异常引起 SV 中断，应由专业人员更换光纤。

38．保护装置接收智能终端 GOOSE 中断有何影响？

答：保护装置接收智能终端 GOOSE 中断，将无法实时获取断路器、隔离开关的位置状态，以及断路器闭锁重合闸、SF_6压力低等告警信号。

（1）双母线设置的母线保护装置接收线路智能终端 GOOSE 中断，母线保护只能通过记忆功能获知 GOOSE 中断前线路单元的母线侧隔离开关位置，若隔离开关位置发生变位或保护记忆功能出错，将不能判断线路所接母线，可能造成母差保护、失灵保护误动。

（2）线路保护、母线保护、断路器保护接收智能终端 GOOSE 中断，将无法获知断路器位置状态及运行异常信号，引起保护装置不能根据设备情况发出正确动作信号（例如不能根据断路器储能情况发出闭锁重合闸信号）。

39．保护装置间 GOOSE 断链如何处理？

答：保护装置之间 GOOSE 传输信息主要有启动失灵（网络传输）、闭锁重合闸（点对点传输），若出现保护间 GOOSE 断链，会引起保护装置相关功能闭锁，应做如下处理：

（1）3/2 接线方式线路保护与开关保护间 GOOSE 断链，应申请停用开关失灵保护，退出相关启失灵压板，停用开关重合闸功能。

（2）双母线接线方式线路保护与母线保护间 GOOSE 断链，应申请退出失灵保护相关压板，停用开关重合闸功能。

40．过程层 SV 网络故障应如何处理？

答：过程层 SV 网络故障处理时，应结合智能变电站的网络设计、继电保护装置型号、电压电流采集形式和 SCD 文件配置等方面进行处理。

41．过程层 GOOSE 网络故障应如何处理？

答：过程层 GOOSE 网络是间隔层设备之间、间隔层设备与过程层设备之间进行开关量信息交互的主通道，由于智能变电站过程层 GOOSE 网络结构、SCD 文件、智能设备配置均不同，因此过程层 GOOSE 网络诊断应以网络数据流为依据，根据各变电站设备实际情况进行。

42．220kV 线路（主变压器）保护至本间隔（主变压器各侧）智能终端 GOOSE 通信故障处理方法有哪些？

答：220kV 线路（主变压器）保护到线路（主变压器各侧）智能终端 GOOSE 通信光纤采用“直跳”的方式，若 GOOSE 通信中断将直接影响保护跳闸，应立即向调度汇报并申请退出本套保护。二次检修人员到达现场后先根据图纸以及光纤标识找到从保护到智能终端 GOOSE 直跳光纤，用光功率计测光纤链路各处光功率。若测得某处光功率较低，可更换相应备用光纤再次测光功率是否恢复正常，并观察 GOOSE 通信故障是否消失。若测得保护及智能终端处光口收发功率均正常，一般故障原因可判断为光口损坏或插件损坏，需联系设备厂家准备插件到现场处理。

43．220kV 线路（主变压器）保护至本间隔（主变压器各侧）合并单元 SV 通信故障处理方法有哪些？

答：220kV 线路（主变压器）保护到线路（主变压器各侧）合并单元 SV 通信光纤采用“直采”的方式，若 SV 通信中断将直接影响保护动作行为，应立即向调度汇报并申请退出本套保护。二次检修人员到达现场后先根据图纸以及光纤标识找到从保护到合并单元 SV 直采光纤，用光功率计测光纤链路各处光功率。若测得某处光功率较低，可更换相应备用光纤再次测光功率是否恢复正常，并观察 SV 通信故障是否消失。若测得保护及智能终端处光口收发功率均正常，一般故障原因可判断为光口损坏或插件损坏，需联系设备厂家准备插件到现场处理。注意厂家更换相应光口或插件后需观察并确认本套保护装置采样和另一套保护装置采样完全一致后方可投入保护。

44．220kV 母线保护至母线合并单元 SV 通信中断如何处理？

答：220kV 母线保护到母线合并单元 SV 通信光纤采用“直采”母线电压的方式，未经过交换机，若 SV 通信中断将直接影响保护动作行为，应立即向调度汇报。二次检修人员到达现场后先根据图纸以及光纤标识找到从保护到合并单元 SV 直采光纤，用光功率计测光纤链路各处光功率。若测得某处光功率较低，可更换相应备用光纤再次测光功率是否恢复正常，并观察 SV 通信故障是否消失。若测得保护及智能终端处光口收发功率均正常，一般故障原因可判断为光口损坏或插件损坏，需联系设备厂家准备插件到现场处理。注意厂家更换相应光口或插件后需观察并确认本套保护装置采样和另一套保护装置采样完全一致后方可投入保护。

45．220kV 母线保护至各支路（含线路、主变压器、母联等）智能终端 GOOSE 通信中断如何处理？

答：220kV 母线保护到各支路智能终端 GOOSE 通信光纤采用“直跳”的方式，未经过交换机，若 GOOSE 通信中断将直接影响保护跳闸出口，应立即向调度汇报。二次检修人员到达现场后先根据图纸以及光纤标识找到从保护到智能终端 GOOSE 直跳光纤，用光功率计测光纤链路各处光功率。若测得某处光功率较低，可更换相应备用光纤再次测光功率是否恢复正常，并观察 GOOSE 通信故障是否消失。若测得保护及智能终端处光口收发功率均正常，一般故障原因可判断为光口损坏或插件损坏，需联系设备厂家准备插件到现场处理。

46．220kV 母线保护至 220kV 线路（220kV 主变压器）保护 GOOSE 通信中断如何处理？

答：220kV 母线保护至 220kV 线路（主变压器）保护 GOOSE 通信一般采取经过程层换机的 GOOSE 组网方式。

220kV 母线保护到 220kV 线路保护相关虚回路包括：

（1）220kV 线路保护至 220kV 母线保护的启动失灵开入。

（2）220kV 母线保护至 220kV 线路保护的远跳（其他保护动作停信）开入。

220kV 母线保护到 220kV 主变压器保护相关虚回路包括：

（1）220kV 主变压器保护至 220kV 母线保护的启动失灵开入。

（2）220kV 主变压器保护至 220kV 母线保护的解除失灵复压闭锁开入。

（3）220kV 母线保护至 220kV 主变压器保护的失灵联跳主变压器三侧开入。

现场出现 220kV 母线保护到 220kV 线路（主变压器）保护 GOOSE 通信中断后可先观察后台光字牌和相关报文。若 220kV 母线保护到 220kV 线路保护和 220kV 主变压器保护 GOOSE 通信同时中断，基本可判断为 220kV 母线保护组网光口或组网光纤链路故障。若仅 220kV 母线保护到 220kV 线路保护或 220kV 主变压器保护 GOOSE 通信中断，基本可判断为 220kV 线路（主变压器）保护组网光口或组网光纤链路故障，检修人员可用光功率计进一步查明具体原因。

47．220kV 主变压器保护到母联、分段智能终端 GOOSE 通信中断如何处理？

答：220kV 主变压器保护到各电压等级母联、分段断路器智能终端 GOOSE 通信一般采取经过过程层换机的 GOOSE 组网方式，若通信中断，将影响主变压器保护跳母联、分段断路器功能。现场出现此类 GOOSE 通信中断后可先观察后台光字牌和相关报文。若 220kV 主变压器保护到各电压等级母联、分段断路器智能终端 GOOSE 通信同时中断，基本可判断为 220kV 主变压器保护组网光口或组网光纤链路故障。若仅 220kV 主变压器保护到某一母联或分段断路器智能终端 GOOSE 通信中断，基本可判断为该母联或分段组网光口或组网光纤链路故障，检修人员可用光功率计进一步查明具体原因。

48．测控装置 GOOSE/SV 链路中断如何处理？

答：测控装置 GOOSE/SV 一般采用组网方式。测控装置 GOOSE/SV 中断不影响保护跳闸，此类故障处理时一般不需要退出保护。二次检修人员到达现场后先根据图纸以及光纤标识找到测控装置、本间隔合并单元（智能终端）组网的光口及光纤链路。用光功率计测光纤链路各处光功率。若测得某处光功率较低，可更换相应备用光纤再次测光功率是否恢复正常，并观察 GOOSE/SV 通信故障是否消失。若测得保护及智能终端处光口收发功率均正常，一般故障原因可判断为光口损坏或插件损坏，需联系设备厂家准备插件到现场处理。

49．遥控断路器拒动时如何检查？

答：（1）检查有无控制回路断线告警。

（2）检查智能终端操作电源是否正常，若有异常应按照操作电源异常情况进行处理。

（3）检查断路器储能、SF_6压力值是否正常，是否存在闭锁操作的现象。

（4）检查分、合闸控制回路有无异常，如控制方式把手是否设置正确、是否接触良好，操作回路继电器有无损坏等。

（5）若是检修后操作，应检查测控装置和智能终端的“检修状态”压板是否均已退出。

（6）若是检修后合闸拒动，应检查线路 TV 二次空气开关是否已合上，测控装置“检无压”“检同期”方式设置是否正确。

50．对时系统异常有哪些影响？

答：智能变电站对时系统主要是为了全站设备时间统一，为系统故障分析和处理提供时间依据，防止因对时不准造成异常信号不准和危险操作。对于全站直采方式，对时系统异常会影响全站二次设备的时间统一性，在系统发生故障或进行设备操作时，二次设备因时间不一致，设备动作信号时标不一致，影响对故障及二次设备运行状态的分析。对于全站网采方式，时钟同步是保证网络采样同步的基础，对时系统异常除了会产生直采方式同样的问题，也可能对采样同步性造成影响，导致保护及自动装置的不正确动作。

51．智能组件温度过高应采取哪些措施？

答：智能组件温度过高可能会造成采样异常或断路器不能正常跳、合闸，隔离开关、接地开关无法正确操作等后果。智能组件温度过高应采取如下措施：

（1）若合并单元温度过高造成装置采样异常或装置不能正常运行，应立即退出使用该合并单元采样的保护及自动装置，若保护单套配置或双套配置的两套合并单元均因温度高发生异常，应停运对应的一次设备。

（2）若智能终端温度过高造成功能异常，引起断路器不能正常跳、合闸，隔离开关、接地开关无法正确操作，应将智能终端及对应的保护及自动装置停用。

（3）若温度过高引起装置插件损坏，应更换损坏部件，并按检修要求规程进行相关测试试验。

（4）对温度过高的智能组件柜增加通风降温措施，加强对其温度的监视。

52．户外智能控制柜风扇（热交换机）工作异常故障原因有哪些？如何处理？

答：（1）接触不良。检查电源接口等处是否有接触不良现象。

（2）元器件损坏。现场风扇控制用电容等元器件易损坏，联系检修人员或厂家更换。

（3）软件程序过期。升级热交换机软件程序。

（4）风扇叶片卡涩。拆开热风扇，加入润滑油。

53．智能变电站后台智能控制柜温湿度显示不正确的原因及处理方法有哪些？

答：（1）接触不良。检查温湿度传感器和温湿度控制器插拔头及二次线是否紧固。

（2）智能柜内元器件损坏。更换已损坏的温湿度传感器或温湿度控制器。

（3）智能终端用于采集智能柜温湿度的采集插件损坏。停用智能终端并更换相应插件。

（4）后台参数设置错误。修改后台参数，使后台温度与温湿度控制器显示温度一致。

54．智能变电站220kV线路保护装置CPU插件更换后的检查和试验项目有哪些？

答：220kV线路保护装置CPU插件更换后需更新保护装置配置文件并做相应的检查和试验，包括以下项目：

（1）版本与模型文件检查。检查装置版本信息、模型文件与更换前是否完全一致。

（2）通信检查。检查保护装置与其他相关设备通信是否完全恢复。

（3）单体保护装置调试。包括：零漂/刻度检查，定值整定，软压板、控制字功能检查，保护功能调试等。

（4）采样检查。从户外智能终端柜加入模拟量，观察保护装置显示模拟量是否与所加模拟量大小、相位是否一致。

（5）装置信号点位核对。核对后台及远动信号与装置报文是否一致。

（6）装置软压板后台及远动遥控检查。

（7）虚回路检查。重点检查：

1）线路保护启动失灵回路（确保母差保护功能、出口已退出后试验）。

2）线路保护接收母差保护“远跳”（或“其他保护动作停信”）开入（确保纵联通道已断开）。

（8）开关传动试验。

（9）与对侧保护纵联通道联调，包括传动对侧开关。

（10）定值核对。

（11）送电后检查。重新送电后检查装置采样正常，电流电压相位正确，装置无差流，并无其他异常。

55. 智能变电站220kV主变压器保护装置CPU插件更换后的检查和试验项目有哪些？

答：220kV主变压器保护装置CPU插件更换后需更新保护装置配置文件并做相应的检查和试验，包括以下项目：

（1）版本检查。检查装置版本信息与更换前是否完全一致。

（2）通信检查。检查保护装置与其他相关设备通信是否完全恢复。

（3）单体保护装置调试。包括：零漂/刻度检查，定值整定，软压板、控制字功能检查，保护功能调试等。

（4）采样检查。从户外智能终端柜或高压开关柜加入模拟量，观察保护装置显示模拟量是否与所加模拟量大小、相位是否一致。特别注意须用同一台继电保护测试仪向主变压器各侧断路器合并单元同时加入模拟电流量，观察保护装置各侧电流相位与所加模拟量一致。

（5）装置信号点位核对。核对后台及远动信号与装置报文是否一致。

（6）装置软压板后台及远动遥控检查。

（7）虚回路检查，重点检查：

1）主变压器保护启动失灵回路（确保母差保护功能、出口已退出后试验）。

2）主变压器保护解失灵复压回路（确保母差保护功能、出口已退出后试验）。

3）失灵联跳主变压器三侧开入回路。

（8）主变压器各侧断路器传动试验（含失灵联跳主变压器三侧）。

（9）主变压器保护联调各侧母联或分段断路器试验。可采取断开母联或分段断路器操作电源，观察母联或分段断路器装置“跳闸”信号灯是否点亮的试验方式。

（10）定值核对。

（11）送电后检查。重新送电后检查装置采样正常，电流电压相位正确，装置无差流，并无其他异常。

56．智能变电站220kV母线保护装置CPU插件更换后的检查和试验项目有哪些？

答：220kV母线保护装置CPU插件更换后需更新保护装置配置文件并做相应的检查和试验，包括以下项目：

（1）版本检查。检查装置版本信息与更换前是否完全一致。

（2）通信检查。检查保护装置与其他相关设备通信是否完全恢复。

（3）单体保护装置调试。包括：零漂/刻度检查，定值整定，软压板、控制字功能检查，保护功能调试等。

（4）采样检查（母线全停时检查）。从户外智能终端柜加入模拟量，观察保护装置显示模拟量是否与所加模拟量大小、相位是否一致。特别注意须用同一台继电保护测试仪向母线所属各开关同时加入模拟电流量，观察保护装置各支路电流相位与所加模拟量一致。

（5）装置信号点位核对。核对后台及远动信号与装置报文是否一致。

（6）装置软压板后台及远动遥控检查。

（7）虚回路检查，重点检查：

1）主变压器及线路保护启动失灵回路（母线全停时检查）。

2）主变压器保护解失灵复压回路（母线全停时检查）。

3）失灵联跳主变压器三侧开入回路（确认对应主变压器保护及各侧跳闸出口压板均已退出后试验）。

4）线路保护接收母差保护“远跳”（或“其他保护动作停信”）开入（确保纵联通道已断开）。

（8）母线上各支路断路器传动试验。

（9）定值核对。

（10）送电后检查。重新送电后检查装置采样正常，电流电压相位正确，装置无差流，并无其他异常。

第十四章　智能变电站投产前调试

1．智能变电站与常规变电站现场调试方法的不同是什么原因造成的？

答：主要原因如下：

（1）通信规约的变化。

（2）全站网络的变化。

（3）采样部分采用了合并单元。

（4）一次设备智能化、采用智能终端及保护测控装置的结构变化。

（5）功能自由分布。

2．智能变电站现场调试由哪几个步骤组成？

答：根据智能化功能实现的工程逻辑，可将调试工作分为：调试准备、单体调试、分系统调试、全站同步采样调整试验以及一体化监控系统联调等五个层次。

3．单体调试的目的是什么？

答：单体调试是智能化功能实现的支撑，是开展分系统调试工作的基础。

（1）检验装置电气性能良好，绝缘性能满足要求。

（2）检验装置采样性能、开入开出性能满足现场需求。

（3）检验装置通信功能正常，数字量收发功能正确。

（4）检验装置软硬压板功能正常。

（5）检验装置的二次回路正确，装置配置与 SCD 文件一致。

（6）检验装置的保护逻辑等功能正确。

4．分系统调试的目的是什么？

答：分系统调试是测试各系统内的设备之间回路连接关系是否正常，是否符合设计要求，主要包括：完成各装置间信息传递的验证工作，如 SV、GOOSE 的配置是否正确，发送接收通信是否正常，与监控后台的 MMS 通信是否正常，“四遥”功能是否正确实现，监控画面信号命名是否满足运行需求等。各分系统应具备单独运行的能力。

5．一体化监控系统联调的目的是什么？

答：（1）完成一体化监控信息的调试。测试站内一体化信息平台，应能统一接入保护、测控、故障录波、电能计量、辅助系统等信息，对接入数据统一存储。

（2）在完成一体化监控信息调试的基础上，调试一体化平台不同部分之间、不同分系统之间的信息综合分析的高级应用功能。

6．出厂试验需完成哪些测试项目？

答：（1）检查设备型号应通过国网指定技术机构认证。

（2）不同厂家、不同类型设备的单体调试。

（3）SCD 文件测试。

（4）分系统测试及传动试验（不带一次设备）。

（5）一体化监控系统联调。

7．现场调试前应具备哪些技术文件？

答：（1）系统配置文件（SCD 文件）。

（2）系统测试报告。

（3）系统动模试验报告。

（4）设备合同。

（5）高级功能相关策略［含闭锁逻辑、AV（Q）C 策略、智能告警与故障综合分析策略等］。

（6）设计图纸（含虚端子接线图、运动信息表、网络配置图等）。

（7）其他需要的技术文件。

8．现场调试有哪些内容？

答：（1）单体调试：各间隔层、过程层单体装置、网络分析装置、时间录波装置等设备调试，以及屏内单体相关二次回路及输入输出信号检查。

（2）分系统调试：调试工作包含二次系统平台、变电站功能两类分系统。二次系统平台是支撑实现变电站功能的基础保障，功用宜在变电站功能调试开展前实现。二次系统平台分系统：主要包含网络、时间同步、网络分析、故障录波。变电站功能分系统：变电站可相对独立运行的子功能，主要指保护、测控、监控等功能。

（3）全站同步采样调整试验：基于全站同步系统与单体调试基础，进行合并单元角差调校、智能终端 SOE 性能检测，以及全站交流同步采样试验，应特别注意主变压器各侧合并单元、母线保护各支路合并单元同步采样一致。

（4）一体化监控系统调试：包含两部分内容，一是一体化电源、二次系统安全防护、电能量信息管理、辅助控制系统等监控信息调试；二是一体化监控信息平台的全站智能化高级应用功能联合调试。

9．现场调试前应配置哪些仪器仪表？

答：现场调试前应配置的仪器仪表有：数字式继电保护测试仪、光电转换器、模拟式继电保护测试仪、合并单元测试仪、标准时钟源、时钟测试仪、便携式录波器、便携式电脑、网络记录分析仪、网络测试仪、模拟断路器、分光器、数字式相位表、数字式万用表、光纤线序查找器等。调试光纤通信通道（包括光纤纵联保护通道和变电站内的光纤回路）时还应配置：光源、光功率计、激光笔、误码仪、可变光衰耗器、法兰盘（各种光纤头转换，如 LC 转 ST 等）、光纤头清洁器等。

10．什么是一致性测试？

答：一致性测试是为了验证协议实现与 DL/T 860《变电站通信网络和系统》系列标准协议的一致性，为厂家装置实现互操作性做好测试基础，并且从源头把关装置的标准化。在多个厂家进行设备互联时，通过一致性测试会提高设备对相应协议标准的符合程度，提高相同标准下不同装置之间互联的成功概率。

11．SCD 文件配置完成后应进行哪些检查？

答：SCD 文件配置完成后应进行以下检查：

（1）文件 SCL 语法合法性检查。

（2）文件模型实例及数据集正确性检查。

（3）IP 地址、组播 MAC 地址、GOOSEID、SMVID、APPID 唯一性检查。

（4）VLAN、优先级等通信参数正确性检查。

（5）虚端子连接正确性和完整性检查。

（6）虚端子连接的二次回路描述性正确性检查。

12．光纤通信接口有哪些检查内容？如何检查？

答：检查内容包括检查通信接口种类和数量是否满足要求，检查光纤端口发送功率、接收功率、最小接收功率，清洁光纤端口并检查备用接口有无防尘帽。

检查方法如下：

（1）光纤端口发送功率测试。用一根跳线（衰耗小于 0.5dB）连接设备光纤发送端口和光功率计接收端口，读取光功率计上的功率值，即为光纤端口的发送功率。如图 14-1 所示。

（2）光纤端口接收功率测试。将待测设备光纤接收端口的尾纤拔下，插入到光功率计接收端口，读取光读取光功率计上的功率值，即为光纤端口的接收功率。如图 14-2 所示。

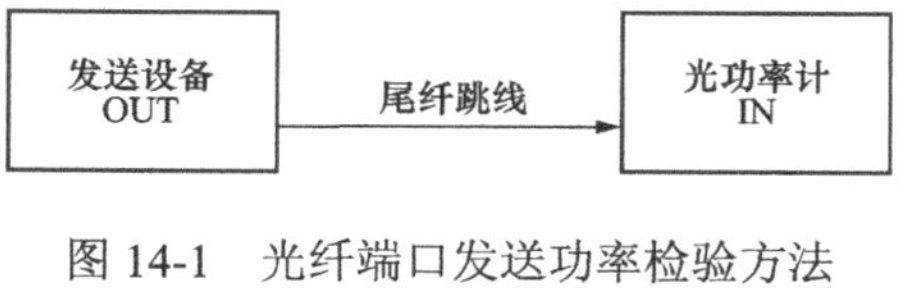

图 14-1　光纤端口发送功率检验方法

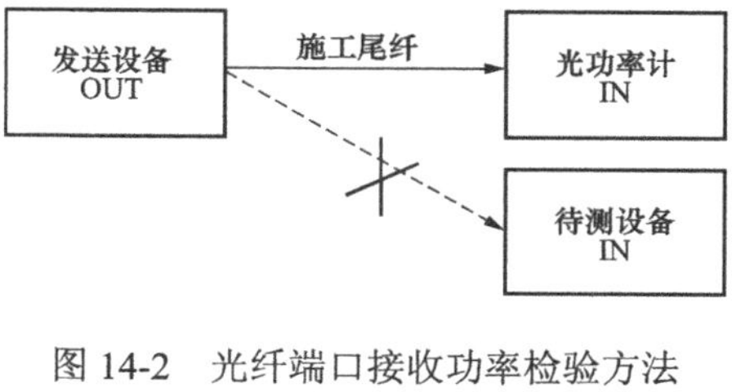

图 14-2　光纤端口接收功率检验方法

（3）光纤端口最小接收功率测试。

1）用一根跳线连接数字信号输出仪器（如数字继电保护测试仪）的输出网口与光衰耗计，再用一根跳线连接光衰耗计和待测设备的对应网口。数字继电保护测试仪网口输出报文包含有效数据（采样值报文数据为额定值，GOOSE 报文为开关位置）。

2）从 0 开始缓慢增大调节光衰耗计衰耗，观察待测设备液晶面板（指示灯）或网口指示灯。优先观察液晶面板的报文数值显示；如设备液晶面板不能显示报文数值，观察液晶面板的通信状态显示或通信状态指示灯；如设备面板没有通信状态显示，观察通信网口的物理连接指示灯。

3）当上述显示出现异常时，停止调节光衰耗计，将待测设备网口跳线接头拔下，插到光功率计上，读出此时的功率值，即为待测设备网口的最小接收功率。其检验方法如图 14-3 和图 14-4 所示。

图 14-3　光纤端口最小接收功率检验方法步骤 1

图 14-4　光纤端口最小接收功率检验方法步骤 2

13．合并单元单体调试时有哪些主要调试项目？

答：合并单元单体调试项目主要有：

（1）绝缘电阻检查。

（2）功能调试，包括设备接口、上电初始化、光纤通道光强监视、光口发射与接收功率、交流模拟量采集、状态量采集、母线电压采样值接入、母线电压并列、母线电压切换、采样值有效性处理、采样频率配置、告警功能、检修压板功能的调试。

（3）时间性能调试，包括对时误差、守时误差、失步再同步性能、采样值发布离散值检验、采样响应时间调试。

（4）通信性能调试，包括 SV 报文完整性、网络压力检验。

（5）稳态性能调试，包括准确度检验、采样同步精度检验、频率、谐波对准确度的影响检验、双 A/D 采样数据检验、不平衡电流和电压对准确度的影响检验。

（6）通信规约调试，包括配置文件检验、IEC 61850 检验、GOOSE 发布和订阅检验。

（7）功率消耗调试，包括直流回路、交流电压及电流回路的功率消耗检查。

（8）合并单元精度测试。

14．合并单元设备接口检查项目有哪些？

答：（1）核对合并单元的模拟量输入接口数和采样值输出接口数量（包括组网和点

对点两类）。

（2）核对合并单元的报警或闭锁接点数量。

（3）核对合并单元的测试用秒脉冲信号输出接口类型和数量。

（4）核对间隔合并单元的母线电压数字信号级联输入接口类型、数量及其通信规约。对母线合并单元，核对级联输出接口类型、数量及其通信规约。

（5）核对合并单元的开关量输入接口数量（包括常规电气接口和 GOOSE 网口）。

（6）核对合并单元的时间同步接口类型和数量。

15．合并单元上电初始化功能如何验证？

答：合并单元在复位启动过程中不应输出与外部开入不一致的信息，向合并单元施加额定值的电压、电流模拟量，在正常运行过程中，断开合并单元电源，变更合并单元的某一开入状态（如将投入的检修压板退出、将更改电压并列把手位置等），然后重启，监视重启过程中合并单元输出的采样值报文，从合并单元输出的第一帧报文开始即应与现场实际状态一致，并且模拟量的幅值误差和相位误差符合要求。

16．合并单元光口发射与接收功率应满足哪些要求？如何调试？

答：光口发射与接收功率应满足以下要求：

（1）光波长 1310nm 光接口应满足光发送功率：－20dBm～－14dBm；光波长 850nm 光接口应满足光发送功率：－19dBm～－10dBm。

（2）光波长 1310nm 光接口应满足光接收灵敏度：－31dBm～－14dBm；光波长 850nm 光接口应满足光接收灵敏度：－24dBm～－10dBm。

调试方法如下：

（1）光口发射功率调试：将光功率计接入合并单元的光纤输出口进行测量。

（2）光口接收功率调试：将数字继电保护测试仪与光衰耗计连接，并将光衰耗计接入合并单元，从 0 开始缓慢增大光衰耗计的衰耗，直到合并单元 GOOSE 接口不能可靠接收 GOOSE 信号进行电压并列或电压切换操作，此时拔下装置上的尾纤接上光功率计，读出此时的功率值。

17．合并单元光纤通道光强监视功能如何调试？

答：调节光衰耗计，改变合并单元光纤输入通道的光信号强度至告警限值，检验合并单元是否可监视光强信息，面板上应出现报警信号，在合并单元接口处用光数字万用表检查，应能可靠接收到“光强异常”GOOSE 告警信号。

18．合并单元交流模拟量采集功能如何调试？

答：（1）合并单元各电流、电压回路依次加入额定电流、电压信号，通过 MU 测试仪分析所有模拟量通道，检查各通道是否具有采样值信息。

（2）检查合并单元输出的采样值通道数目与模拟量通道和数字量通道数量是否匹

配。对于级联母线合并单元的间隔合并单元，检查其母线电压通道是否具有采样值信息。

（3）合并单元输出包含采样值的报文给智能变电站网络报文记录及分析装置，分析报文格式，验证 ICD 文件的数据模型与合并单元输出的采样值是否一致。

19．合并单元母线电压采样值接入功能如何调试？

答：（1）使用三相交流模拟信号源为母线合并单元施加额定电压信号，并将其与间隔合并单元级联。通过 MU 测试仪验证间隔合并单元输出的母线电压通道幅值、相位，并与母线合并单元输出的母线电压幅值、相位进行比对。

（2）使用网络报文分析仪和光数字万用表检查母线合并单元级联输出的报文是否正确。

20．母线电压合并单元电压并列功能如何调试？

答：电压并列逻辑如表 14-1 所示。

表 14-1　　电压并列逻辑

把手位置		母联断路器位置	Ⅰ母电压输出	Ⅱ母电压输出
Ⅰ母强制用Ⅱ母	Ⅱ母强制用Ⅰ母			
0	0	X	Ⅰ母	Ⅱ母
0	1	合位	Ⅰ母	Ⅰ母
0	1	分位	Ⅰ母	Ⅱ母
0	1	00 或 11（无效位置）	保持	保持
1	0	合位	Ⅱ母	Ⅱ母
1	0	分位	Ⅰ母	Ⅱ母
1	0	00 或 11（无效位置）	保持	保持
1	1	合位	保持	保持
1	1	分位	Ⅰ母	Ⅱ母
1	1	00 或 11（无效位置）	保持	保持

注 1　把手位置为 1 表示该把手位手合位，为 0 表示该手位于分位。

注 2　母联断路器位置为双位置，“10”为合位、“01”为分位，“00”和“11”表示中间位置和无效位置 X 表示母联断路器处于任何位置。

（1）在母线合并单元上分别施加不同幅值的两段母线电压，模拟母联断路器双位置信号，分别切换母线合并单元把手至“Ⅰ母强制用Ⅱ母”或“Ⅱ母强制用Ⅰ母”状态，在母线测控、母线保护、网络分析仪、线路保护等相关设备上观察母线合并单元输出的Ⅰ母和Ⅱ母电压，并依此判断并列逻辑。

（2）通过网络记录分析装置监视合并单元输出的采样值报文，检查电压并列过程中是否存在异常。

21．合并单元电压切换功能如何调试？

答：电压切换逻辑如表 14-2 所示。

表 14-2　　　　电 压 切 换 逻 辑

<table>
<tr><th rowspan="2">序号</th><th colspan="2">Ⅰ母隔离开关</th><th colspan="2">Ⅱ母隔离开关</th><th rowspan="2">母线电压输出</th><th rowspan="2">报警说明</th></tr>
<tr><th>合</th><th>分</th><th>合</th><th>分</th></tr>
<tr><td>1</td><td>0</td><td>0</td><td>0</td><td>0</td><td>保持</td><td rowspan="6">延时 1min 以上报警“隔离开关位置异常”</td></tr>
<tr><td>2</td><td>0</td><td>0</td><td>0</td><td>1</td><td>保持</td></tr>
<tr><td>3</td><td>0</td><td>0</td><td>1</td><td>1</td><td>保持</td></tr>
<tr><td>4</td><td>0</td><td>1</td><td>0</td><td>0</td><td>保持</td></tr>
<tr><td>5</td><td>0</td><td>1</td><td>1</td><td>1</td><td>保持</td></tr>
<tr><td>6</td><td>0</td><td>1</td><td>1</td><td>0</td><td>Ⅱ母电压</td></tr>
<tr><td>7</td><td>0</td><td>1</td><td>1</td><td>0</td><td>Ⅱ母电压</td><td>无</td></tr>
<tr><td>8</td><td>1</td><td>0</td><td>1</td><td>0</td><td>Ⅰ母电压</td><td>报警“切换同时动作”</td></tr>
<tr><td>9</td><td>0</td><td>1</td><td>0</td><td>1</td><td>电压出输为 0
品质有效</td><td>报警“切换同时返回”</td></tr>
<tr><td>10</td><td>1</td><td>0</td><td>0</td><td>1</td><td>Ⅰ母电压</td><td>无</td></tr>
<tr><td>11</td><td>1</td><td>1</td><td>1</td><td>0</td><td>Ⅱ母电压</td><td rowspan="6">延时 1min 以上报警“隔离开关位置异常”</td></tr>
<tr><td>12</td><td>1</td><td>0</td><td>0</td><td>0</td><td>Ⅰ母电压</td></tr>
<tr><td>13</td><td>1</td><td>0</td><td>1</td><td>1</td><td>Ⅰ母电压</td></tr>
<tr><td>14</td><td>1</td><td>1</td><td>0</td><td>0</td><td>保持</td></tr>
<tr><td>15</td><td>1</td><td>1</td><td>0</td><td>1</td><td>保持</td></tr>
<tr><td>16</td><td>1</td><td>1</td><td>1</td><td>1</td><td>保持</td></tr>
</table>

注1　母线电压输出为“保持”，表示间隔合并单元保持之前隔离开关位置正常时切换选择的Ⅰ母或Ⅱ母的母线电压，母线电压数据品质应为有效。

注2　间隔 MU 上电后，未收到隔离开关位置与上表中“母线电压输出”为“保持”的隔离开关位置一致，输出的母线电压带“无效品质。”

（1）在母线合并单元上施加不同幅值的两段母线电压，母线合并单元与间隔合并单元级联。使用数字继电保护测试仪施加Ⅰ母和Ⅱ母隔离开关位置的 GOOSE 信号或常规电气信号，按照表中合并单元电压切换逻辑依次变换信号，在线路保护、测控、网络分析仪等相关设备上观察间隔合并单元输出的母线电压采样值，判断切换逻辑。观察在隔离开关为同分、同合以及位置异常的情况下，合并单元的报警情况。

（2）通过光数字万用表监视合并单元输出的采样值报文，检查电压切换过程中是否存在异常。

22．合并单元采样值有效性处理功能如何调试？

答：使用数字继电保护测试仪输出采样值，与间隔合并单元级联，分别将各采样值通道置为数据无效、检修品质，通过网络记录分析装置解析间隔合并单元报文中级联的各采样值通道是否变为无效、检修品质。恢复数字继电保护测试仪输出所有采样值通道品质为正常，然后中断数字继电保护测试仪与间隔合并单元的通信，通过网络记录分析装置检验间隔合并单元输出的采样值通道品质应置为无效。检查合并单元的装置日志中，应能够记录数字采样值失步、无效、检修等事件。

23．合并单元采样频率配置功能如何调试？

答：通过配置工具修改合并单元的采样频率，下载配置并重启后，通过MU测试仪检验该配置是否生效（每周波采样点数与检验配置一致，幅值、相角和频率与信号源施加值一致）。分别设置4000Hz或12800Hz等采样频率，检验配置是否生效。

24．合并单元告警功能如何调试？

答：异常现象时的警告信号和数据输出如表14-3所示。

（1）模拟电源中断和电压变化、时钟失效、数字采样网络中断、GOOSE网络中断等情况，检验合并单元通过硬接点、GOOSE报文或者界面LED指示灯的相应报警信号，通过网络记录分析装置监视合并单元输出的采样值是否出现数据品质变化等。

（2）模拟数字采样通道故障：使用数字继电保护测试仪模拟母线合并单元输出数字采样值，与光衰耗计连接，并将光衰耗计接入间隔合并单元的级联通信接口，从0开始缓慢增大光衰耗计的衰耗，直至合并单元告警数字采样网络通信中断。在试验过程中，使用网络记录分析装置监视间隔合并单元输出的母线电压应输出与施加值一致的采样值，且在级联通信异常时输出的母线电压通道品质为无效。

（3）修改合并单元配置参数，在装置液晶或通过维护工具查看相关参数的配置改变记录。

（4）检验在发生以上各类异常时，合并单元的报警接点是否有信号输出。

（5）检查合并单元的运行状态、通道状态等指示灯。

表14-3　异常现象时的警告信号和数据输出

<table>
<tr><th>异常现象</th><th>告警信号</th><th>日志记录</th><th>采样值数据</th><th>GOOSE数据</th></tr>
<tr><td>数字采样通道故障</td><td rowspan="4">硬接点、GOOSE报文或界面/LED指示灯</td><td>具备</td><td>级联通道品质无效，不误输出</td><td rowspan="2">不误输出</td></tr>
<tr><td>时钟失效</td><td>具备</td><td>采样同步SmpSync标识为FALSE，不误输出</td></tr>
<tr><td>数字采样网络中断</td><td>具备</td><td>级联通道品质无效，不误输出</td><td>不误输出</td></tr>
<tr><td>GOOSE网络中断</td><td>具备</td><td>不误输出</td><td>不误输出</td></tr>
</table>

续表

异常现象	告警信号	日志记录	采样值数据	GOOSE 数据
电源中断/电压异常	硬接点	具备	不误输出	不误输出
运行状态异常	硬接点、GOOSE 报文或界面/LED 指示灯	具备	不误输出	不误输出
参数配置改变	GOOSE 报文或界面提示	具备	不误输出	不误输出

25．合并单元对时误差如何检验？

答：用参考时钟源给合并单元授时，待合并单元对时稳定后，利用时间测试仪以每秒测量 1 次的频率测量合并单元和参考时钟源各自输出的 1PPS 信号有效沿之间的时间差的绝对值 Δt，测试过程中测得的 Δt 的最大值即为最终测试结果示。测试时间应持续 10min 以上。

26．合并单元守时机制如何检验？

答：（1）合并单元先接收参考时钟源的授时，待合并单元对时稳定后，撤销参考时钟源的授时，测试过程中合并单元输出的 1PPS 信号与参考时钟源的 1PPS 的有效沿时间差的绝对值的最大值即为测试时间内的守时误差。测试时间应持续 10min 以上。

（2）通过网络记录分析装置检查合并单元采样值报文中同步标识位“SmpSynch”首次出现 FALSE 时，合并单元失去时钟源持续时间应超过 10min 且守时误差不超过±4μs。

27．合并单元失步再同步性能应满足什么要求？如何调试？

答：合并单元失步再同步性能应满足以下要求：

（1）当合并单元接收到时钟信号从无到有，或因主钟快速跟踪卫星信号等情况，导致合并单元接收到的时钟信号发生跳变时，在收到 2 个等秒的脉冲信号后，在第 3～4 个秒脉冲间隔内将采样点偏差补偿，并在第 4 个秒脉冲沿将样本计数器清零、将采样数据置同步标志。

（2）合并单元时钟同步信号从无到有变化过程中，其采样周期调整步长应不大于 1μs。为保证与时钟信号快速同步，允许在 PPS 边沿时刻采样序号跳变一次，但必须保证采样间隔离散不超过 10μs（采样频率为 4000Hz），同时合并单元输出的数据帧同步位由失步转为同步状态。

调试方法如下：

（1）参考时钟源给合并单元授时，待合并单元对时稳定后，断开其对时信号直至进入失步状态，观察采样值发布离散值和采样数据变化情况。调整参考时钟源的对时信号输出延时，然后将信号接入合并单元。在合并单元失步再同步的过程中，通过网络记录分析装置检查合并单元输出 DL/T 860.92—2016《电力自动化通信网络和系统　第 9-2 部分：特定通信服务映射》报文的采样值发布离散值变化情况，监视采样值数据变化情况。

（2）观察合并单元失步再同步过程中输出的采样值序号变化情况，验证采样计数零的报文为同步标志置位的第一帧，且该时刻应为从恢复对时脉冲信号后的第 4 个脉冲（第 3 秒）。

28．采样值报文一致性测试有哪些内容？

答：（1）SV 报文的丢帧率测试。

（2）检验 SV 报文中需要的连续性。

（3）SV 报文发送频率测试。

（4）SV 报文品质位检查。正常工作时，品质位无置位，异常时应置位。

29．合并单元的延时如何测试？

答：（1）电压通道采样延时测试。将合并单元输出与继电保护测试仪输出同时接至合并单元测试仪，用继电保护测试仪给待测合并单元加电压量，同时用便携式录波仪进行录波，测量合并单元电压通道的采样转换时间，要求不超过 1ms。将测量的实际延时，与 SV 帧携带的迟延时间常数进行比较，要求采样迟延偏差小于 5μs。

（2）电流通道采样延时测试。将合并单元输出与继电保护测试仪输出同时接至合并单元测试仪，用继电保护测试仪给待测合并单元突加电流量，同时用便携式录波仪进行录波，测量合并单元电流通道的采样转换时间，要求不超过 1ms。将测量的实际延时，与 SV 帧携带的迟延时间常数进行比较，要求采样迟延偏差小于 5μs。

30．采样值准确度调试有哪些内容？

答：准确度检验，应满足以下要求：

（1）合并单元采集的用于测量的交流模拟量幅值误差和相位误差应符合表 14-4 和表 14-6 的规定，用于保护的交流模拟量幅值误差应符合表 14-5 和表 14-7 的规定。

（2）合并单元测量用电流互感器误差要求详见表 14-4。

表 14-4　　测量用电流互感器误差要求

准确级	±电流（比值）误差百分数				在下列额定电流（%）下的相位误差							
					±（′）				±crad			
	5	20	100	120	5	2	100	120	5	20	100	120
0.1	0.4	0.2	0.1	0.1	5	8	5	5	0.45	0.24	0.15	0.15
0.2	0.75	0.35	0.2	0.2	0	5	10	10	0.9	0.45	0.3	0.3
0.5	1.5	0.75	0.5	0.5	90	5	30	30	2.7	1.35	0.9	0.9

准确级	±电流（比值）误差百分数					在下列额定电流（%）下的相位误差									
						±（′）					±crad				
	1	5	0	00	20	1	5	20	100	120	1	5	0	100	120
0.2S	0.75	0.35	0.2	0.2	0.2	30	15	10	10	10	0.9	0.45	0.3	0.3	0.3

（3）合并单元保护用电流互感器误差要求详见表 14-5。

表 14-5　　　　保护用电流互感器误差要求

准确级	额定电流下的电流误差±%	相位误差		在额定准确限制电流（30 倍额定值）下的复合误差±%
		±（′）	±crsd	
5P/5TPE	1	60	1.8	5

（4）合并单元测量用电压互感器误差要求详见表 14-6。

表 14-6　　　　测量用电压互感器误差要求

准确级	电压（比值）误差百分数	相位误差	
		±（′）	±crad
0.1	0.1	5	0.15
0.2	0.2	10	0.3
0.5	0.5	20	0.6

（5）合并单元保护用电压互感器误差要求详见表 14-7。

表 14-7　　　　保护用电压互感器误差要求

准确级	在下列额定电压（%）下								
	2			5			X*		
	电压误差±%	相位误差±（′）	相位误差±crad	电压误差±%	相位误差±（′）	相位误差±crad	电压误差±%	相位误差±（′）	相位误差±crad
3P	6	240	7	3	120	3.5	3	120	3.5

*　X 表示 100、120、150、190。

装置检验方法如下：

（1）在合并单元的测量电流通道按照 5%、20%、100%、120%的额定交流电流，测量电压通道按照 80%、100%、120%的额定交流电压，保护电压通道按照 2%、5%、100%、120%、150%、190%的额定交流电压，施加工频模拟量。每次施加持续 1min，使用 MU 测试仪按每秒计算一次的方式测得 60 个点的幅值误差和相位误差，统计最大偏差作为测试结果。

注：测量电流和测量电压的幅值误差和相位误差使用同步法测试，保护电压使用插值法测试。

（2）在合并单元的保护电流通道施加额定电流，记录 MU 测试仪上按照插值法测得的幅值误差和相位误差；在合并单元的保护用电流互感器上施加额定准确限值电流，记录 MU 测试仪上显示的复合误差。

31．同步采样精度应满足哪些要求？如何进行同步采样试验？

答：采样同步精度应满足以下要求：

（1）合并单元不同模拟量通道的采样同步误差不超过相应模拟量的相位误差要求。

（2）与母线合并单元级联后，间隔合并单元输出的母线电压与间隔电压和电流的采样同步误差不超过相应模拟量的相位误差要求。

试验方法如下：

（1）将母线合并单元与间隔合并单元级联，使用三相交流模拟信号源为母线合并单元施加额定值电压，为间隔合并单元施加额定值电压和电流，通过 MU 测试仪测量各通道电压和各通道电流之间的相位差，应不超过模拟量准确度的相位误差。

注：合并单元不接入时钟同步信号。

（2）通过 MU 测试仪计算间隔合并单元输出的母线电压和间隔电压、电流之间相位差。

32．双 A/D 采样数据应满足哪些要求？如何调试？

答：双 A/D 采样数据检验，应满足以下要求：

（1）合并单元内保护用通道应采用双 A/D，两路 A/D 电路应互相独立。

（2）两路独立采样数据的瞬时值之差应不大于 $0.02I_n/0.02U_n$。

三相交流模拟信号源输出 1 路电压、1 路电流（额定值）给合并单元。利用 MU 测试仪分别测试合并单元输出的电压 A/D 通道 1、电压 A/D 通道 2，电流 A/D 通道 1、电流 A/D 通道 2 的准确度（幅值误差、相位误差），每项测试持续 1min。计算双 A/D 采样数据的瞬时值之差，其最大值应不大于 $0.02I_n/0.02U_n$。

33．智能终端单体调试项目有哪些？

答：（1）常规检验。装置外观检查、绝缘试验、上电检查、逆变电源检查和相关二次回路检验。

（2）开关量检验。

1）检验智能终端输出 GOOSE 数据通道与装置开关量输入关联的正确性，检查相关通信参数符合 SCD 文件配置。

2）检验智能终端输入 GOOSE 数据通道与装置开关量输出关联的正确性。

3）测试 GOOSE 输入与开关量输出动作时间，应满足 7ms 要求。

（3）SOE 时标准确度检验。使用 SOE 信号发生器对过程层接口装置定时模拟触发输入信号，检查装置输出事件时标应与信号实际触发时间差应小于 1ms。

34．智能终端的动作时间如何测试？

答：由测试仪分别发送一组 GOOSE 跳、合闸命令，并接收跳、合闸的硬接点信息，记录报文的发送与硬接点输入时间差。智能终端应在 7ms 内可靠动作。

35．智能终端开关量延时如何测试？

答：智能终端测试设备与智能终端接入同一副空接点，测试仪接收智能终端的 GOOSE 位置报文，测试智能终端自身打上的时标与测试仪接入 DI 信号的时刻，比较两者差异即为 SOE 时标误差，测试开关量变位时刻与智能终端变位报文到达时刻的时间差异，即为开关量信息绝对延时。

36．配置 GOOSE 开关量时断路器、隔离开关双位置数据属性有哪些？

答：断路器、隔离开关双位置数据属性类型 Dbpos 值应按“00 中间态，01 分位，10 合位，11 无效态”执行。

37．双重化配置的线路间隔，两套智能终端重合闸相互闭锁如何调试？

答：根据 SCD 配置文件，用数字试验仪模拟第一套线路保护和母差保护分别给第一套智能终端发送闭锁重合闸（压力低、手跳、永跳等）可以引起闭锁重合闸的信号，然后用数字试验仪采集第二套智能终端发出的信号，其中闭锁重合闸信号变位为 1，并在第二套保护装置上观察到装置收到闭锁重合闸开入。第二套智能终端闭锁第一套智能终端重合闸功能试验方法类似。

38．如何验证双重化线路保护之间的重合闸闭锁功能？

答：将第一套保护投停用重合闸，第二套保护投单相重合闸。模拟第一套保护单相故障，第一套保护三相跳闸不重合，观察第二套保护收到闭锁重合闸开入，从而验证第一套保护闭锁第二套保护重合闸功能。用类似的方法验证第二套保护闭锁第一套保护的重合闸功能。注意做以上试验时，两套智能终端应正常运行。

39．怎样进行智能终端与其他设备的联调试验？

答：（1）与保护配置的联调试验。

1）根据 SCD 文件中的虚端子连接关系，在保护装置依次模拟与智能终端有跳闸命令关系的保护动作，智能终端的跳闸及断路器动作情况应正确，智能终端上的跳闸指示灯显示应正确。

2）实际操作断路器、隔离开关位置变位（母线保护需要采集隔离开关位置），检查相关保护装置中的采集应正确，智能终端上的位置指示灯显示应正确。

3）配合隔离开关位置与合并单元之间电压切换、并列回路测试试验。

（2）与测控及监控后台的联调试验。实际操作断路器、隔离开关位置变位，检查测控及后台采样应正确。模拟智能终端的各种异常状态，检查测控的 GOOSE 开入及后台报文应正确。

40．继电保护系统调试内容有哪些？

答：继电保护系统主要由站控层保护信息管理系统、间隔层继电保护设备和过程层设备构成，调试内容如下：

（1）设备外部检查：检查继电保护系统设备数量、型号、额定参数与设计相符合，检查设备接地可靠。

（2）绝缘试验和上电检查。

（3）工程配置：依据变电站配置描述文件和定值单，分别配置继电保护系统相关设备运行功能与参数。

（4）通信检查：检查与继电保护系统功能相关的 MMS、GOOSE、SV 通信状态正常。

（5）继电保护单体调试：检查继电保护设备开入开出、采样值、元件功能与定值正确。

（6）继电保护整组调试：检查实际继电保护动作逻辑与预设继电保护逻辑策略一致。

（7）故障录波功能调试：检查故障录波设备开入开出、采样值、定值和触发录波正确。

（8）继电保护信息管理系统调试：检查站控层继电保护信息管理系统站内通信交互和功能实现正确，检查站控层继电保护信息管理系统与远方主站通信交互和功能实现正确。

41．继电保护装置单体调试项目有哪些？

答：调试项目如表 14-8 所示。

表 14-8　　继电保护装置单体调试项目

继电保护单体调试项目	工厂联调验收	新安装调试	全部检验
交流量精度	√	√	√
采样值品质位无效	√		
采样值畸变	√		
遥信断续	√		
采样值传输异常	√		
检修状态	√	√	
软压板	√	√	√
开入开出实端子信号	√	√	√
虚端子信号	√	√	√
整定值的整定及检验		√	√

42．继电保护单体调试有哪些接线方式？

答：调试方式如下：

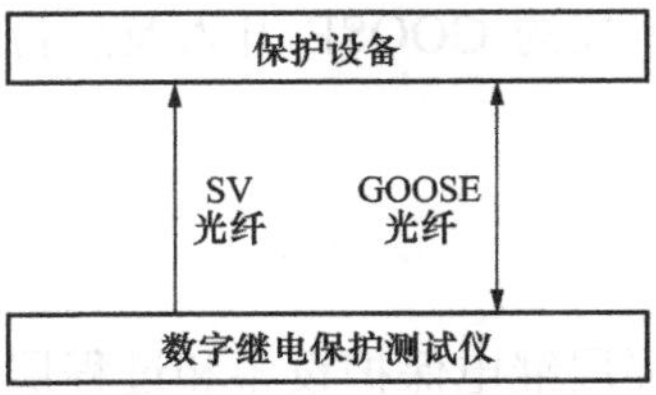

图 14-5　继电保护测试系统 1

（1）采用数字继电保护测试仪进行继电保护设备的检验如图 14-5 所示，保护设备和数字继电保护测试仪之间采用光纤点对点连接，通过光纤传送采样值和跳合闸信号。

（2）采用数字继电保护测试仪进行继电保护设备的检验如图 14-6 所示，保护设备通过点对点光纤连接数字继电保护测试仪和智能终端，智能终端通过电缆连接数字继电保护测试仪。

（3）针对采用电子式互感器的场合，采用传统继电保护测试仪进行继电保护设备的检验如图 14-7 所示，需要和现场所用的电子式互感器模拟仪配合使用。保护设备通过点对点光纤连接合并单元和智能终端，合并单元通过点对点光纤连接电子式互感器模拟仪，电子式互感器模拟仪和智能终端通过电缆连接传统继电保护测试仪。

（4）针对采用电磁式互感器的场合，采用传统继电保护测试仪进行继电保护设备的检验如图 14-8 所示。保护设备通过点对点光纤连接合并单元和智能终端，合并单元和智能终端通过电缆连接传统继电保护测试仪。

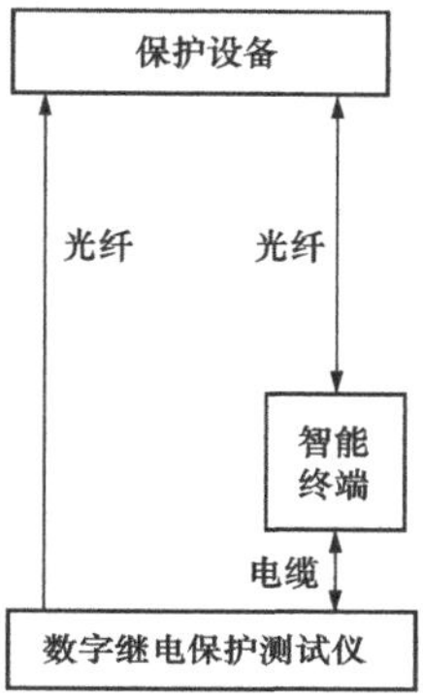

图 14-6　继电保护测试系统 2

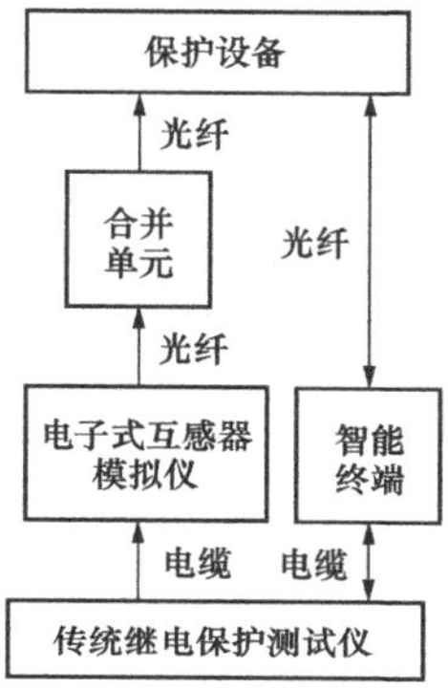

图 14-7　继电保护测试系统 3

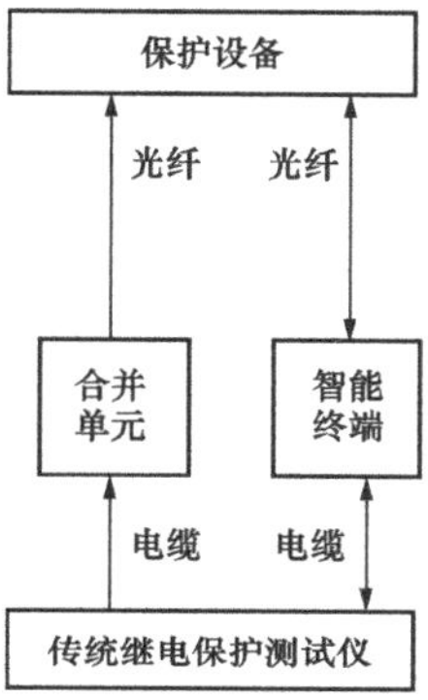

图 14-8　继电保护测试系统 4

43．交流量精度有哪些调试项目？如何调试？

答：（1）零点漂移检查。保护装置不输入交流电流、电压量，观察装置在一段时间内的零漂值是否满足要求。

（2）各电流、电压输入的幅值和相位精度检验。分别输入不同幅值和相位的电流、电压量，检查各通道采样值的幅值、相角和频率的精度误差，注意观察保护装置双 AD 均应满足要求。

（3）同步性能测试。通过继电保护测试仪加几个间隔的电流、电压信号给保护，观察保护的同步性能。

44．采样值品质位无效判定逻辑如何调试？

答：采样值品质位无效判定逻辑如下：

（1）采样值无效标识累计数量或无效频率超过保护允许范围，可能误动的保护功能应瞬时可靠闭锁，与该异常无关的保护功能应正常投入，采样值恢复正常后被闭锁的保护功能应及时开放。

（2）采样值数据标识异常应有相应的掉电不丢失的统计信息，装置应采用瞬时闭锁延时报警方式。

调试方法如下：

通过数字继电保护测试仪按不同的频率将采样值中部分数据品质位设置为无效，模拟 MU 发送采样值出现品质位无效的情况，如图 14-9 所示，观察保护装置是否出现相关告警报文，加到保护动作值，保护装置不应动作；调整加入采样值，待告警报文消失后，保护应正常动作。

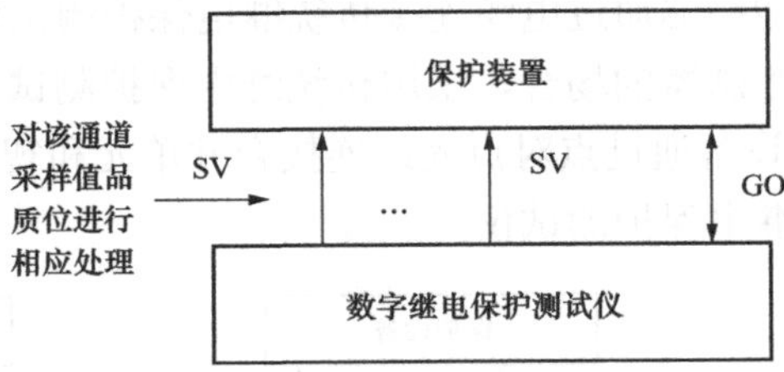

图 14-9　采样值数据标识异常测试接线图

45．采样值畸变如何调试？

答：双 A/D 的情况，一路采样值畸变时，保护装置不应误动作，同时发告警信号。通过数字继电保护测试仪将双 A/D 中保护采样值中部分数据进行畸变放大，畸变数值大于保护动作定值，同时品质位有效，模拟一路采样值出现数据畸变的情况。测试方案如图 14-10 所示。

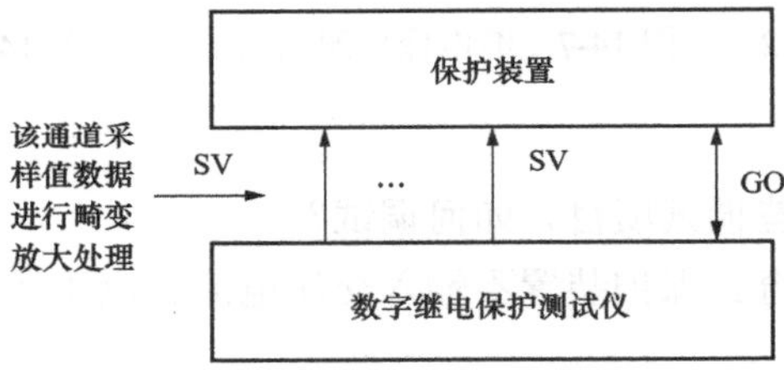

图 14-10　采样值数据畸变测试接线图

46．通信断续调试内容有哪些？

答：通信断续测试调试内容如下：

（1）MU 与保护装置之间的通信断续测试。

1）MU 与保护装置之间 SV 通信中断后，保护装置应可靠闭锁，保护装置液晶面板应提示“SV 通信中断”且告警灯亮，同时后台应接收到“SV 通信中断”告警信号。

2）在通信恢复后，保护功能应恢复正常，保护区内故障保护装置可靠动作并发送跳闸报文，区外故障保护装置不应误动，保护装置液晶面板的“SV 通信中断”报警消失，同时后台的“SV 通信中断”告警信号消失。

（2）智能终端与保护装置之间的通信断续测试。

1）保护装置与智能终端的 GOOSE 通信中断后，保护装置不应误动作，保护装置液晶面板应提示“GOOSE 通信中断”且告警灯亮，同时后台应接收到“GOOSE 通信中断”告警信号。

2）当保护装置与智能终端的 GOOSE 通信恢复后，保护装置不应误动作，保护装置液晶面板“GOOSE 通信中断”消失，同时后台的“GOOSE 通信中断”告警信号消失。

47. 检修状态逻辑如何单体调试？

答： 检修状态逻辑如下：

（1）保护装置输出报文的检修品质应能正确反映保护装置检修压板的投退。保护装置检修压板投入后，发送的 MMS 和 GOOSE 报文检修品质应置位，同时面板应有显示；保护装置检修压板退出后，发送的 MMS 和 GOOSE 报文检修品质应不置位，同时面板应有显示。

（2）输入的 GOOSE 信号检修品质与保护装置检修状态不对应时，保护装置应正确处理该 GOOSE 信号，同时不影响运行设备的正常运行。

（3）在测试仪与保护检修状态一致的情况下，保护动作行为正常。

（4）输入的 SV 报文检修品质与保护装置检修状态不对应时，保护应报警并闭锁。

调试方法如下：

通过投退保护装置检修压板控制保护装置 GOOSE 输出信号的检修品质，通过抓取报文分析确定保护发出 GOOSE 信号的检修品质的正确性。测试方案如图 14-11 所示。

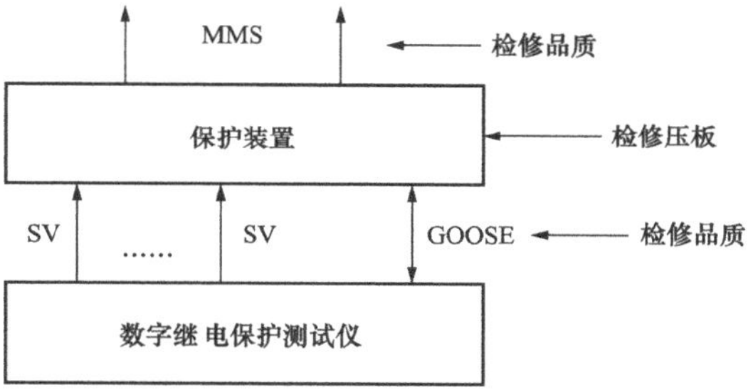

图 14-11 GOOSE 检修状态测试接线图

通过数字继电保护测试仪控制输入给保护装置的 SV 和 GOOSE 信号检修品质。

48. 继电保护装置软压板功能如何检查？

答：（1）SV 接收软压板检查。通过数字继电保护测试仪输入 SV 信号给设备，投入 SV 接收软压板，采样值精度应满足要求；退出 SV 接收软压板，采样不参与保护逻辑计算。

（2）GOOSE 开入软压板检查。通过数字继电保护测试仪输入 GOOSE 信号给设备，投入 GOOSE 接收压板，设备显示 GOOSE 数据正确；退出 GOOSE 开入软压板，设备不处理 GOOSE 数据。

（3）GOOSE 开出软压板检查。投入 GOOSE 开出软压板，设备发送相应 GOOSE 信号；退出 GOOSE 开出软压板，模拟保护元件动作，智能终端跳闸灯未点亮，并应该监视到未跳闸的 GOOSE 报文。

（4）保护元件功能及其他压板。投入/退出相应软压板，结合其他试验检查压板投退效果。

49．继电保护装置虚端子信号如何检查？

答：（1）通过数字式继电保护测试仪加输入量或通过模拟开出功能使保护设备发出GOOSE开出虚端子信号，抓取相应的GOOSE发送报文分析报文是否正确，并观察相应报文接收装置是否收到对应GOOSE报文；通过测试仪发出相应GOOSE信号，观察保护装置开入菜单变化判断保护装置的GOOSE虚端子信号是否能正确接收。

（2）通过测试仪发出SV信号，观察待测保护设备的面板显示采样值幅值、相位是否与加入量一致，判断SV虚端子信号是否能正确接收。

50．继电保护动作时间有哪些主要技术指标？

答：智能变电站继电保护动作时间有以下主要技术指标：

（1）线路纵联保护装置动作时间近端不大于20ms，远端不大于30cm（不包括纵联通道时间）。

（2）母差保护装置动作时间不大于20ms（大于2倍整定值）。

（3）变压器保护装置差动速断动作时间不大于20ms（大于2倍整定值），比率差动动作时间不大于30ms（大于2倍整定值）。

（4）保护整组时间T等于采样延时、MU到保护传输时间、保护装置动作时间、保护到智能终端传输时间与智能终端动作时间之和。

51．保护整组动作时间如何测试？

答：由继电保护测试仪在合并单元前端施加故障量使保护装置动作，利用智能终端出口硬接点停表，测得保护整组动作时间。

52．继电保护装置调试有哪些具体步骤？

答：（1）单体调试。

1）二次回路检验。二次回路的完好及正确性检查（特别注意外接$3U_0$的极性及连接方式）。

2）装置外观检查。二次设备外部完好无损，外观清洁；保护装置的设备名称、屏上按钮压板编号、控制电缆标号、二次回路端子排号及端子号头正确完整清晰；端子排的连线接触牢固。

3）二次回路绝缘检查。

4）开关电源检查。装置通入额定直流电源，失电告警继电器应可靠吸合，用万用表检查其触点可靠断开。检查电源的自启动性能：当外加试验直流电源由零缓慢调至80%额定值时，用万用表监视失电告警继电器触点应为从闭合到断开。

5）装置上电检查：装置整机通电检查：合上直流电源，装置的运行灯应亮，液晶显示正常。整定时钟日期：进入装置主菜单，在修改时钟菜单中正确设置装置时钟。回到液晶正常显示下，观察时钟应运行正常。拉掉装置电源5min，然后再上电，检查液晶显示的时间和日期，在掉电时间内装置时钟应保持运行，并走时准确；整定值输入检查：进入装置主菜单，在整定定值菜单的装置参数定值、软压板、保护定值进行整定；软件版本检查。打印功能检查：打印当前定值区的完整定值清单（清单包括设备参数定值、保护定值、保护控制字、软压板状态）。打印机应正确打印。

6）功能压板投退检查。包括检修硬压板、保护功能软压板、出口软压板、MU接收软压板的检查。

7）保护校验。包括采样值校验、定值校验。

8）光纤通道检查。包括远传远跳接受及发送试验，电流输入与对侧联调试验。

（2）SV电流电压检查及遥测联调试验。包括电流电压采样精度及极性试验、遥测精度测试、TA二次回路试验。

（3）GOOSE虚回路检查及遥控遥信联调试验。包括电压合并单元、电流合并单元GOOSE开出虚回路联调试验、智能终端GOOSE开入开出虚回路联调试验、保护装置GOOSE开入开出虚回线路联调试验、测控装置GOOSE开入虚回线路联调及遥信试验。

（4）检修压板配合试验。包括检修机制逻辑试验，并在合并单元处模拟故障，检查检修压板在各种配合情况下的保护动作行为。

（5）整组试验。装置按运行条件，在合并单元处加入故障模拟量，两套保护带实际开关做整组传动试验。

53．110kV进线（分段）备自投装置调试有哪些要点？

答：（1）SV采样值检查。在母线合并单元、进线及分段断路器合并单元处加入模拟量，查看备自投装置上显示的幅值及角度。

（2）GOOSE虚回路检查。检查进线、分段断路器智能终端GOOSE开入开出虚回路、备自投装置接收主变压器保护、母线保护GOOSE开出的虚回路。

（3）备自投逻辑调试。重点对备自投装置充电、放电、动作、TV断线、有流闭锁、手跳闭锁、其他保护动作闭锁等逻辑进行验证。

（4）检修机制试验。验证备自投装置与母线合并单元、进线及分段断路器合并单元、进线及分段断路器智能终端、主变压器保护、母线保护之间检修机制。

（5）模拟实际备投方式，带开关传动试验。

54．主变压器保护跳闸矩阵如何进行调试？

答：（1）根据调度给定的各保护元件的跳闸方式，结合装置说明书整定相应跳闸控制字。

（2）打印定值清单，核实装置中各保护元件的跳闸矩阵。

（3）用数字式继电保护测试仪模拟所有跳闸矩阵中涉及的保护功能，将测试仪收到的GOOSE出口信号与矩阵比较，验证矩阵是否正确。

55．保护整组联动应注意什么？

答：保护整组联动测试主要验证从保护装置出口至智能终端，最后直至断路器回路整个跳、合闸回路的正确性；保护装置之间的启动失灵、闭锁重合闸等回路的正确性。其中，保护装置至智能终端的跳、合闸回路和装置之间的启动失灵、闭锁重合闸回路是通过网络传输的虚回路；而智能终端至断路器本体的跳、合闸回路是硬接线回路，与传统回路基本相同。保护装置接口数字化后已不再包含出口硬压板，但出口受保护装置软压板控制，而传统的出口硬压板也并未取消，而是下放到智能终端的出口，因此保护整组联动测试在验证整个回路的同时需对回路中保护GOOSE发送软压板、GOOSE接收软压板智能终端出口硬压板的作用进行分别验证。

56．智能变电站测控装置有哪些调试项目？如何调试？

答：（1）信号检验。

1）依次模拟被检装置的事件GOOSE输入，在后台检查装置输出相关信号正确性。

2）检查GOOSE中断情况下，装置输出相关遥信报告的品质位。

3）改变测试仪的检修状态，检查装置输出相关遥信报告的品质位。

4）改变测控装置的检修状态，检查装置输出遥信报告的品质位。

（2）模拟量检验。

1）模拟装置的所有SV输入，检查装置现实画面和相关遥测报告的正确性。

2）对于有多路SV输入的装置，模拟装置的两路及以上SV输入，检查装置的采样同步性能。

3）检查SV传输中断情况下，装置输出相关遥测报告的品质位。

4）改变测试仪的检修状态，检查装置输出遥测报告的品质位。

5）改变测控装置的检修状态，检查装置输出遥测报告的品质位。

（3）控制输出检查。

1）监测测控装置输出的分、合闸脉宽。

2）检查测控装置控制输出对象正确性。

3）检查一次设备本体、测控单元控制权限。

4）在装置的正常状态和检修状态下，检查GOOSE报文的“TEST”值。

（4）同期功能检查。

1）检查测控装置无压合闸功能及无压定值。

2）检查测控装置同期合闸功能及同期定值。

3）检查测控装置强制合闸功能。

（5）联锁功能测试。从系统中抽取几个间隔，根据闭锁条件测试各断路器的防误闭锁情况。改变相关开入量状态模拟闭锁条件，通过后台遥控操作来验证站控层逻辑闭锁结果是否正确，装置就地操作来验证间隔层逻辑闭锁结果是否正确。实验中，逻辑满足时应能可靠动作，逻辑不满足时应能可靠闭锁。

57. 对时系统的调试项目有哪些？

答：全站同步对时系统主要由全站统一时钟源、对时网络和需对时设备构成，实现自动化系统同步对时功能。调试项目如下：

（1）设备外部检查：检查全站同步对时系统设备数量、型号、额定参数与设计相符合，检查设备接地可靠。

（2）绝缘试验和上电检查。

（3）对时系统精度调试：检查全站对时系统的接收时钟源精度和对时输出接口的时间精度满足技术要求。

（4）时钟源自守时、自恢复功能调试：检查外部时钟信号异常再恢复时，全站统一时钟源自守时、自恢复功能正常。

（5）时钟源主备切换功能调试：检查全站统一时钟源主备切换功能满足技术要求。

（6）需对时设备对时功能调试：检查需对时设备对时功能和精度满足技术要求。

（7）需对时设备自恢复功能调试：检查全站统一时钟源对时信号异常再恢复时，需对时设备自恢复功能正常。

58. 智能变电站与常规变电站的“五防”系统有哪些区别？

答：在常规变电站中，“五防”系统与监控系统是相互独立的，两个系统具有各自独立的数据库，两个系统通过网络通信实现信息交互和遥控闭锁功能，任何一个系统出现故障或通信介质故障就会影响“五防”系统与监控系统运行，进而影响运行操作的顺利进行。

智能变电站中的监控系统和“五防”系统大多采用一体化模式，两个系统共用数据库，不仅减少了现场系统数据库配置的工作量，而且降低了“五防”系统与监控系统通信故障对运行操作的影响，相对常规变电站的“五防”系统具有更高的可靠性。智能变电站的顺序控制操作中“五防”系统采用“过程中校验”模式也提高了“五防”系统的工作效率。

常规变电站的“五防”功能的实现一般是基于以太网，采用 UDP 报文机制，间隔层各 IED 设备通过自定义的通信机制进行状态或位置信息的实时交互。智能变电站的“五防”采用 IEC 61850 通信技术和 GOOSE 机制实现技术保证。智能变电站监控“五防”一体化系统配置“五防”硬件实现防误闭锁。

59. 智能变电站和常规变电站在实现“五防”闭锁功能上有何不同？

答：常规变电站测控装置将本间隔断路器、隔离开关、二次电压互感器空气断路器等设备辅助接点通过硬接线输入测控装置，跨间隔闭锁量则通过 103 规约在站控层网络实现跨间隔设备之间联闭锁功能。

智能变电站间隔层“五防”闭锁逻辑通信机制基于 GOOSE 订阅/发布机制，测控装置本间隔内断路器、隔离开关、二次电压互感器空气断路器等设备辅助接点信息由过程层 GOOSE 网络获取，跨间隔闭锁量则通过站控层网 GOOSE 报文实现。智能变电站由于二次设备网络化，所以参与逻辑闭锁的条件加入了电压模拟量品质判断，电压模拟量数据断链判断等。

60．单装置通信处理能力检验有什么意义？一体化监控系统中有哪些单装置设备需要做该项检验？

答：单装置通信处理能力检验旨在监测被测IED设备在系统中实际的通信处理性能是否满足现场应用的需求，测试网络风暴对电力装置的影响。确保智能变电站网络系统在发生通常的网络风暴不会对电力装置产生影响。确保智能变电站网络系统在发生通常的网络风暴及网络攻击的情况下，各个以太网电力装置能够抵御突发流量以及网络异常攻击，接收正常报文，终端设备的状态和功能反应正常，要求被测设备的数据传输正确，功能正常，无终端、拒动、误动等异常现象发生。其中监控主机、综合应用服务器、数据通信网关机、图形网关机、测控装置都需要进行通信处理能力检验。

61．一体化监控系统的调试项目有哪些？

答：计算机监控系统主要由站控层主机设备、间隔层测控设备和过程层设备构成，实现DL/T 860《变电站通信网络和系统》中所提及的自动化系统监控功能，主要包括测量、控制、状态检测、“五防”等相关功能。调试项目如下：

（1）设备外部检查：检查计算机监控系统设备数量、型号、额定参数与设计相符合，检查设备接地可靠。

（2）绝缘试验和上电检查。

（3）工程配置：依据变电站配置描述文件和相关策略文件，分别配置计算机监控系统相关设备运行功能与参数。

（4）通信检查：检查与计算机监控系统功能相关的MMS、GOOSE、SV通信状态正常。

（5）遥信功能调试：检查计算机监控系统遥信变化情况与实际现场设备状态一致，SOE时间精度满足技术要求。

（6）遥测功能调试：检查计算机监控系统遥测精度和线性度满足技术要求。

（7）遥控功能调试：检查计算机监控系统设备控制及软压板投退功能正确。

（8）遥调控制功能调试：检查计算机监控系统遥调控制实现方式与遥调控制策略一致。

（9）同期控制功能调试：检查计算机监控系统同期控制实现方式与同期控制策略一致，同期定值与定值单要求一致。

（10）全站防误闭锁功能调试：检查计算机监控系统防误操作实现方式与全站防误闭锁策略一致。

（11）顺序控制功能测试：检查计算机监控系统现场顺序控制策略与预设顺序控制策略一致。

（12）自动电压无功控制功能调试：检查计算机监控系统自动电压无功控制实现方

式与全站自动电压无功控制策略一致。

（13）定值管理功能调试：检查计算机监控系统定值调阅、修改和定值组切换功能正确。

（14）主备切换功能调试：检查计算机监控系统主备切换功能满足技术要求。

（15）监控界面调试：后台监控界面应人机友好，重要信号应有光字牌，每个间隔分图包含光字牌名称应直观明确。

62．网络报文分析及记录仪的调试项目有哪些？

答： 网络状态监测系统主要由网络报文记录分析系统、网络通信实时状态检测设备构成，实现自动化系统网络信息在线检测功能。调试项目如下：

（1）设备外部检查。检查网络状态监测系统设备数量、型号、额定参数与设计相符合，检查设备接地可靠。

（2）绝缘试验和上电检查。

（3）工程配置。依据变电站配置描述文件，分别配置网络状态监测系统相关设备运行功能与参数。

（4）通信检查。检查与网络状态监测系统功能相关的 MMS、GOOSE、SV 通信状态正常。

（5）网络报文记录分析功能调试。检查自动化系统网络报文的实时监视、捕捉、存储、分析和统计功能正确。

（6）网络通信实时状态检测功能调试。检查自动化系统网络通信实时状态的在线检测和状态评估功能正确。

63．如何测智能终端的 GOOSE 开关量延时？

答： 通过数字继电保护测试仪输出开关量信号给被测智能终端，同时接收该智能终端发出的 GOOSE 报文，并记录开关量开出与报文接收的时间差，智能终端硬接点开入延时应小于 10ms。

64．智能终端如何实现跳闸报文反校？

答： 智能终端收到 GOOSE 跳闸时报文后，以遥信的方式转发跳闸报文来进行跳闸报文的反校。

第十五章　智能变电站检验

1．智能变电站二次检修与常规变电站二次检修有何主要区别？

答：变电站二次检修工作内容包括：检查交、直流回路正确性，检查回路绝缘，通过整组试验检验断路器动作回路的可靠性和正确性。由于智能变电站较常规变电站增加了过程层设备，因此智能变电站二次检修与常规变电站二次检修主要有以下区别：

（1）检修对象发生改变，增加了合并单元、智能终端、过程层交换机。

（2）检修项目发生改变，合并单元、智能终端侧重于测试装置精度、动作时间和采样同步性，回路的正确性需通过查看装置配置文件检查虚回路情况以及检查光纤回路的正确性等。

（3）检修所使用的工具发生改变，智能变电站二次检修需使用数字化保护测试仪、网络报文分析仪、GOOSE 报文模拟仪等设备，丰富了测试手段。

（4）二次设备故障检修，可采取一次设备不停电的检修方式进行，而不影响设备供电可靠性。

（5）检修中的二次安全隔离措施更为复杂，由于常规变电站的二次接线相互解耦，有具体回路，智能变电站的二次接线是相互耦合、抽象的网络数据流，因此常规变电站遵循的“明显电气断开点”的安全措施设置方法无法应用至智能变电站，智能变电站主要通过 GOOSE/SV 发送、接收压板以及检修压板等软件隔离技术实现二次隔离，相互关联的不具体性可能引起这些软、硬压板的漏投、错投，对二次隔离带来一定困难。

2．智能变电站二次设备检修安全措施有什么要求？

答：（1）在进行检验工作前，应检查设备网络通信状态、相关运行设备运行状态、监控后台告警信号等，确保不影响运行设备的工作状况。

（2）检修前应采取退出出口压板、功能压板、投入检修压板等技术措施，防止检修设备信息变化影响运行设备的正常工作。

1）将检修保护装置停用，退出其出口压板、功能压板及 SV/GOOSE 接收压板，投入检修状态压板。

2）退出运行中断路器、母线（失灵）、线路保护中与停运检修设备有关的“SV 投入”“失灵 GOOSE 输入”压板等。

3）投入运行中断路器、母线（失灵）、线路保护中与停运检修设备有关的间隔强制置位软压板。

4）停用待检修的合并单元、智能终端，投入“检修”压板，退出智能终端遥控操作压板。

3．智能变电站保护及自动化装置不停电检修二次隔离要点及危险点有哪些？

答：（1）待检验保护装置及与之配合试验的保护、智能终端、合并单元均需投入检修压板。

（2）投入检修压板后应通过本装置确认。

（3）待检验保护的 GOOSE 光纤仅在需要时断开，取下后应防止光纤接口及端面污染，保护加量时取下的 SV 同样需做好防护工作。

（4）停用合并单元后，相关运行设备需退出该间隔 SV 投入软压板。

（5）与待检验保护装置对应的智能终端的保护跳合闸硬压板全部退出并投入检修压板。

（6）间隔保护更换后校验时，需要母差保护配合试验。此时虽然母差保护处于检修态，但仍然会发送带检修位的闭锁重合闸、跳闸、远跳等命令到正常运行间隔的保护和智能终端，存在导致正常运行的间隔保护误动的可能性。因此，隔离措施的实施需要同时将该母线（除待校验间隔）间隔的重合闸、跳闸、远跳等 GOOSE 出口压板退出。

（7）检验过程中不得擅自更改隔离措施。

（8）母差保护检修时需传动至智能终端，需要退出线路主保护（针对远跳）或者断开纵联通道。

（9）纵联保护的远跳存在一定的风险，两侧纵联保护均需要改为信号状态，必要时检修侧的保护可将纵联光纤取下自环。

（10）线路保护双重化智能终端之间的相互关联，主要包括闭锁重合闸、装置告警、装置闭锁三个电气联系，需要对闭锁重合闸信号进行隔离；母联手合信号也需要隔离。

（11）检修过程中加量试验需要断开 SV 光纤时务必保证端口、尾纤及其端面不受损伤。

（12）所有光纤插拔工作必须在检修设备上进行，严禁在运行设备上插拔光纤。

（13）如间隔测控功能集成在第一套保护中，该装置停运时后台及远动将失去对该间隔的监控，因此建议第一套保护退出时需有运维人员值守。

4．智能变电站保护定检前保护方面需要做哪些安全措施？

答：（1）退出本保护所有出口压板。

（2）退出本侧启失灵出口以及对侧接收软压板。

（3）投入检修间隔合并单元、智能终端以及保护装置检修压板。

5．智能变电站 GOOSE 二次隔离综合实施策略是什么？

答：除有明显电气断开点的情况外，一般情况下，需要在不同装置上实施两道及以上的 GOOSE 报文隔离措施，这是二次隔离综合实施的基本思路。此时需要根据不同的装置内部设置采取相应安全措施：

（1）若接收侧设备设有 GOOSE 接收压板，则退出接收侧装置 GOOSE 接收压板，同时投入本侧检修压板。

（2）若对侧设备未设 GOOSE 接收压板（如智能终端），则断开待检修设备至接收设备侧光纤。如采用网络跳闸模式，仅需断开被检装置与过程层网络的连接。消缺完毕恢复网络连接时，要确认被检装置检修压板投入、出口压板退出。

6．合并单元故障处理更换插件后应进行哪些校验？

答：合并单元装置故障如果需通过更换插件进行处理，处理后的装置校验应以所更换插件的影响范围确定。

（1）更换 CPU 插件，应检验合并单元输出 SV 通道与装置模拟量输入关联的正确性，检查通信参数符合 SCD 文件配置，如合并单元具备电压并列或电压切换功能，还应对电压并列或切换功能进行检验。

（2）更换采样插件，应检验合并单元网采和点对点采样的准确度，包括采样线性度、零漂、极性等，检验合并单元采样同步性，采样延时是否符合标准要求，装置投运前应对使用其采样量的保护装置进行极性校验。

（3）更换 GOOSE 插件，应检验 GOOSE 通信正常。

7．智能变电站智能终端检修项目有哪些？

答：（1）动作时间测试，检查智能终端响应 GOOSE 命令的动作时间。测试仪发出一组 GOOSE 跳、合闸命令，智能终端应在 7ms 内可靠动作。

（2）传送位置信号测试，智能终端应能通过 GOOSE 报文准确传送断路器位置信息，开入时间应满足技术条件要求。

（3）SOE 分辨率测试，智能终端的 SOE 分辨率应不大于 1ms。

（4）检修测试，智能终端检修置位时，发送的 GOOSE 报文“test”应为 1，应响应“test”为 1 的 GOOSE 跳、合闸报文，不响应“test”为 0 的跳、合闸报文。

8．什么是智能变电站二次作业“三信息”安全措施核对技术？

答：要求在“检修装置”“相关联运行装置”及“后台监控系统”三处核对装置的检修压板、软压板等相关信息，以确认安全措施执行到位。

9．什么是智能变电站二次作业“一键式”安全措施执行技术？

答：为提升安全措施的可靠性和完备性，智能变电站宜具备“一键式”安全措施执行功能，即在保护投退方式调整、装置缺陷处理安全隔离等情况下，可依据预先设定的安全措施票，“一键式”退出该装置发送软压板、相关运行装置的接收软压板等，实现软压板的“一键式”操作。

10．什么是智能变电站二次作业安全措施可视化技术？

答：将保护装置、二次回路及软压板等信息智能分析后，以图形化显示装置检修状态和二次虚回路等的连接状态，为运维人员提供更为直观的状态确认手段。二次虚回路包含但不仅限于软压板状态、交流回路、跳闸回路、合闸回路、启失灵回路等。如图15-1所示。

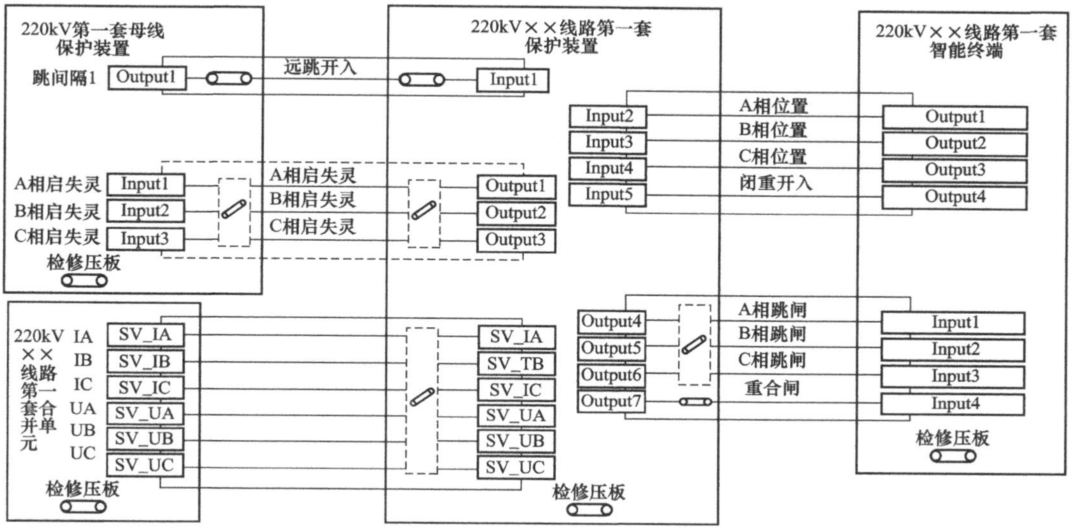

图15-1 智能变电站二次作业安全措施可视化展示图

11．智能变电站二次作业安全措施可视化展示图宜具备哪些要求？

答：安全措施可视化展示图宜满足以下要求：

（1）以装置为核心显示该装置与其他装置二次回路连接情况。

（2）应明确标识二次回路中信息流内容，并能直观显示信息流发送方和接收方。

（3）装置软压板应以图形方式展现在对应的虚端子连线上，并以直观方式区分软压板的投、退状态。

（4）装置检修压板应以图形方式展现在装置框内，并以直观方式区分检修压板的投、退状态。

（5）装置名称、软压板名称应与调度双重化命名一致。

12．对智能变电站二次设备虚回路安全隔离有何要求？

答：智能变电站虚回路安全隔离应至少采取双重安全措施，如退出相关运行装置中对应的接收软压板、退出检修装置对应的发送软压板、投入检修装置检修压板。

13．智能变电站继电保护和安全自动装置与运行装置的安全隔离通常采用哪些方式？

答：继电保护和安全自动装置的安全隔离措施一般可采用投入检修压板，退出装置软压板、出口硬压板以及断开装置间的连接光纤等方式，实现检修装置（新投运装置）

与运行装置的安全隔离。

14. 智能变电站中不破坏网络结构（不插拔光纤）的二次回路隔离措施有哪些？

答：（1）断开智能终端跳、合闸出口硬压板。

（2）投入间隔检修压板，利用检修机制隔离检修间隔及运行间隔。

（3）退出相关装置发送及接收软压板。

15. 为什么智能终端要设置出口硬压板？

答：智能变电站的GOOSE二次隔离措施主要通过投退保护装置出口软压板、GOOSE开入压板、GOOSE接收压板以及投入装置检修压板，这些方法实质均是通过软件实现隔离。若软件发生处理错误，将可能造成隔离失败，引起设备误动。

智能变电站保护装置压板设置均为软压板，若装置人机界面死机导致保护无法操作，对单间隔保护，可通过投入装置检修压板和退出智能终端出口硬压板的方式将保护装置紧急停用。

设置智能终端出口硬压板，在二次隔离时可根据需要直接退出该压板，实现回路中的明显断开点，与其他隔离方式配合，能够进一步确保隔离措施的可靠性。

16. 智能变电站检修压板闭锁逻辑是什么？

答：常规变电站保护装置检修硬压板投入时，仅屏蔽保护上送监控后台的信息，智能变电站与其不同。智能变电站通过判断保护装置、合并单元、智能终端各自检修硬压板的投退状态一致性，实现特有的检修机制。

检修压板投入时，上送带品质位信息，保护装置应有明显显示（面板指示灯或界面显示）。保护程序、配置文件仅在检修压板投入时才可下装，下装时应闭锁保护。

数字化装置检修状态说明：保护装置应将接收的SV报文中test位与装置自身检修压板状态进行比较，只有两者一致时才将该信号用于保护逻辑，否则应发出告警信号并闭锁相关保护。GOOSE接收端装置应将接收的GOOSE报文中test位与装置自身检修压板状态进行比较，只有两者一致时才将信号作为有效进行处理或动作。

（1）将合并单元投检修，保护装置不投检修，保护装置会报出电流检修状态告警、保护电压检修状态告警和同期电压检修状态告警，保护装置会显示接收到的模拟量，但是不会将模拟量用于保护逻辑计算，会闭锁相关保护。

（2）合并单元未投检修，将保护装置投检修，保护装置会报出装置检修并闭锁保护。

（3）合并单元和保护装置都未投检修，保护装置会正常接收合并单元发送的模拟量并用于保护逻辑计算。

（4）仅把智能终端检修压板投入，保护装置未投，保护装置发GOOSE跳闸令，智能终端接收GOOSE报文将接收的GOOSE报文中test位与装置自身检修压板状态进行比较，但是不会出口。保护装置GOOSE接收分类处理，隔离开关位置和断路器位置采用记忆的方式，失灵类、非全相开入、SHJ采用清零的方式。

（5）仅把保护装置投检修，智能终端未投，保护装置会闭锁出口。

17．检修时采用投入检修压板方式进行二次系统隔离有何优缺点？

答：优点：①直观明确，仅需要对被检修设备进行操作，不会涉及运行设备操作，避免在运行设备上操作产生误操作风险；②操作简单。

缺点：当发送设备出现异常时，可能失效，无法实现信号的可靠隔离。

18．运行的保护装置、合并单元、智能终端是否可以投入检修硬压板？

答：处于“运行”状态的保护装置、合并单元、智能终端不得投入检修硬压板。因为：

（1）误投合并单元检修硬压板，保护装置将闭锁相关保护功能。

（2）误投智能终端检修硬压板，保护装置跳合闸命令将无法通过智能终端作用于断路器。

（3）误投保护装置检修硬压板，保护装置将被闭锁。

19．220kV 线路间隔的两套智能终端如何实现重合闸相互闭锁？

答：220kV 线路间隔两套保护装置分别对应一个智能终端，两套保护的重合闸功能相互独立，当一套线路保护永跳出口时，该套智能终端通过输出闭锁重合闸硬接点至另外一套智能终端闭锁重合闸开入，从而实现相互闭锁功能。

20．220kV 线路间隔合闸使用哪套智能终端的操作电源？

答：220kV 线路合闸使用第一套智能终端的操作电源，在第一套智能终端失电时，断路器将无法进行合闸操作。

21．投入间隔合并单元检修压板前需确认哪些内容？

答：在一次设备停运时，操作间隔合并单元检修压板前，需确认相关保护装置的 SV 软压板已退出，特别是仍继续运行的保护装置。在一次设备不停运时，应在相关保护装置处于信号或停用后，方可投入该合并单元检修压板。对于母线合并单元，在一次设备不停运时，应先按照母线电压异常处理，根据需要申请变更相应继电保护的运行方式后，方可投入该合并单元检修压板。

22．投入智能终端检修压板前需确认哪些内容？

答：在一次设备停运时，投入智能终端检修压板前，应确认相关线路保护装置的“边（中）断路器置检修”软压板已投入（若有）。在一次设备不停运时，应先确认该智能终端出口硬压板已退出，并根据需要退出保护重合闸功能、投入母线保护对应隔离开关强制软压板后，方可投入该智能终端检修压板。

23. 智能变电站跨间隔保护如何处理与合并单元 SV 接收压板的配合关系？

答：对于母差保护，若某间隔 SV 接收压板退出，则差动保护不计算该电流；对于主变压器保护，若某侧 SV 接收压板退出，则该侧后备保护退出，差动保护不计算该侧电流。

24. 智能变电站二次设备检修 GOOSE 安全措施可通过哪几种方式实现？

答：（1）投入检修压板。智能变电站保护装置和智能终端均设置有检修状态硬压板，当投入该压板时，相应装置发出的 GOOSE 报文“test”位值为“1”，报文接收装置将所接收报文与本装置“检修”状态相比较，若两侧装置检修状态一致，则认为所接收报文有效，参与装置运算，若两侧装置检修状态不一致，则对所接收报文做无效处理。

（2）退出接收侧保护接收软压板。

（3）退出需停用的保护装置上的 GOOSE 发送软压板。

（4）拔出装置间的光纤。

（5）退出智能终端的出口压板。注意单间隔保护（如线路保护）和跨间隔保护（如母差保护）均经过同一个跳闸压板出口，在单间隔一次设备不停运时应不采取退出智能终端出口压板的隔离方式，以确保跨间隔保护动作时断路器能够正确动作。

25. 检修时采用退出 GOOSE 发送软压板方式进行二次系统隔离有哪些优缺点？

答：优点：操作简单，仅需要对被检修设备进行操作，避免在运行设备上操作产生误操作风险。

缺点：（1）退出软压板实质由软件实现，若软件异常可能造成软压板退出无效。

（2）考虑到保护装置软件异常，仅依靠 GOOSE 发送软压板投退可靠性不够。

（3）若接收侧软压板未退出，该保护装置报 GOOSE 断链。

26. 检修时采用退出 GOOSE 接收软压板方式进行二次系统隔离有哪些优缺点？

答：优点：多方位隔离信号。

缺点：（1）需要在运行设备上进行操作，较为复杂，具有一定误操作风险。

（2）缺乏对退出接收软压板安全措施实施情况的确认能力。

（3）智能终端由于没有液晶面板及 MMS 站控层网络接口，因此未设置 GOOSE 接收软压板，在保护装置本体运行异常的情况下，无法有效隔离保护直跳智能终端。

（4）目前保护装置普遍存在软压板数量过多的情况，软压板的投退及核对容易出现疏漏。

27. 智能变电站中如何隔离保护装置之间的 GOOSE 报文有效通信？

答：（1）投入待隔离保护装置的“检修状态”硬压板。

（2）退出待隔离间隔保护装置所有的“GOOSE 出口”软压板。

（3）退出所有与待隔离保护装置相关装置的“GOOSE 接收”软压板。

（4）解除待隔离保护装置背后的 GOOSE 光纤。

28．检修时采用断开光纤方式进行二次系统隔离有哪些优缺点？

答：优点：

（1）物理隔离，可形成明显的光断开点。

（2）可实现可靠的隔离信号。

缺点：

（1）多次拔插可能导致光纤接插口损坏。

（2）光纤断开后造成接收方装置发出 GOOSE 断链告警，影响对运行设备状态的判断。

（3）拔插光纤过程中容易导致光纤接线错误等问题，不宜作为常态化隔离技术使用。

29．3/2 接线智能变电站断路器检修时，相关装置应处于何种状态？

答：（1）先将该断路器保护停用。

（2）使用停运断路器合并单元采样量的其他运行保护、自动装置：退出该单元“SV 投入”压板，投入该断路器停用（或检修）软压板。

（3）与停用断路器保护有 GOOSE 联络的其他保护、自动装置：退出检修断路器失灵开入或启失灵压板。

（4）该断路器合并单元停用，投入检修压板。

（5）该断路器智能终端停用，退出断路器出口硬压板、遥控操作硬压板，投入检修压板。

30．3/2 接线智能变电站线路检修时，相关装置应处于何种状态？

答：（1）停用该线路保护，根据调度令要求确认是否停用线路对应断路器的断路器保护。

（2）使用停运断路器合并单元采样量的其他运行保护、自动装置：退出停运断路器“SV 投入”压板，投入停运断路器停用（或检修）软压板。

（3）与停用保护有 GOOSE 联络的其他保护、自动装置：退出停运断路器失灵开入或启失灵压板，断开停用线路保护发送的动作信号传输联系。

（4）线路单元对应断路器合并单元、线路电压合并单元停用，投入检修压板。

（5）线路单元对应断路器智能终端停用，退出断路器出口硬压板、遥控操作硬压板，投入检修压板。

31．3/2 接线智能变电站母线检修时，相关装置应处于何种状态？

答：3/2 接线智能变电站母线检修时，相关合并单元、智能终端、保护及自动装置状态如下：

（1）停用该母线保护，根据调度令要求确认是否停用母线所接断路器的断路器保护。

（2）使用停运断路器合并单元采样量的其他运行保护、自动装置：退出停运断路器“SV 投入”压板，投入停运断路器停用（或检修）软压板。

（3）与停用保护有 GOOSE 联络的其他保护、自动装置：退出停运断路器失灵开入或启失灵压板。

（4）母线单元对应断路器合并单元、母线电压合并单元停用，投入检修压板。

（5）母线单元对应断路器智能终端停用，退出断路器出口硬压板、遥控操作硬压板，投入检修压板。

32．3/2 接线智能变电站主变压器检修时，相关装置应处于何种状态？

答：3/2 接线智能变电站主变压器检修时，相关合并单元、智能终端、保护及自动装置状态如下：

（1）停用该主变压器保护，根据调度令要求确认是否停用主变压器所接断路器的断路器保护。

（2）使用停运断路器合并单元采样量的其他运行保护、自动装置：退出停运断路器“SV 投入”压板，投入停运断路器停用（或检修）软压板。

（3）与停运断路器保护有 GOOSE 联络的其他保护、自动装置：退出检修断路器失灵开入或启失灵压板，断开停用主变压器保护发送的动作信号传输联系。

（4）主变压器单元对应断路器合并单元、本体合并单元、电压合并单元停用，投入检修压板。

（5）主变压器单元对应智能终端停用，停用主变压器非电量保护，退出断路器出口硬压板、遥控操作硬压板，投入检修压板。

33．双母线接线智能变电站线路检修时，相关装置应处于何种状态？

答：双母线接线智能变电站线路检修时，相关合并单元、智能终端、保护及自动装置状态如下：

（1）停用该线路保护。

（2）使用停运断路器合并单元采样量的其他运行保护、自动装置：退出停运断路器“SV 投入”压板。

（3）与停用线路保护有 GOOSE 联络的其他保护、自动装置：退出停运断路器失灵开入或启失灵压板，断开停用线路保护发送的动作信号传输联系。

（4）线路单元合并单元停用，投入检修压板。

（5）线路单元智能终端停用，退出断路器出口硬压板、遥控操作硬压板，投入检修压板。

34．双母线接线智能变电站母线检修时，相关装置应处于何种状态？

答：（1）双母线接线智能变电站单母线检修时，相关合并单元、智能终端、保护及自动装置状态如下：

1）母线保护。退出母联单元“SV 投入”压板，投入母联断路器停用（或检修）软压板。

2）母联保护。根据调度令要求确认是否需停用。

3）使用母联断路器合并单元采样量的运行自动装置：退出母联断路器“SV 投入”压板。

4）母线电压合并单元停用，母联电流合并单元停用，投入检修压板。

5）母联单元智能终端停用，退出断路器出口硬压板、遥控操作硬压板，投入检修压板。

（2）双母线接线，双母线检修时，相关合并单元、智能终端、保护及自动装置状态如下：

1）母线保护停用，根据调度令要求确认是否需停用母联保护。

2）母线所接线路的线路保护停用。

3）与停用保护有 GOOSE 联络的其他保护、自动装置均停用。

4）母线电压合并单元、母联及母线所接线路合并单元均停用，投入检修压板。

5）母联、母线所接线路单元智能终端均停用，退出断路器出口硬压板、遥控操作硬压板，投入检修压板。

35．双母线接线智能变电站母联检修时，相关装置应处于何种状态？

答：双母线接线智能变电站母联检修时，相关合并单元、智能终端、保护及自动装置状态如下：

（1）停用母联保护。

（2）母线保护：退出母联单元“SV 投入”压板，投入母线分列运行软压板。

（3）母联电流合并单元停用，投入检修硬压板。

（4）母联单元智能终端停用，退出断路器出口硬压板、遥控操作硬压板，投入检修硬压板。

36．220kV 智能变电站双母接线主变压器间隔停电调试前应核对哪些安全措施？

答：一次设备停电时，220kV 智能变电站双母接线主变压器间隔调试前，应核对高压侧 GOOSE 启动失灵压板已退出，防止高压侧失灵启动 220kV 母差保护；中压侧 GOOSE 启动失灵压板已退出，防止中压侧失灵启动 220kV 母差保护；主变压器后备保护跳高压侧母联、中压侧母联、低压侧分段断路器出口软压板是否退出。

37．双母线接线智能变电站主变压器检修时，相关装置应处于何种状态？

答：双母线接线智能变电站主变压器检修时，相关合并单元、智能终端、保护及自动装置状态如下：

（1）停用该主变压器保护，根据调度令要求确认是否停用主变压器所接断路器的断路器保护。

（2）使用停运断路器合并单元采样量的其他运行保护、自动装置：退出停运断路器“SV投入”压板。

（3）与停运保护有GOOSE联络的其他保护、自动装置：退出检修断路器失灵开入或启失灵压板，断开停用主变压器保护发送的动作信号传输联系。

（4）主变压器单元对应断路器合并单元、本体合并单元、电压合并单元停用，投入检修压板。

（5）主变压器单元对应智能终端停用，停用主变压器非电量保护，退出断路器出口硬压板、遥控操作硬压板，投入检修硬压板。

38. 220kV母差保护单装置定检二次隔离措施应如何进行？（仅针对第一套保护）

答：（1）退出母差保护。

（2）投入母差保护检修压板。

（3）拔除检修保护背板光纤。

39. 一次设备停电220kV线路保护校验二次应如何隔离？（以220kV线路第一套保护为例）

答：以图15-2为例进行说明。

（1）退出220kV第一套母线保护该间隔GOOSE启失灵接收软压板，退出母线保护，该间隔投入压板。

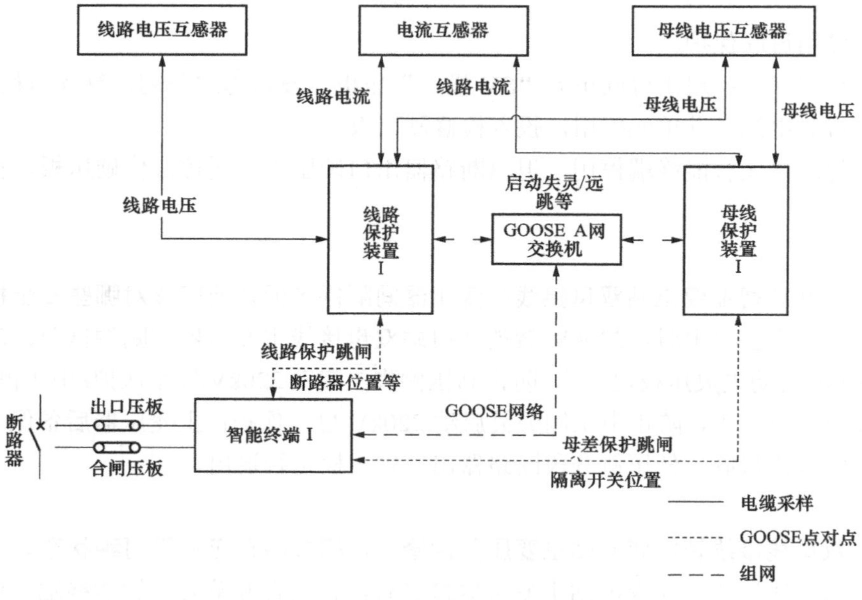

图15-2 保护采用常规电缆采样、GOOSE跳闸模式的典型配置以及与其他装置的网络联系示意图

（2）退出该间隔第一套线路保护 GOOSE 启失灵发送软压板。

（3）投入该间隔第一套线路保护、智能终端检修压板。

（4）将该间隔线路保护 TA 二次回路短接并断开、TV 二次回路断开；并根据一次设备状态，确认是否需短接、断开 220kV 第一套母线保护该间隔 TA 回路。

40．一次设备停电 220kV 线路保护与母线保护失灵回路试验时二次应如何隔离？（以 220kV 线路第一套保护为例）

答：以图 15-2 为例进行说明。

（1）退出 220kV 第一套母线保护内运行间隔 GOOSE 发送软压板、失灵联跳发送软压板，投入该母线保护检修压板。

（2）投入该间隔第一套线路保护、智能终端检修压板。

（3）将该间隔线路保护 TA 二次回路短接并断开、TV 二次回路断开；并根据一次设备状态，确认是否需短接、断开 220kV 第一套母线保护该间隔 TA 回路。

41．一次设备不停电 220kV 线路保护缺陷处理时二次应如何隔离？（以 220kV 线路第一套保护为例）

答：以图 15-2 为例进行说明。

（1）退出 220kV 第一套母线保护该间隔 GOOSE 启失灵接收软压板。

（2）退出该间隔第一套线路保护 GOOSE 发送软压板、启失灵发送软压板，并投入装置检修压板。

（3）根据缺陷性质确认是否需要将该线路保护 TA 二次回路短接并断开、TV 二次回路断开。

（4）如有需要可断开线路保护至对侧纵联光纤及线路保护背板光纤。

42．一次设备不停电 220kV 线路保护缺陷处理后传动试验二次应如何隔离？（以 220kV 线路第一套保护为例）

答：以图 15-2 为例进行说明。

（1）退出 220kV 第一套母线保护内运行间隔 GOOSE 出口软压板、失灵联跳发送软压板，投入该母线保护检修压板。

（2）退出该间隔第一套智能终端出口硬压板，投入该间隔保护装置、智能终端检修压板。

（3）如有需要退出该线路保护至线路对侧纵联光纤、解开该智能终端至另外一套智能终端闭锁重合闸回路。

（4）将该间隔线路保护 TA 二次回路短接并断开、TV 二次回路断开。

（5）本安全措施方案可传动至该间隔智能终端出口硬压板，如有必要可停运一次设备做完整的整组传动试验。

43. 一次设备不停电 220kV 线路智能终端缺陷处理时二次应如何隔离？（以 220kV 线路第一套保护为例）

答：以图 15-2 为例进行说明。

（1）退出该间隔第一套智能终端出口硬压板，投入装置检修压板。

（2）退出该间隔第一套线路保护 GOOSE 出口软压板、启失灵发送软压板。

（3）如有需要可投入 220kV 第一套母线保护该间隔的隔离开关强制软压板、在智能终端框内解开该套智能终端至另外一套智能终端闭锁重合闸回路。

（4）如有需要可断开智能终端背板光纤。

44. 一次设备不停电 220kV 线路智能终端缺陷处理后传动试验时二次应如何隔离？（以 220kV 线路第一套保护为例）

答：以图 15-2 为例进行说明。

（1）退出该间隔第一套智能终端出口硬压板，投入装置检修压板。

（2）退出 220kV 第一套母线保护内运行间隔 GOOSE 出口软压板、失灵联跳发送软压板，投入该母线保护检修压板。

（3）投入该间隔第一套线路保护检修压板。

（4）如有需要可退出该线路保护至线路对侧纵联光纤、在智能终端柜内解开该套智能终端至另外一套智能终端闭锁重合闸回路。

（5）根据缺陷性质确认是否需将该间隔线路保护 TA 二次回路短接并断开、TV 二次回路断开。

（6）本安全措施方案可传动至该间隔智能终端出口硬压板，如有必要可停运一次设备做完整的整组传动试验。

45. 一次设备停电 220kV 线路保护校验二次应如何隔离？（以 220kV 线路第一套保护为例）

答：以图 15-3 为例进行说明。

（1）采用电子式互感器时（不校验合并单元）：

1）退出 220kV 第一套母线保护该间隔 SV 接收软压板（间隔投入软压板）、GOOSE 启失灵接收软压板。

2）退出该间隔第一套线路保护 GOOSE 启失灵发送软压板。

3）投入该间隔第一套线路保护、智能终端、合并单元检修压板。

（2）采用传统互感器时：

1）退出 220kV 第一套母线保护该间隔 SV 接收软压板（间隔投入软压板）、GOOSE 启失灵接收软压板，投入该母线保护内该间隔隔离开关强制分软压板。

2）退出该间隔第一套线路保护 GOOSE 启失灵发送软压板。

3）投入该间隔第一套合并单元、线路保护及智能终端检修压板。

4）在该合并单元端子排处将TA二次回路短接并断开，TV二次回路断开。

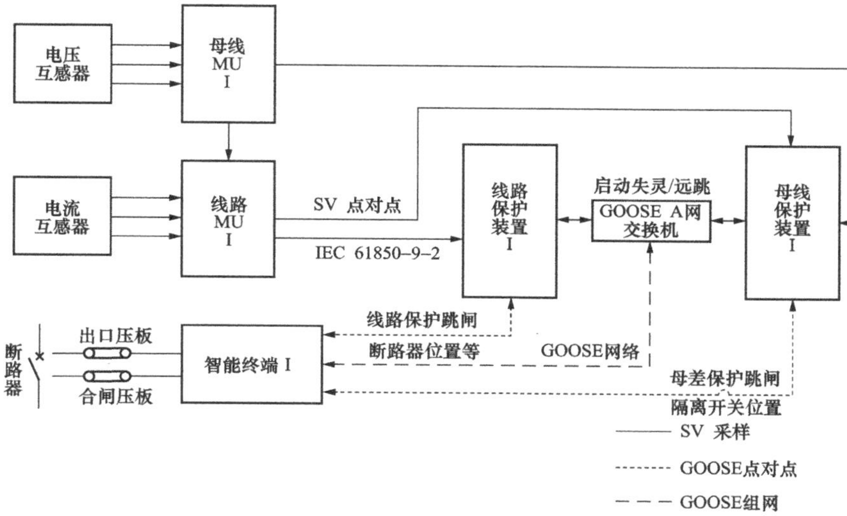

图15-3 保护采用SV采样、GOOSE跳闸模式的典型配置以及与其他装置的网络联系示意图

46. 一次设备停电220kV线路保护校验时与220kV第一套母线保护失灵回路试验时二次应如何隔离？（以220kV线路第一套保护为例）

答：以图15-3为例进行说明。

（1）退出220kV第一套母线保护内运行间隔GOOSE软压板、失灵联跳软压板，投入该母线保护检修压板。

（2）投入该间隔第一套线路保护、智能终端、合并单元检修压板。

（3）在该合并单元端子排处将TA二次回路短接并断开，TV二次回路断开。

47. 一次设备停电500kV主变压器间隔校验（含边、中断路器保护）二次应如何隔离？（以3/2完整串接线中的500kV第一套主变压器保护为例）

答：以图15-4为例进行说明。

（1）退出对应500kV第一套母线保护内该间隔GOOSE启失灵接收软压板。

（2）退出220kV第一套母线保护内该间隔GOOSE启失灵接收软压板。

（3）退出该500kV第一套主变压器保护内220kV侧GOOSE启失灵发送软压板及至运行设备（如220kV母联/母分）GOOSE发送软压板。

（4）退出第一套边断路器保护内至500kV第一套母线保护GOOSE启失灵发送软压板。

（5）退出第一套中断路器保护内至运行设备（如同串运行间隔的第一套保护、智能终端）GOOSE启失灵、出口软压板。

（6）投入 500kV 第一套主变压器保护、边/中断路器保护及各侧智能终端检修压板。

（7）将该主变压器间隔保护各侧 TA 二次回路短接并断开、TV 二次回路断开；并根据一次设备状态，确认是否需短接对应 500、220kV 第一套母线保护、500kV 同串运行间隔第一套保护等相关设备内该间隔 TA 回路。

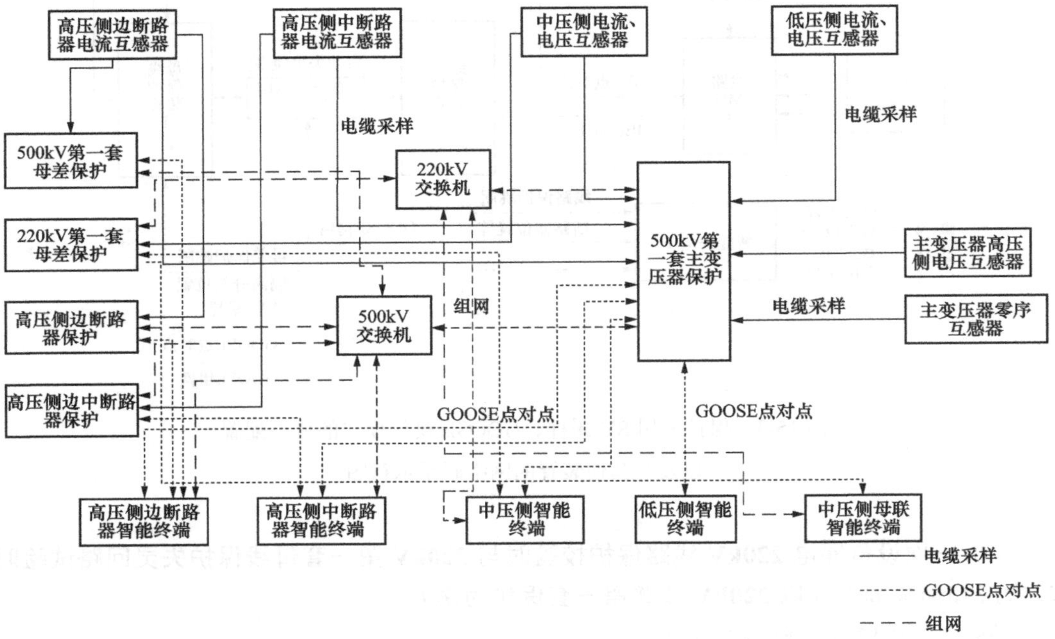

图 15-4　500kV 变电站主变压器第一套保护采用常规电缆采、GOOSE 跳闸模式，典型配置及其网络联系示意图

48. 一次设备停电 500kV 主变压器间隔与相关保护失灵回路传动试验时二次应如何隔离？（以 3/2 完整串接线中的 500kV 第一套主变压器保护为例）

答：以图 15-4 为例进行说明。

（1）退出对应 500kV 第一套母线保护内运行间隔 GOOSE 发送软压板，投入该母线保护检修压板。

（2）退出 220kV 第一套母线保护内运行间隔 GOOSE 发送软压板、失灵联跳软压板，投入该母线保护检修压板。

（3）退出该 500kV 第一套主变压器保护至运行设备（如 220kV 母联/母分）GOOSE 出口软压板。

（4）退出该中断路器保护内至运行设备 GOOSE 启失灵、GOOSE 出口软压板。

（5）投入 500kV 第一套主变压器保护、边、中断路器保护及各侧智能终端检修压板。

（6）将该主变压器间隔保护各侧 TA 二次回路短接并断开、TV 二次回路断开；并根据一次设备状态，确认是否需短接对应 500kV、220kV 第一套母线保护及 500kV 同串运行间隔第一套保护等相关设备内该间隔 TA 回路。

49．一次设备停电采用电子式互感器时 500kV 主变压器间隔校验（含边、中断路器保护）二次应如何隔离？（以 3/2 完整串接线中的 500kV 主变压器第一套保护为例）

答：以图 15-5 为例进行说明。

（1）退出对应 500kV 第一套母线保护内该间隔 SV 接收软压板、GOOSE 启失灵接收软压板。

（2）退出 220kV 第一套母线保护内该间隔 SV 接收软压板、GOOSE 启失灵接收软压板，投入母线保护内该间隔的隔离开关强制软压板。

（3）退出同串运行间隔的第一套保护内中断路器 SV 接收软压板。

（4）退出该 500kV 第一套主变压器保护内 220kV 侧 GOOSE 启失灵发送软压板及至运行设备（如 220kV 母联/母分）GOOSE 发送软压板。

（5）退出第一套边断路器保护内至 500kV 第一套母线保护 GOOSE 启失灵发送软压板；退出第一套中断路器保护内至运行设备（如同串运行间隔的第一套保护、智能终端）GOOSE 启失灵、出口软压板。

（6）投入 500kV 第一套主变压器保护、边/中断路器保护、各侧合并单元及智能终端检修压板。

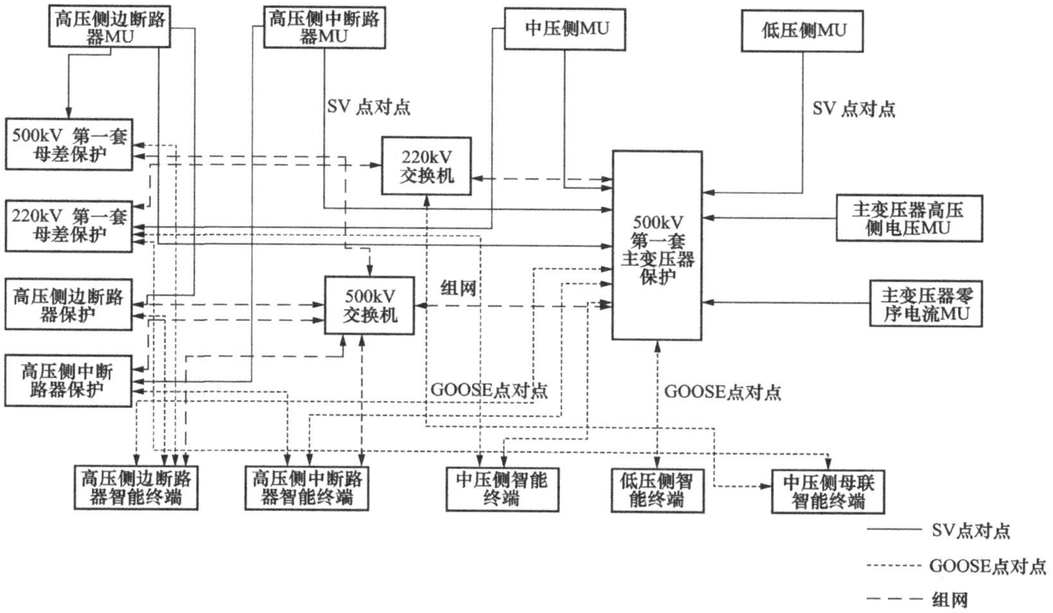

图 15-5　500kV 变电站主变压器第一套保护采用 SV 直采、GOOSE 直跳模式，典型配置及其网络联系示意图

50．一次设备停电采用传统互感器时 500kV 主变压器间隔校验（含边、中断路器保护）二次应如何隔离？（以 3/2 完整串接线中的 500kV 主变压器第一套保护为例）

答：以图 15-5 为例进行说明。

（1）退出对应 500kV 第一套母线保护内该间隔 SV 接收软压板、GOOSE 启失灵接收软压板。

（2）退出 220kV 第一套母线保护内该间隔 SV 接收软压板、GOOSE 启失灵接收软压板，投入母线保护内该间隔的隔离开关强制软压板。

（3）退出同串运行间隔的第一套保护内该中断路器 SV 接收软压板。

（4）退出该 500kV 第一套主变压器保护内 220kV 侧 GOOSE 启失灵发送软压板及至运行设备（如 220kV 母联/母分）GOOSE 发送软压板。

（5）退出第一套边断路器保护内至 500kV 第一套母线保护 GOOSE 启失灵发送软压板。

（6）退出第一套中断路器保护内至运行设备（如同串运行间隔的第一套保护、智能终端）GOOSE 启失灵、出口软压板。

（7）投入 500kV 第一套主变压器保护、边/中断路器保护、各侧合并单元及智能终端检修压板。

（8）在合并单元端子排将 TA 二次回路短接并断开，TV 二次回路断开。

51．一次设备停电 500kV 主变压器间隔与相关保护失灵回路传动试验时二次应如何隔离？（以 3/2 完整串接线中的 500kV 主变压器第一套保护为例）

答：以图 15-5 为例进行说明。

（1）退出同串运行间隔中第一套保护内中断路器 SV 接收软压板。

（2）退出对应 500kV 第一套母线保护内运行间隔 GOOSE 发送软压板，投入该母线保护检修压板。

（3）退出 220kV 第一套母线保护内运行间隔 GOOSE 发送软压板、失灵联跳软压板，投入该母线保护检修压板。

（4）退出该 500kV 第一套主变压器保护至运行设备（如 220kV 母联/母分）GOOSE 出口软压板。

（5）退出该中断路器第一套保护内至运行设备 GOOSE 失灵、出口软压板。

（6）投入 500kV 第一套主变压器保护、边/中断路器保护及各侧合并单元、智能终端检修压板。

（7）若是采用传统互感器，在合并单元端子排将 TA 二次回路短接并断开，TV 二次回路断开。

52．保护装置校验时，投退压板有哪些注意事项？

答：装置校验时，应投入该装置检修状态硬压板，退出 GOOSE 出口及其他软压板；

装置中的远方修改定值软压板、远方控制 GOOSE 软压板设置“就地”位置，禁止在后台操作相关软压板，以防止后台误投入联跳运行设备的 GOOSE 软压板。相关保护装置若两侧配置 GOOSE 软压板时，应在发送侧、接收侧同时退出；若保护装置只配置单侧软压板时，本装置作为 GOOSE 发送或接收侧时，必须保证相应的 GOOSE 软压板在退出位置。

第十六章　智能变电站验收

1．智能变电站新设备验收与常规变电站的不同之处有哪些？

答：（1）交换机、合并单元等智能电子设备应严格可靠接地。

（2）智能在线监测各 IED 功能正常，各监测量在监控后台的可视化显示数据、波形、告警正确，误差满足要求，并具备上传功能。

（3）顺序控制软压板投退、急停等功能正常。

（4）高级应用中智能告警信息分层分类处理与过滤功能正常，辅助决策功能正常。

（5）智能控制柜中环境温湿度数据上传正确。

（6）辅助系统中各系统与监控系统、其他系统联动功能正常。

（7）软压板传动测试正常。

（8）检修压板逻辑功能验证正确。

（9）SCD 文件验收合格。

（10）过程层光纤网络验收正常。

2．智能变电站验收必备条件有哪些？

答：（1）待验收的智能二次设备应通过入网检测及系统集成测试。

（2）应具备完整并符合工程实际的图纸，智能二次设备配置文件、软件工具及各类电子文档资料。

（3）现场安装工作全部结束，继电保护、安全自动装置、相关设备及二次回路调试完毕，并提供完整的调试报告。

（4）所有集成测试遗留问题、工程自验收缺陷及隐患整改完毕，安装调试单位自验收合格。

（5）提供工程监理报告，对于不能直观查看的二次电缆、光缆、通信线和等电位接地网敷设等隐蔽工程，应提供影像资料。

3．智能变电站验收依据包含哪些内容？

答：（1）上级颁发的规程、规范、标准及经过批准的本单位制定的实施细则。

（2）施工图及设计变更文件。

（3）国家或部颁有关工艺规程、质量标准。

（4）施工合同或有关技术协议。

4．智能变电站验收总体要求是什么？

答：（1）智能变电站建设或改造工程移交生产运行前，必须进行工程的竣工验收，这是全面检查工程的设计、设备制造、施工、调试和生产准备的重要环节，是保证智能变电站安全可靠投入运行的重要保证。

（2）智能变电站建设或改造工程的验收必须以批准的智能变电站相关文件、国家及行业主管部门颁发的有关送变电工程建设的现行标准、规程、规范和法规为依据。工程质量应按有关工程质量验收标准进行考核。

（3）智能变电站分为过程层、间隔层和站控层。智能变电站验收应结合变电站一次、二次设备现状及不同电压等级变电站的重要性，制订相应的验收计划。

（4）智能变电站验收要进行资料审查，包括装置说明书、厂家出厂合格证、出厂测试报告、检验报告、现场调试记录等。

（5）智能变电站采用大量光缆，应对现场的分布位置与设计图纸、光缆、设备之间进行校对，同时进行屏柜、光缆及智能装置的标号和编号进行检查，检查光缆应留有足够的备用光芯，对光纤通道的衰耗进行测试并记录在册。若使用槽盒，其安装应与支架固定牢固，封堵严密，满足防火要求，槽盒端头、交叉口、电缆（光缆）引出孔洞应封堵严密。

5．智能设备交接验收前应审查哪些资料？

答：（1）智能设备采购合同。

（2）型式试验报告、出厂试验报告、设备监造报告、设备合格证、设备运输记录、设备开箱记录。

（3）设计联络会纪要、竣工图。

（4）变更设计的技术文件。

（5）智能设备安装、使用说明书。

（6）安装调试报告。

（7）备品备件移交清单、专用工器具移交清单等。

6．智能变电站投运验收时，除移交常规的技术资料外主要还包括哪些？

答：除了向监控中心移交全站设备网络逻辑结构图、信号流向图、GOOSE 配置图、智能设备技术说明、在线监测系统报警值清单及说明等技术资料外，还应向变电站移交以下技术资料：

（1）设备硬件配置及软件版本、系统配置清单。

（2）四遥信息表、过程层 SV 和 GOOSE 网络配置图、过程层 SV/GOOSE 信息流图、光缆联系图、过程层 SV/GOOSE 信息逻辑配置表、“五防”闭锁逻辑表、全站设备网络结构图等设计及施工图纸。

（3）全站系统配置 SCD 文件、CID 文件、配置工具及相关软件。

（4）交换机等设备光口及尾纤配置表。

（5）系统集成调试及测试报告。

（6）在线监测、智能组件、电气主设备、二次设备、监控系统、辅助系统等设备现场安装调试报告。

（7）系统联调报告。

（8）交换机划分 VLAN 配置表等。

7. 智能变电站现场验收应包括哪些材料及文件？

答：（1）系统硬件清单及配置参数，包括 IED 配置文件、SCD 文件、ICD 文件、CID 文件、继电保护回路工程文件、交换机配置文件、装置内部参数文件、VQC 和保护测控定值单、在线监测系统报警值清单等技术资料。

（2）系统集成调试及测试报告。

（3）设备现场安装调试报告（在线监测、智能组件、电气主设备、二次设备、监控系统、辅助系统等）。

（4）设计及施工图纸、竣工图，包括四遥信息表、IED 设备命名清单、GOOSE 及 SV 配置表、全站设备网络逻辑结构图、信号流向图、二次逻辑回路图、与现场实际配置一致的 SCD 文件。

（5）“五防”闭锁逻辑表及完整、正确的典型操作票。

（6）厂家相关资料，包括厂家图纸、产品说明书等。

8. 配置文件验收有哪些要求？

答：系统配置描述文件简称为 SCD 文件（全站唯一），该文件描述所有 IED 的实例配置和通信参数、IED 之间的通信配置以及变电站一次系统结构，由系统集成厂商完成。智能变电站遵循 IEC 61850 标准并深度依赖于变电站 SCD 配置描述文件，SCD 文件配置正确与否、有无变动直接影响了继电保护功能的正确性，因此配置文件验收应注意 SCD 文件与现场一致，SCD 文件应包含版本修改信息，明确描述修改时间、修改版本号等内容。

9. 二次系统验收必备条件有哪些？

答：（1）设备厂家说明书、白图、出厂试验报告、合格证等出厂资料完整。

（2）与实际相符的蓝图和设计变更文件、记录。

（3）工程安装调试工作全部结束，施工单位已经自验收合格，自查缺陷消除完毕。

（4）继电保护装置及相关设备的测试、试验已经完成。

（5）待验收设备已在现场完成安装调试。

（6）完成全站配置文件 SCD 现场集成。

（7）IED 能力描述文件 ICD 完成现场检验。

（8）安装调试单位已提交现场验收申请报告及调试报告。

（9）验收单位完成现场验收方案编制及审核。

（10）设备标识清楚、规范、正确、符合有关要求。

10．SCD 文件验收项目要求有哪些？

答：（1）SCD 文件包含版本修改信息，明确描述修改时间、修改版本号。

（2）IED 的 IP 地址表、MAC 地址表完整正确。

（3）IED 插接断口分配与现场实际一致。

（4）IED 设备命名正确，符合现场实际。

（5）IED 的 SV 及 GOOSE 虚端子连线符合设计要求及现场实际。

（6）IED 数据集成员外部描述定义规范，符合现场实际。

（7）从 SCD 导出 CID 文件正常，与现场一致。

（8）SCD 文件要绝对正确，任何人不得擅自修改，必须符合严格的审批流程。

11．合并单元验收项目有哪些？

答：（1）设备外观清洁完整无缺损，无异响、异味，合并单元面板上各指示灯指示正常，无告警。

（2）光纤连接正常，无打折等外观不良现象，光纤连接端口与设计一致，符合 SCD 配置，光纤标示正常，起点、终点、作用描述正确，备用芯和备用光口防尘帽无破裂、脱落，密封良好。

（3）检修压板投入后 SV 品质位置位正确，逻辑正确，设备投运前，确认合并单元检修压板在退出位置。

（4）合并单元同步对时正常、守时正常、延时正常。

（5）母线电压合并单元并列把手应保持一致，且电压并列把手位置应与监控系统显示一致，电压切换、电压并列功能正常，隔离开关位置灯与实际相符。模拟量输入式合并单元输入侧的电流、电压二次回路线缆和光纤连接良好，二次接线端子应连接牢固，接触良好，试验线已拆除。

（6）对应保护装置（主变压器、线路、断路器保护、母线保护等）、测控装置、网络报文分析仪、故障录波器工作指示灯正常，采样输出正常，没有 SV 断链等告警信号，差动保护（母差保护、变压器保护、线路保护等）无差流越限。

（7）试验报告、产品说明书、试验记录、合格证及安装图纸等技术文件齐全。

12．合并单元功能检测验收的主要项目有哪些？

答：（1）采样值报文格式检查。

（2）采样报文通道延时测试，包括 MU 级联条件下的测试。

（3）采样值同步性能检验。

（4）同步异常告警检查。

（5）采样值状态字测试。

（6）丢帧检查。

（7）采样数据准确度检验。

（8）计量相关参数安全防护功能检查。

（9）装置电源功能检验。合并单元电源中断与恢复过程中，采样值不误输出。

（10）装置接收、发送的光功率检验。

（11）装置告警功能检验。

（12）电压切换功能检验。合分母线隔离开关，合并单元的切换动作逻辑是否正确。

（13）电压并列功能检验。加二次电压到合并单元，分合断路器及隔离开关，检查各种并列情况下合并单元的并列动作逻辑是否正确。

（14）人机对话功能检验。

（15）与间隔层设备的互联检验。

13．合并单元的常用验收方法有哪些？

答：（1）查阅资料。查阅试验报告，检查合并单元内保护用通道应采用双 A/D 且两路 A/D 电路互相独立，两路独立采样数据的瞬时值之差不大于 0.02 倍额定值。

（2）现场核对。

1）检查合并单元的装置日志，应能够记录数字采样值失步、无效、检修等事件。

2）合并单元的采样频率宜设置为 4000Hz。

（3）现场检验。

1）用网络记录分析装置连续记录 10min，合并单元发送的采样值报文不应出现丢帧。

2）检验合并单元电压切换及并列功能完整正确且满足：对于已接入两段母线电压按间隔配置的合并单元，分合母线隔离开关，合并单元电压切换动作逻辑正确；在母线合并单元上分别施加不同幅值的两段母线电压，分合断路器及隔离开关，切换相应把手，各种并列情况下合并单元的并列动作逻辑应正确；合并单元在进行母线电压切换或并列时，不应出现通信中断、丢包、品质输出改变等异常现象。

3）合并单元在复位启动过程中不应输出与外部开入不一致的信息。

4）间隔合并单元在与级联的母线合并单元之间发生通信故障时，不应影响电流采样数据的传输。

5）合并单元级联输入的数字采样值有效性应正确。将级联数据源各采样值通道置为数据无效、检修品质，从网络报文记录及分析装置解析间隔合并单元报文中相应各采样值通道应变为无效、检修品质；中断母线合并单元与间隔合并单元的级联通信，从网络报文记录及分析装置检验间隔合并单元输出的采样值通道品质应置为无效。

14．智能组件验收项目有哪些？

答：（1）智能组件柜应满足 Q/GDW Z 410—2010《高压设备智能化技术导则》及《油浸式电力变压器及断路器智能化技术条件》中对智能组件柜相关技术要求。户外智能组件柜采用不锈钢和具有磁屏蔽功能涂层的保温材料组成的双层结构，内部有温湿度自动调节功能，确保智能组件柜内所有智能组件和电气元件工作在良好的环境条件下。

（2）对智能组件中各部分监测 IED 的安装接线以及软件调试进行检查，对主 IED 与站控层的通信联调情况进行检查。对智能组件的控制单元应进行传动试验验收。主要验收以下环节：

1）主 IED 与站控层及各子 IED 设备通信正常，并能正常接收各子 IED 上传的数据。对于检测单元，还应能将子 IED 上传的检测数据与风险度最高的自评估结果数据上传到站控层，检测单元的子 IED 应能响应主 IED 对历史数据的召唤。

2）与图纸核对智能组件各接线正确无误；检查各类传感器、变压器油色谱接口法兰安装正确牢固，应无漏油、漏气现象。

3）通电检查智能组件显示、指示正常；与后台监控核对信号正确无误；进行相关遥控、遥调等试验正确。

15．智能终端验收项目有哪些？

答：（1）设备外观清洁完整无缺损，设备面板上各指示灯显示正常，无 GOOSE 断链等任何告警信号。

（2）智能终端硬压板位置正确，检修压板投入后的功能测试正确。

（3）智能终端同步对时无异常。

（4）断路器分、合闸位置，隔离开关、接地开关位置信号灯指示正确。

（5）隔离开关、接地开关位置灯设备编号标示齐全。

（6）遥控压板、出口压板标示正确，试验传动符合实际。

（7）二次接线端子应连接牢固，接触良好，光纤连接正常，无打折等外观不良现象，光纤连接端口与设计一致，符合 SCD 配置，光纤标示正常，起点、终点、作用描述正确。

（8）备用芯和备用光口防尘帽无破裂、脱落，密封良好。

（9）主变压器本体智能终端挡位、温度与监控后台机一致。

（10）空气开关标示正确，与实际相符。

（11）远方/就地及分合把手标示正确，测试正常。

（12）试验报告、产品说明书、试验记录、合格证件及安装图纸等技术文件齐全。

16．智能终端功能检测验收项目有哪些？

答：（1）GOOSE 报文格式检查。

（2）GOOSE 配置文本检查。GOOSE 配置应与 SCD 文件配置一致。

（3）GOOSE 中断告警功能检查。GOOSE 链路中断应点亮面板告警指示灯，同时发送订阅 GOOSE 断链告警报文。

（4）智能终端动作时间检验。智能终端从收到 GOOSE 命令至出口继电器接点动作时间应不大于 7ms。

（5）GOOSE 控制命令记录功能检查。GOOSE 跳、合闸、遥控命令应在动作后，点亮面板相应的指示灯，控制命令结束后面板指示灯只能通过手动或遥控复归消失。

（6）开关量检验。检查隔离开关、断路器位置接点等硬接点开入状态是否与 GOOSE 变位一致。

（7）防抖功能检查。

（8）遥控功能检查，包括断路器遥控分合检查，可控隔离开关遥控分合检查。

（9）装置异常告警功能检查。

（10）对时和守时误差检查。装置对时误差应不大于±7ms。

（11）同步异常告警检查。

1）智能终端时间同步信号丢失 GOOSE 报文。

2）智能终端失步 GOOSE 报文。

（12）装置电源功能检验。

（13）装置接收、发送的光功率检验。

（14）检修功能检验。

1）智能终端投入检修压板后，只执行带检修位的接收 GOOSE 命令。

2）智能终端投入检修压板后，发送的所有 GOOSE 报文检修位置“1”。

（15）与间隔层装置的互联检验。

17．智能组件柜（汇控柜）验收项目有哪些？

答：（1）智能组件柜（汇控柜）应有明显接地点并可靠接地，接地铜排的接地铜缆线截面积不小于 100mm^2。IED 通过接地铜排可靠接地，接地电阻不大于 4Ω，各开启门与柜体之间应至少有 4mm^2 铜线直接连接，柜体框架、可拆卸门等部件专用接地点应可靠接地。

（2）外观完好，无变形、倾斜。

（3）箱门结构各结合处及门的缝隙应匀称，门的开启、关闭应灵活自如，在规定的运动范围内不应与其他零件碰撞或摩擦。锁紧可靠，门的开启角度应不小于 120° 。

（4）箱体防尘、防雨正常，内部无尘土、积水、凝露、结霜现象，封堵良好。

（5）箱体空调或热交换器工作正常，能根据设定值正常启停。

（6）温湿度调节系统与监控后台通讯正常，温湿度显示一致，并具有越限告警功能。柜内最低温度应不低于＋5℃，柜内最高温度不超过＋55℃，柜内湿度应保持在 90% 以下。

（7）智能组件柜（汇控柜）各 IED 的支架和柜体等全部紧固件均采用镀锌件或不锈钢件。

（8）智能组件柜（汇控柜）及每个智能电子设备（IED）应有铭牌。

（9）智能组件柜（汇控柜）门内侧应提供各 IED 的网络拓扑图、相关的电气接线图。

（10）柜内电源母线和配线按照设计图纸布置，相序色标满足要求。

（11）智能组件柜内一次设备状态显示和实际设备运行方式一致。

（12）智能组件柜上连接片、压板、把手、按钮、尾纤、光缆、网线等各类标志应正确完整清晰，并与图纸和运行规程相符。

（13）光纤熔接盒稳固，光纤引出、引入口连接可靠，光纤无弯折、破损现象。

（14）现场无遗留杂物，所设临时设施已拆除，永久设施已恢复。

（15）柜内照明设施正常。

18．继电保护及安全自动装置验收项目有哪些？

答：（1）继电保护及安全自动装置的屏眉命名应清晰、规范且无损坏；压板标示应清晰、准确，并设置在压板下方。压板、空气开关及切换开关标示正确、规范，应有双重名称（即名称和编号）。

（2）各设备的光纤回路和网线标牌应清晰、齐全，外部光纤、电缆连接牢固，标示完整正确。

（3）检查试验设备、仪表及试验线已拆除，备用尾纤及光端接口具有防尘措施。

（4）所有装置及辅助设备的插件应扣紧，所有光纤、网线、二次线缆、接线端子及连片等应连接良好。保护装置的通信链路与二次回路应无异常告警信号。

（5）软压板名称定义规范、正确，软压板、检修压板逻辑功能验证正确，监控传动软压板正常，压板名称及位置一一对应，检修、远方操作硬压板及各软压板位置与许可时状态一致。

（6）与站控层、合并单元、智能终端、其他保护装置联调及通信正常，线路纵差保护与对侧装置通信正常，远方切换定值区功能正确，召唤定值、动作报告、软压板状态及打印功能正确。

（7）保护定值输入正确，版本与校验码核对，应与 SCD 文件一致，装置回路绝缘正常。

（8）网络打印机打印内容、格式应与保护装置就地打印内容、格式完全相同。

（9）SV 采样试验：采样不同步或采样延时补偿失效闭锁相关保护测试正常，采样值通信配置、虚端子连接应与 SCD 文件一致，SV 投入压板应与输入的 SV 数据一致，否则应报采样异常告警，同时闭锁相关保护。采样与保护检修状态一致条件下，采样值参与保护逻辑计算，检修状态不一致时，数据无效，不参与保护逻辑计算。

（10）GOOSE 通信试验：开入功能、开出功能检查；控制命令记录功能检查；中断告警及闭锁功能检查。GOOSE 信号与装置检修状态一致条件下，GOOSE 信号参与保护逻辑计算，检修状态不一致时，符合异或逻辑不进行运算。

（11）装置对时功能检验：装置应不依赖外部对时系统实现其保护功能，装置的采样同步由保护装置自身实现；对时精度小于等于 1ms；任意修改装置时间，应保证时间显示 1s 以内自动恢复正确时间。

（12）保护报文上送监控系统对点正确，保护装置无异常告警信息，指示灯正常。

（13）配置文件上装正确、与 SCD 文件导出的一致，站控层 MMS 报文应与 SCD 配置文件一致。

（14）试验报告、产品说明书、试验记录、合格证件及安装图纸等技术文件齐全。

（15）工作负责人正确填写继电保护记录并有明确结论。

19．智能保护装置外观及接线检查项目有哪些？

答：（1）检查装置型号是否与设计相同，直流电源电压是否与现场情况匹配，装置型号和程序版本是否符合订货合同或技术协议。

（2）检查保护装置各部件固定良好，无松动现象，装置外形应端正，无明显损坏及变形。

（3）切换开关、压板、按钮、键盘灯应操作灵活、手感良好。

（4）检查保护装置背板及端子排接线有无断线、短路和虚接等现象，光口有无松动损坏等情况。

（5）对照图纸检查电缆、光缆、尾缆、尾纤接线是否正确。

（6）检查保护装置尾纤，应预留备用光纤并连接良好。

（7）端子及屏上各器件标号应完整清晰，电缆标示牌及电缆芯标号应清晰正确，光缆、尾纤接线正确，光缆标示牌及尾纤标签清晰正确，备用压板宜摘除。

（8）检查相关合并单元、保护装置中的变比设置与实际电流变比一致。

（9）清扫各部件灰尘，保持各部件清洁良好。

20．智能保护装置通电初步检验项目有哪些？

答：（1）保护装置的通电检验。给保护装置施加额定直流电压，打开逆变电源开关，观察装置是否工作正常。正常工作表现如下：

1）保护装置面板的运行灯亮。

2）LCD 显示正常，退出所有 GOOSE 接收压板和 SV 接收压板，GPS 对时正常，无告警报文。

3）装置所有告警灯、信号灯不应点亮。

（2）软件版本和程序校验码的核查。依次检查软件版本号、程序校验码及程序生成时间，记录并与原始校验码对照应一致。

（3）检查装置时钟。

1）装置时钟与站内同步时钟一致。检查装置面板上对时标志正确，并观察保护装置的时间与 GPS 主钟的时间显示同步。

2）时钟失电保持功能检验。时钟整定好后，断开逆变电源开关至少 5min 后合上，检查装置时钟准确。

（4）定值整定功能检验。进入定值菜单，修改定值并确认，完成定值整定后返回。再次进入定值菜单检查定值修改是否生效。

21．软压板验收项目有哪些？

答：（1）各装置“检修状态”硬压板均在退出位置并在监控后台显示正确。

（2）检修压板投入后的功能测试正确。

（3）每个软压板功能试验，验证正确。

（4）监控后台及保护装置内部软压板名称命名规范、对应、统一。

（5）软压板远方传动正常，遥控变位及信号正常。

（6）监控后台和现场装置内部的软压板名称一一对应正确。

（7）压板名称、位置、功能含义注释正确，技术交底明确、清晰。

（8）装置上查看软压板状态，并与监控核对一致。

22．断链信号验证项目有哪些？

答：（1）监控后台上应专门设有断链告警分图，宜采取光字牌形式分别对不同设备的 GOOSE 和 SV 断链告警进行明确规范定义。

（2）断链告警光字牌定义明确，通过插拔装置光纤或修改试验台数据等方式进行验证断链信息正确。

（3）断链告警符合订阅端告警判断机制。

（4）断链告警信息监控报文指示明确。

（5）验证断链告警是否受 SV 或 GOOSE 接收软压板控制。

23．继电保护系统验收项目有哪些？

答：（1）合并单元、智能终端、保护装置及外部光纤回路的整体试验传动正常。

（2）合并单元、智能终端、保护装置之间的检修机制符合逻辑标准。

（3）联系合并单元、智能终端、保护装置之间的软压板、光纤功能验证正确。

（4）合并单元加量保护动作正确。

（5）保护加量带智能终端动作正确。

（6）合并单元、智能终端、保护装置之间的断链测试正确。

（7）合并单元、智能终端、保护装置之间的交换器、光配、光缆等外部辅助设备正常。

24．检修压板验收项目有哪些？

答：（1）IED 检修压板投入由输出报文中数据品质位 q 直接反映验证正确。

（2）IED 检修压板投入后对应输出的报文中品质位 quality 中 Test 位置 01 即指示为 True。

（3）合并单元投入检修压板后输出采样值中品质位 q 置 1。

（4）智能终端投入检修压板后输出 GOOSE 报文品质位 q 置 1。

（5）保护装置投入检修压板后输出 GOOSE 报文品质位 q 置 1。

（6）装置间检修压板不一致不进行数据逻辑运算处理。

（7）装置间检修压板一致时正常进行数据逻辑运算处理，为 Test 测试状态。

（8）合并单元检修压板投入，对应保护检修压板退出，闭锁保护。

（9）合并单元检修压板投入，对应保护检修压板退出，但是对应 SV 接收软压板退出，保护正常运行不进行闭锁等判断。

（10）保护检修压板投入，相关保护检修压板退出，相关保护对检修压板投入的保护 GOOSE 报文不进行逻辑处理，应报检修压板不一致。

（11）保护检修压板投入，对应智能终端检修压板退出，智能终端对收到的保护动作信息不进行处理。

（12）智能终端检修压板投入，相关保护检修压板退出，相关保护重合闸放电（若有），应报检修压板不一致，母差保护隔离开关位置记忆为检修压板投入前的状态。

25．配置文件检查项目有哪些？

答：虽然全站系统联调时已做过配置文件检查，但由于在变电站建设调试过程中存在反复修改的可能，在做具体保护检验或定期检验前还应检查配置文件，以保证导入测试仪的配置文件是正确版本，避免因配置文件原因影响检验的正确性，具体做法如下：

（1）检查待调试装置和待调试装置有虚端子连接与设计虚端子图是否一致，待调试保护装置相关的虚端子连接是否正确。

（2）选择SCD查看工具检查本装置的虚端子连接与设计虚端子图是否一致，待调试保护装置相关的虚端子连接是否正确。

（3）检查装置中下装的配置文件中GOOSE/SV接收/发送配置与SCD文件中虚端子对应关系是否一致。

（4）检查装置中下装的配置文件中GOOSE接收/发送配置与装置背板端口的对应关系与设计图纸是否一致。

26．测控装置的验收项目有哪些？

答：（1）设备外观正常，无异响、异味，装置面板上各指示灯显示正常，无告警。

（2）压板位置正确，检修压板在退出位置。

（3）装置同步对时无异常。

（4）光纤连接可靠，无松动现象，备用的光纤端口、尾纤应带防尘帽。

（5）投退遥控压板，测试就地、远方遥控分合断路器、隔离开关功能正确，遥调主变压器挡位升、降、急停动作正确，遥信信息正确。

（6）核对测控装置定值整定正确。

27．故障录波装置验收项目有哪些？

答：（1）电流量、电压量、开关量、频率量启动功能。

（2）手动启动录波功能。

（3）录波文件存储功能。

（4）录波文件分析功能试验。

（5）录波图打印功能正常，装置对时精度小于等于1ms。

28．一体化监控系统验收项目有哪些？

答：监控主机通信正常，各遥信、遥测数据正确，无死数，所有人员登录权限正确，操作功能正常，各画面切换正常。

（1）监控系统监视功能检查。

1）通信检查，与计算机系统功能相关的 MMS、GOOSE、SV 通信状态应正常，各装置通信状态告警应正确。

2）遥信功能测试，监控后台主接线与光字牌的遥信状态、遥信变位、拓扑着色应与实际状态一致，SOE 时间精度应满足技术协议要求，告警窗应正确显示，遥信响应时间应不大于 1s。

3）遥测功能测试，监控后台系统电流、电压，潮流数据、曲线等在监控界面应显示正确，刷新正常，测量精度和线性度应满足技术要求，遥测响应时间应不大于 2s。

4）数据库功能检查，应具备数据库增加、删减、修改功能，历史数据库分类查询功能，实时数据库刷新周期应满足技术要求。

5）继电保护信息功能检查：继电保护装置及相关设备异常告警、动作报文正确，软压板名称、投退正确，保护状态、定值、软压板、遥测的召唤功能，动作、告警信息功能正常，远方复归功能检查，保护录波召唤、分析功能、告警功能检查，告警方式、告警类型、告警处理应正确。

6）事故追忆功能检查，应实现遥测量和遥信量的追忆，可自定义模拟量和开关量触发条件，追忆范围至少保证故障前 1min 和故障后 2min 的时间段。

7）后台双机双网冗余切换功能检查，切换过程中主备机数据库应保持一致，切换时数据不应丢失，切换时间应满足技术要求。

（2）监控系统遥控功能检查。

1）遥控功能检查，对变电站内所有断路器、隔离开关、主变压器挡位等远方遥控执行正确，间隔层软压板投退正确，远方复归功能正确，遥控响应时间应满足技术要求；对设置了防误闭锁逻辑的遥控对象，验证其防误闭锁逻辑正确。

2）顺序控制功能检查，监控系统顺序控制策略与预设的顺序控制策略应一致，各类顺序控制操作应逐项经过防误校验后方可执行，智能开票应能根据设备状态、操作规则和现场运行管理规程要求自动生成操作票，视频联动、可视化操作、软压板投退、顺序控制急停等功能正常。

3）操作控制权切换功能检查，调度、监控、测控、就地的操作控制权切换应正常。

4）无功控制功能检查，模拟变电站一次设备运行工况，通过监控系统人机界面进行无功控制功能投退和目标值设定，校验各控制区域动作逻辑及一次设备动作情况，电网相关数据信息应与实际一致，调节操作记录应正确规范。

5）定值管理系统功能检查，监控系统对间隔层装置定值召唤、修改应正确，定值区切换应正确。

（3）监控系统按事故、越限、异常、变位、告知五类告警信息进行智能告警功能检查。分类功能、告警内容、格式和告警行为应正确，历史数据（事件库）记录管理功能检查，内容和时间记录完整，具备多事件关联及快速定位功能。

（4）监控系统应进行故障分析及打印功能检查，检查告警分析推理功能、故障分析报告格式及内容应正确，事故打印、SOE 打印等功能正常。

（5）监控系统应进行雪崩试验，在变电站各系统运行正常情况下，模拟多个间隔装置信息同时变化，监控主机应无信息丢失，记录时间和顺序应正确。

（6）设备状态可视化功能检查：具备一、二次设备运行状态的展示功能；画面更新、修改和管理功能正常。

（7）“五防”闭锁逻辑正确或与“五防”系统通信闭锁正常。

29．一体化监控系统界面设置要求有哪些？

答：（1）界面监视范围应包括一次设备状态信息、二次设备状态信息和辅助应用信息。

（2）界面应对主要一次设备（变压器、断路器等）、二次设备运行状态进行可视化展示，为快速、准确地完成操作和事故判断提供技术支持。

（3）监控系统电网运行可视化、设备状态可视化应满足Q/GDW 678—2011《智能变电站一体化监控系统功能规范》可视化展示标准及要求。

（4）在各单元间隔异常信号点亮光字牌后，监控主界面应关联可提示信息（间隔闪烁、间隔显示色差提示等）。

30．一体化监控系统一级界面验收项目有哪些？

答：（1）一级界面主画面为智能变电站主接线图，界面色调美观、协调。主接线图设备命名与调度命名文件一致，设备模型布局与现场设备实际位置一致，设备图形与一次设备结构一致。

（2）电压等级母线分别用不同颜色区别，符合相关技术标准。

（3）间隔显示主要信息包括：断路器、隔离开关、接地开关调度命名，电流、有功功率、无功功率、功率因数、主变压器挡位、油温等。

（4）公用单元二级菜单主要内容包括：电铃测试、电笛测试、音响复归、全站清闪、公用测控、网络拓扑图、通信状态图、小电流系统、在线监测、户外柜内温湿控制、消弧线圈、一体化电源系统。

（5）画面索引（主目录）调用方便、快捷，响应时间短。

31．一体化监控系统二级界面验收项目有哪些？

答：（1）各间隔二级界面风格、布局应按照电压等级保持一致性。

（2）二级界面主要包括主变压器间隔、出线设备间隔、TV设备间隔、母联设备间隔、电容器设备间隔、公用测控、网络拓扑图、通信状态图、在线监测、户外柜内温湿控制、消弧线圈、一体化电源系统、高级应用（小电流接地、顺序控制、备用电源自投等）组成。其中公用测控中母差、失灵保护应独立列为二级菜单，若设备可视化信息较多，可将主变压器间隔光字牌信息列为第三级界面中。

（3）遥信量中重要异常信号应以光字牌可视化形式展示，光字牌字体醒目，大小适当。以“方框图＋异常信息”结构组成，色调美观、协调，动作与复归应有明显差异化。

（4）由主接线图链接进入二级界面设备间隔单元，界面可视化主要由间隔单元接线图，遥测量、遥控量、保护及测控装置通信状态监视、压板状态、遥信量等6个部分组成。

1）间隔单元接线图与设备实际一致，编号与现场一致。接线图界面应包含断路器及隔离开关位置，断路器、隔离开关远方、就地切换指示等可视化信息。

2）遥测量以表格形式划分，依次分别对应电流额定变比、I_A、I_B、I_C、P、Q、$\cos\phi$、U_A、U_B、U_C、U_{AB}、U_{BC}、U_{CA}、U_X、f。

3）遥控量主要包括保护及测控装置复归、收发讯机启动及复归、主变压器挡位调节、顺序控制等可视化信息。其中顺序控制应包括设备间隔由“运行—热备用—冷备用”转换，并与设备状态对应。

4）保护及测控装置通信状态监视宜用绿色图标表示正常状态，红色图标表示异常状态。

5）压板状态按软压板、硬压板设置，软、硬压板之间应有明显区别；硬压板主要包括保护装置检修状态投入、测控装置检修状态投入、智能终端检修状态投入、合并单元检修状态投入；软压板应按测控装置、保护装置划分，对于双重化保护装置应按保护装置单元划分；列入压板状态界面中的软压板以日常操作、重点监视的软压板为主，软压板名称与保护装置压板名称一致，对软压板信息描述不够明确应附加说明，如：支路1（×××断路器）投入压板、主变压器低压分支1（×××断路器）GOOSE发送压板。

6）光字牌信息依次按保护类、断路器类划分排列，光字牌应涵盖保护装置、断路器运行异常信息，正常信息可不列入光字牌。

（5）一体化电源系统界面按设备类型分开，依次按直流系统、站用电系统、不间断交流电源划分，遥测、遥信量应有明显划分。直流系统遥测量应包含以下信息：蓄电池电压监测、充电机交流电源输入、控母电压、合母电压、负载电流、直流绝缘监测等。交流系统遥测量应包含以下信息：母线相电压、线电压、负载电流。不间断交流电源遥测量应包含以下信息：交流电源输入、交流电源输出。一体化电源系统异常遥信量应按设备类型划分。

32．一体化监控系统报表功能如何验收？

答：验收内容有：

（1）一体化监控系统报表应涵盖日、月、年度报表。

（2）报表中设备单元齐全，设备名称与调度命名文件一致。

（3）报表应包括各电压等级的电压报表、线路负荷报表、主变压器报表，其中主变压器报表中包括主变压器各侧电流、有功功率、无功功率、功率因数、电压、主变压器挡位、上层油温、绕组温度。

33．故障信息子站的验收项目有哪些？

答：（1）故障信息子站设备外观正常，屏幕显示正常，运行灯长亮，接口指示灯长亮且闪烁，无报警灯点亮，对时正常。

（2）继电保护工程师站监视子站对下通信正常。

（3）继电保护工程师站对下召唤各保护设备定值、保护模拟量、开关量正常。

（4）保护动作信息和动作波形能主动上送主站和继电保护工程师站，且主站查询历史信息正常。

34．PMU 相量测量装置的验收项目有哪些？

答：（1）PMU 装置电源状态指示灯、时钟同步指示灯、故障指示灯和时间显示正确。

（2）PMU 装置与主站网络通信正常，无异常告警。

（3）PMU 装置液晶屏实时监测数据显示值正确，数据正常刷新。

35．交换机的验收项目有哪些？

答：（1）交换机运行灯、电源灯、端口连接灯指示正常，与光口一一对应，无告警。

（2）交换机光纤接口所接光纤（或网线）标示应正确且完备，交换机端口和尾纤一一对应，符合实际，验证正确。

（3）与过程层交换机相连的所有保护、测控、电能表、合并单元、智能终端等装置光纤完好，SV 及 GOOSE 通信正常，监控系统无其他相关告警信息。

（4）交换机对应光口故障、尾纤故障或数据异常能正确报警并上送监控后台。

（5）与站控层交换机相连的所有装置网线完好，MMS 通信正常，监控系统无其他告警信息。

（6）交换机的 VLAN 划分或静态组播管理正确，光口分配合适。

（7）每台交换机的光纤接入数量不宜超过 16 对，并配备适量的备用端口。任意两台 IED 设备之间的数据传输路由不应超过 4 个交换机。

（8）交换机在大数据或电源波动等情况下工作稳定。

36．网络报文分析仪的验收项目有哪些？

答：（1）网络报文分析仪运行灯、对时灯、硬盘灯指示正常，无告警。

（2）网络报文分析仪光口所接光纤的标签、标示正确完备。

（3）网络报文分析仪与设备的连接状态正常，无通信中断。

（4）装置记录数据真实、可靠，电源中断或按装置上任意一个开关、按键，已记录数据不应丢失。

（5）GOOSE 报文实时记录、异常告警功能正常。

（6）SV 报文实时记录、异常告警功能正常。

（7）报文信息记录时间连续性、记录完整性正常。

（8）装置网络通信中断告警功能正常。

（9）网络风暴报警及记录功能正常。

37．网络设备验收项目有哪些？

答：（1）网络交换机性能测试，包括抗干扰测试、吞吐量、传输延时、丢包率及网络风暴抑制功能、优先级、VLAN 功能及端口镜像功能测试。

（2）网络通信可靠性测试，采用专用设备测试系统在雪崩及正常运行情况下各节点网络通信可靠性，各节点数据丢包率，网络传输时延应满足规范要求。

（3）双网切换期间性能检查，数据应不丢失。

38．间隔层验收项目有哪些？

答：（1）室内外所有设备、控制电缆、光缆、元器件等均应有标志、标示，各元器件均应设置标签。传动非跳闸信号时，应尽量模拟实际运行情况（如合上所对应间隔的断路器）进行传动，防止运行中由于寄生回路或错接线造成断路器跳闸。

（2）光纤、电缆芯线和所配导线的端部均应标明其回路编号，编号应正确，字迹清晰且不易脱色。所有二次配线应整齐美观，导线绝缘良好无损伤。

（3）保护、测控等装置的出厂技术资料逐套验收检查。验收继电保护及二次回路调试报告，交流电源（220V 或 380V）接入端子应与其他回路（如直流、电流、电压等回路）端子采取有效隔离措施，并有明显标示。户外端子箱、机构箱、接线盒等应有防风、防水、防潮以及防小动物的措施。

（4）二次接线及二次回路验收时，可以利用传动试验进行二次回路正确性、完整性检查，传动方案应尽可能考虑周全。在验收工作中，应加强对二次装置本身不易检测到的二次回路的检验检查，以提高继电保护及相关二次回路的整体可靠性、安全性。进行整组试验，检查跳闸逻辑、出口行为与整定值要求应一致，整组试验时应配合进行监控系统相关信号的传动试验。断路器传动试验时必须注意各保护装置、故障录波、信息子站、监控系统以及对应一次设备的动作行为是否正确，并检查各套保护与跳闸压板的唯一对应关系。

（5）采用电子式互感器的保护测控装置的验收与常规变电站相同，但需要将模拟量信号经过专用的设备转换成数字信号后再输入保护装置进行测试。

39．站控层验收项目有哪些？

答：（1）核对变电站内所有设备、装置的“四遥”信号，保证变电站后台与调度端信号传输与变位正确。变电站监控系统遥控、遥测、遥信、遥调等功能完善，设备运行可靠，运行维护方便。变电站测控装置进行通流试验，装置显示及精度满足要求。对变电站逆变电源进行交直流切换试验，确保在全站交流失电后逆变电源切换的可靠性。

（2）变电站计算机监控系统厂家应提供接入站控层所有智能设备的模型文件与设备联调试验报告。

（3）进行变电站各类网络报文的验收时，应通过网络记录分析系统，全过程进行完整的报文记录（带绝对时标的完整网络通信报文），验收检查包括 MMS 通信网络、GOOSE 通信网络和 SV 采样值通信网络的报文记录。

（4）进行现场验收测试，包括资料（设备检验报告、出厂测试报告、现场调试记录与结论）审查、传输规约测试、高级应用功能和性能测试。

40．一次设备传动验收项目有哪些？

答：（1）智能终端遥控压板与一次设备一一对应传动正确。

（2）智能终端分相出口压板与断路器分合对应正确。

（3）设备传动时智能终端位置指示灯指示正确。

（4）设备传动时合并单元上断路器、隔离开关位置指示灯指示正确。

（5）“五防”电气编码锁编码正确。

（6）远方/就地把手分合闸操作正常。

41．数据通信网关机验收项目有哪些？

答：（1）数据通信网关机电源状态指示灯、时钟同步指示灯、故障指示灯和时间显示正确。

（2）数据通信网关机与主站网络通信正常，无异常告警。

（3）数据通信网关机液晶屏实时监测数据显示正确，数据正常刷新。

42．“五防”系统的验收项目有哪些？

答：（1）“五防”系统应进行站控层操作票功能检查，操作票生成、编辑、预演、打印、执行、记录、管理和防误闭锁逻辑修改等功能应正常。

（2）“五防”系统应进行间隔层闭锁功能正确性检查，解除站控层闭锁及电气联闭锁，根据预设的联闭锁逻辑依次操作设备，设备应能正确动作，被闭锁的设备在解除间隔层闭锁后可操作。

（3）“五防”系统应进行电气闭锁回路正确性检查，解除站控层闭锁及间隔层联闭锁，根据预设的联闭锁逻辑依次操作设备，设备应能正确动作，被闭锁的设备在解除电气闭锁后可操作。

43．顺序控制功能的验收项目有哪些？

答：（1）验收前，应编写正确完备的顺序控制操作票并通过生产厂家提供的顺序控制组态软件录入。

（2）确认所有编制的顺序控制指令能完成对断路器、隔离开关、继电保护设备以及变电站其他设备的控制要求，验证顺序控制中继电保护与一次设备操作配合正确，同时还能在顺序操作指令中编入各步操作的检查条件、校核条件和操作完成的返回信息，以满足安全操作要求。

（3）检查条件、校核条件能采用监控系统已采集的状态量信息、测量信息和其他输入信息进行数学和逻辑运算的结果，操作完成信息可以采用遥信信号形式。

（4）顺序控制应以操作过程清单等方式记录操作过程，遥控响应时间应满足要求。

（5）视频联动、可视化操作、软压板投退、顺序控制急停等功能正常。

44．一体化电源系统交流电源验收项目有哪些？

答：（1）380V站用电交流系统各级负荷开关状态良好，各级负荷开关容量匹配。

（2）主供电源故障时备用电源实现自动投切，主供电源失电恢复正常后，自动恢复到由主供电源供电方式。

（3）进线开关、馈线开关、母线分段及自动转换开关电器（ATSE）等状态正常。

（4）站用电源三相基本平衡，电流、电压、功率等显示正确。

（5）配电柜内接线牢固，绝缘状态良好。

（6）智能检测装置工作正常。

（7）设备区动力箱环网供电，空气开关试拉验证正确。

（8）检修电源箱漏电保安器安装符合要求。

45．一体化电源系统直流电源验收项目有哪些？

答：（1）充电装置交流输入电压、直流输出电压、电流显示测量值正确，均充电设置正确，装置无异常。

（2）直流母线绝缘状态良好，单体电压值在规定范围内，浮充电流值符合规定，无异常告警信号。

（3）蓄电池组外观清洁，无短路、接地；各连片连接牢靠无松动；蓄电池电压在合格范围内。

（4）蓄电池巡检电压、电流、内阻、温度监测及历史数据显示功能正常。

（5）直流系统馈线开关或熔断器容量匹配，符合要求。

（6）直流系统各级馈线开关名称正确，试拉验证正确。

46．一体化电源系统交流不间断电源（UPS电源）验收项目有哪些？

答：（1）UPS电源各级空气开关标示完整，位置正确，系统工作正常，输出电压合格，无告警信号。

（2）UPS电源主机失电从机启动工作验证正确。

（3）旁路验证正确，旁路开关有可靠的防止误投措施。

（4）UPS负荷符合要求，容量满足要求。

（5）UPS整流逆变模块等组成设备状态良好，无异常发热。

（6）UPS散热风扇工作正常。

47．一体化电源系统直流变换电源装置验收项目有哪些？

答：直流变换电源装置输入、输出电压、电流正常，装置无异常，各指示灯及液晶屏显示正常，无告警。

48．一体化电源系统监控装置验收项目有哪些？

答：（1）一体化电源系统工作状态及运行方式、告警信息、通信状态无异常。

（2）绝缘监察装置无直流接地告警信息。

（3）各支路的运行监视信号完好、指示正常。

49．对时系统验收项目有哪些？

答：（1）对时系统应进行网络结构及双路对时信号切换检查，其结果应符合设计要求。

（2）对时系统应进行时钟源自守时、自恢复功能检查，外部时钟信号出现异常及恢复时，站内时钟源应能自守时、自恢复。

（3）对时系统应进行主备时钟源切换检查，主备时钟源切换应符合技术协议要求。

（4）对时系统应进行需授时设备对时功能检查，授时设备对时功能应正常，并且精度符合技术协议要求，对时信号异常时应有相应报警信号。

（5）外部时钟天线安装牢固，抗干扰能力符合要求。

（6）光B码、电B码等对时输出正常，时钟显示统一，精度符合要求。

（7）装置在断电、闰秒等外部干扰下能正常工作，输出信号正常。

50．光纤配线装置验收项目有哪些？

答：（1）整体装置标示正确，无缺失。

（2）内部光口标示正确、唯一、清楚，不能有歧义。

（3）备用光口防尘帽完好，功能正常。

（4）内部光纤盘放正常，无打折破损现象。

（5）光缆与尾纤熔接正常，光衰在合格范围内。

51．光缆、网线验收项目有哪些？

答：（1）光纤线径宜采用62.5/125μm，多模光缆芯数不宜超过24芯，每根光缆至少备用20%，最少不低于2芯。

（2）双重化配置的两套保护不共用同一根光缆，不共用ODF配线架，保护屏（柜）内光缆与电缆应布置于不同侧或有明显分隔。

（3）光缆敷设应与动力电缆有效隔离，电缆沟内光缆敷设应分段固定，并穿管或经槽盒保护，进入保护室或控制室的保护用光缆，应为阻燃、防水、防鼠咬、非金属光缆。

（4）若使用槽盒，其安装应与支架固定牢固，满足防火要求，槽盒端头、交叉口、电缆（光缆）引出孔洞应封堵严密。

（5）由接续盒引下的导引光缆至电缆沟地埋部分应穿热镀锌钢管保护，钢管两端做防水封堵。

（6）铠装光缆敷设弯曲半径不应小于缆径的25倍。室内软光缆（尾纤）弯曲半径静态下不应小于缆径的10倍，动态下不应小于缆径的20倍。熔纤盘内接续光纤单端盘留量不少于 500mm，弯曲半径不小于 30mm。

（7）光缆、网线应有明确、唯一的名称，应注明两端设备、端口名称，网线的连接应完整且预留一定长度，不得承受较大外力的挤压或牵引。

52．光纤及光口验收项目有哪些？

答：（1）屏（柜）内尾纤应留有一定裕度，多余部分不应直接塞入线槽，应采用盘绕方式用软质材料固定，松紧适度且弯曲直径不应小于 10cm。尾纤施放不应转接或延长，应有防止外力伤害的措施，不应与电缆共同绑扎，不得承受较大外力的挤压或牵引，不应存在弯折、窝折现象，尾纤表皮应完好无损。

（2）屏（柜）内宜就近打印张贴本屏（柜）IED 设备光口分配表、交换机光口分配表、配线架配线信息表（含备用纤芯）。

（3）光纤与装置的连接应牢固可靠、无松动，光口处不应受力，光纤接头应干净无异物、连接可靠、无松动，备用光纤端口、尾纤接头应带防尘帽。

（4）尾纤首尾两端应有一致的编号，且在同一屏柜内不得重复。

（5）光纤应有唯一标示，标示应清楚明确，内容包括光纤起点、终点端口名称及 SCD 文件中对于该光纤所传输信号的描述。

（6）光衰报告完整，无遗漏，无不合格项目。

53．一次设备在线监测系统验收项目有哪些？

答：（1）系统箱体密封、封堵、通风状态良好。

（2）组件硬件连接、安装牢固，工作正常，无告警信息。

（3）数据采集正常，符合实际并在合格范围内。

（4）系统通信正常。

（5）系统软件内设备定义规范，符合现场实际。

（6）空气开关、把手标示及位置正确。

（7）新建、检修后的在线监测设备，应在设备投运前组织资料验收和外观验收。对于不能在主设备停电时完成的功能验收，在主设备运行、验收条件满足后，立即完成。

（8）被监测设备检修时，应对在线监测装置进行必要的检查和试验。

（9）被监测设备解体或更换时，应将监测装置拆除，妥善保存；拆卸、安装应按制造厂技术要求进行。

（10）对于试验不合格的在线监测装置，应消除缺陷后再投入使用。

54．调控中心对智能变电站的联调验收与常规变电站有什么不同？

答：相对于常规变电站，智能变电站增加了合并单元、智能终端、交换机、网络分析仪及智能控制柜等设备，针对智能变电站装置检修机制、电子设备运行环境要求、四遥信息采集方式的不同，调控中心对设备的联调验收也发生了相应的变化，增加了相关的遥测和遥信信息。主要包括以下几个方面：

遥测主要增加智能控制柜温、湿度数值，并要求温、湿度要设定限值。

遥信主要增加：

（1）合并单元、智能终端、交换机、网络分析仪的装置异常及装置故障信息。

（2）智能控制柜温、湿度告警及温湿度控制器异常。

（3）合并单元、智能终端、保护装置、测控装置的对时异常、检修状态投入等告警信息。

（4）合并单元、智能终端、保护装置的GOOSE总告警、各支路GOOSE链路中断、SV总告警、各支路SV采样数据异常、各支路SV采样链路中断信息。

（5）测控装置的GOOSE总告警、各支路GOOSE链路中断信息。

第十七章　智能变电站改扩建

1．常规变电站智能化改造主要包括哪些内容？

答：常规变电站通过智能化改造实现一次主设备状态监测、信息建模标准化、信息传输网络化、高级功能和辅助系统智能化。一次系统改造方面，对变电站关键一次设备增加状态监测功能单元，完成一次设备状态的综合分析评价，分析结果宜通过符合 DL/T 860《变电站通信网络和系统》系列标准的服务上传，与相关系统实现信息互动。二次系统改造方面，现阶段保护采用直采直跳方式，增加过程层网络及设备，全站实现通信协议标准化，站控层功能进一步完善，根据需求增加智能高级应用。

2．常规变电站智能化改造的常用模式有哪些？

答：常规变电站智能化改造的常用模式有以下三种：

（1）综合自动化改造。仅对间隔层测控及站控层进行改造。此方案将常规综合自动化系统改造为基于 IEC 61850 标准的自动化系统，保护测控装置与一次设备间仍然采用电缆连接。

（2）三层两网结构。属于标准的智能变电站结构，比常规变电站增加过程层，设置智能终端和合并单元实现信号传输的数字化；间隔层采用符合 IEC 61850 标准的保护测控装置，与过程层设备采用光纤通信；站控层为基于 IEC 61850 标准的综合自动化系统。

（3）无合并单元模式。同样采用三层两网结构，但是过程层不设置合并单元。

3．常规变电站智能化改造的几种模式分别适用于哪些情况？

答：综合自动化改造模式仅改造监控系统相关设备，比较适合监控系统比较陈旧的变电站；三层两网结构改造模式需要全部更换二次设备，并对二次设备布局进行重新规划和设计，相当于对老站的二次系统完全重建，适用于二次设备已基本达到使用寿命的变电站；无合并单元模式适用于合并单元技术不太成熟的阶段，以及今后投运的新建 500kV 及以上电压等级变电站。

4．智能变电站改造包括哪几种情况？主要内容是什么？

答：智能变电站改造包括以下三种：

（1）过程层改造。包括合并单元、智能终端的改造换型，例如设备存在家族性缺陷或重大安全隐患，需对其进行更换。

（2）间隔层改造。包括保护、测控、故录及安全自动装置等间隔层设备的改造换型。

（3）站控层改造。包括监控服务器、远动机、图形网关机、综合应用服务器等站控层设备的改造换型。

5．常规变电站智能化改造的原则有哪些？

答：（1）安全可靠原则。变电站智能化改造应严格遵循公司安全生产运行相关规程规定提高变电站安全可靠水平，符合变电站二次系统安全防护规定。

（2）经济实用原则。变电站智能化改造应以提高生产管理效率和电网运营效益为目标，充分发挥资产使用效率和效益，务求经济、实用。

（3）统一标准原则。变电站智能化改造应按照不同电压等级变电站智能化改造工程标准化设计规定，统一标准实施。

（4）因地制宜原则。变电站智能化改造应综合考虑变电站重要程度、设备寿命、运行环境等实际情况，因地制宜，制定切实可行的实施方案。

6．智能变电站扩建与常规变电站扩建有何不同？

答：（1）智能变电站需修改 SCD 文件，增加扩建间隔的配置信息。常规站无 SCD 文件。

（2）智能变电站中与扩建间隔有回路联系的二次设备，如保护、测控、合并单元、智能终端等均需要重新下载 CID 配置。常规变电站则需要新增电缆沟通相关回路。

（3）智能变电站和常规变电站扩建间隔均需接入站控层网络；但智能变电站扩建间隔二次设备还需接入过程层网络，并需修改接入的交换机配置信息。

（4）扩建过程中及调试时安全措施方法不同。除传统的断开电缆回路、硬压板形式隔离外，智能变电站还可通过 GOOSE 开入开出软压板进行隔离；智能变电站的检修硬压板可实现常规变电站不具备的安全隔离。

（5）调试方法及内容不同。两者均需进行传统试验，但智能变电站扩建间隔还需进行同步采样调整试验，并且重新下载过配置的相关设备均需要重新进行相关功能试验。

7．智能变电站扩建的调试流程如何？

答：调试应在具备调试条件、完成准备工作的基础上，按照调试准备、单体调试、分系统调试、全站同步采样调整试验以及一体化监控系统联调的过程进行。

（1）扩建间隔设备单体调试。主要包括合并单元、智能终端、保护、测控、计量表计、网络分析仪、故障录波等设备调试，以及屏内单体相关二次回路及输入输出信号检查，为缩短一次设备停电时间，设备单体调试一般应在不停电阶段完成。

（2）扩建间隔的同步采样调整试验。以扩建间隔所在的母线 TV 合并单元为基准，进行合并单元角差调校。

（3）扩建间隔设备分系统调试。主要包含网络、时间同步、网络分析仪、故障录波、保护、测控、计量、监控等分系统的功能测试及扩建间隔整组试验。在分系统测试过程中，扩建间隔设备与其他间隔（或公共间隔）一、二次设备间有回路联系的，宜将相关设备停电后进行试验；若不具备停电条件，则应采取有效隔离措施。

（4）扩建间隔监控信息一体化联调。主要包含扩建间隔“五防”系统、顺序控制系统、智能告警系统、在线监测等系统的调试。

8．智能变电站扩建时配置文件修改应注意哪些事项？

答：智能变电站配置文件修改必须遵守标准流程，严格管理，需注意以下几个方面：

（1）修改全站 SCD 文件。根据设计院提供的虚端子表，由后台集成商制作扩建后的 SCD 文件，工程施工人员需审核 SCD 文件，检查虚回路连接是否正确，描述是否清晰、准确。

（2）修改扩建间隔装置 CID 文件。设备厂家应根据最新的 SCD 文件，生成相应装置的 CID 配置文件，导入扩建间隔二次设备中。

（3）修改跨间隔装置 CID 文件。如母差装置，涉及多个间隔设备，其 CID 文件下载时应首先将其停用。

（4）所有配置文件应详细记录修改人、修改信息、版本号、验收人等信息，备份存档。

9．按电压等级停电的智能化改造和分间隔轮流停电的智能化改造方案有什么特点？

答：（1）分间隔轮流停电的智能化改造方案。

1）该方案按间隔进行停电，对系统供电影响较小。

2）停电后完成该间隔内的设备调试工作、传动试验，将新保护同时接入新旧母差，新保护需具备与老母差接口的功能。因此改造成本较高，接线复杂。

3）旧母差在改造期间一直运行，直到所有间隔均接入完毕。

（2）按电压等级停电的智能化改造方案。

1）该方案按站内母线的电压等级进行停电，对系统供电影响较大。

2）改造期间主变压器与其他母线仍可运行。

3）停电后，可一次完成除主变压器外的改造间隔的调试传动工作，施工效率高，流程较简单，施工总工期较短。

4）改造施工及调试期间需采取的安全措施较少，安全可控性高。

5）不需增加额外的二次接口设备，改造成本较低。

10．220kV 双母接线常规变电站按电压等级分阶段停电的智能化改造方案分哪几个阶段进行？

答：智能变电站除主变压器保护外，其他的保护及自动化装置的信号交换均在本电压等级的设备间进行，因此在常规变电站改造施工过程中，可以将一次设备按电压等级分阶段停电，逐步改造，其他电压等级的设备仍可运行。可分三阶段进行：

（1）110kV 全停（主变压器高低压侧双圈运行）。改造目标：完成 110kV 所有间隔智能终端、合并单元、保护、测控、网络等二次设备安装工作；完成110kV间隔的调试工作。

（2）220kV全停（主变压器中低压侧双圈运行）。改造目标：完成220kV线路间隔、220kV母联、母线间隔的智能终端、合并单元、保护、测控、网络等二次设备安装工作；完成220kV间隔的调试工作。

（3）两台主变压器轮停，220kV母联、110kV母联、10kV分段停电；220kV母差逐套停用配合主变压器调试。改造目标：完成主变压器三侧及三侧母联分段间隔、母线间隔的智能终端、合并单元、保护、测控、网络等二次设备安装工作；完成主变压器及三侧、主变压器与母联分段间隔间、主变压器与220kV母差保护间二次回路的调试工作。

11．220kV双母线接线常规变电站分间隔轮流停电的智能化改造方案分哪几个阶段进行？

答：（1）首先构建三层两网的智能变电站主架构，完成各单个间隔内新设备联调（不含一次设备）、各间隔新设备与新公共设备间的回路联调。

（2）改造母联间隔，接入新母联保护、测控、合并单元、智能终端；将母联间隔接入新母差并做传动试验。

（3）改造母线TV间隔，实现母线电压并列功能。

（4）改造线路保护、主变压器保护，期间保持传统母差保护回路完整、功能齐全并投入运行；将改造间隔接入新母差并做传动试验。

（5）新母差投入运行。

（6）退出传统母差保护和传统母线电压并列屏。

（7）分间隔轮流停电拆除传统母差保护和传统母线电压并列回路及设备。

12．常规变电站改造原有的操作箱的功能如何实现？

答：常规变电站操作箱的功能主要有合闸保持、跳闸保持、防跳、跳合闸回路监视、断路器位置监视、断路器压力监视等功能，每个断路器配置一个操作箱。在智能站中这些功能由各个间隔的智能终端完成。

13．常规变电站改造后原有测控装置的遥测遥信量采集功能如何实现？

答：常规变电站中测控装置通过电缆直接采集一次设备的电流、电压、断路器位置、压力、告警等遥测遥信量，智能变电站中测控装置通过过程层网络交换机获得这些信息，只是电流电压由合并单元从电流或电压互感器采集后以组网的形式发送给测控装置，断路器位置等开关量由智能终端从一次设备采集后以组网的形式发送给测控装置。

14．智能变电站二次设备的检修压板与常规变电站保护装置的检修压板功能有何不同？

答：（1）常规变电站装置检修压板投入后，屏蔽该保护装置的动作信息，不上传给站控层，监控后台收不到该装置的报文。

（2）智能变电站装置检修压板投入后，该装置发出报文的检修品质位均置 1；包括GOOSE、SV、MMS 报文。

（3）智能变电站装置检修压板投入后，该装置仍然上传 MMS 报文给站控层，监控后台的检修库中仍可查看装置动作信息。

（4）智能变电站装置检修压板投入后，该装置将会根据收到报文的检修品质位状态进行一致性判别，不一致时视收到的报文无效，将其不参与逻辑计算。

15．智能变电站扩建间隔时接入故障录波器与常规变电站有何不同？

答：（1）常规变电站扩建新间隔时，新建间隔的电流电压直接从 TA/TV 二次绕组以电缆的形式接入故障录波器；断路器位置、SF_6 压力低闭重、保护动作信息等开关量从室内该间隔保护屏用电缆接入。

（2）智能变电站新扩建的间隔信号接入故障录波装置时采用网络接入的方式。新建间隔的电流电压由合并单元从 TA/TV 采集后通过过程层 SV 交换机发送给故障录波器，断路器位置、SF_6 压力低闭重等一次设备的开关量由智能终端从一次设备采集后通过过程层 GOOSE 交换机发送给故障录波器；保护装置的动作信息通过 GOOSE 组网的形式发送给故障录波器。

（3）智能站故障录波器在调试前需导入含扩建间隔信息的新 SCD 配置文件；常规变电站故障录波器不需要更改配置文件。

16．一次设备不停电更换合并单元时，设置安全措施总的原则有哪些？

答：（1）更换单套电流合并单元时，应停用所有接收该电流量的保护装置，包括线路保护、断路器保护、母线保护、主变压器保护等。必要时申请停用一次设备。在调试阶段退出整套保护出口软压板，并投入检修压板；退出与调试装置有回路联系的外围装置的相关 GOOSE 接收软压板。

（2）更换电压合并单元时，应停用所有与该电压量相关的保护装置功能，包括线路保护距离保护、母线保护复压闭锁、主变压器后备保护等。在调试阶段退出整套保护出口软压板，并投入保护及合并单元检修压板；退出与调试装置有回路联系的外围装置的相关开入软压板。

（3）若该电压合并单元的电压用于保护装置重合闸，则应停用相关的重合判同期及判无压功能。

（4）退出测控装置的 SV 接收软压板；若为电压合并单元，且电压用于同期，则应停用相关的同期功能。在调试阶段投入测控及合并单元检修压板。

17．更换合并单元后需要做哪些试验？

答：更换合并单元后，需对该合并单元及所有相关的装置功能进行测试。主要包括：

（1）单体调试。主要有交流模拟量采集功能检验、开关量采集功能检验、母线电压采样值级联功能检验、母线电压切换功能检验、母线电压并列功能检验（双母接线母线电压合并单元）、采样值有效性处理功能检验、告警功能检验、检修压板功能检验、光口功率及灵敏度检验、采样准确度检验、时间同步性能检验。

（2）同步采样试验。以合并单元所在间隔的母线电压合并单元为基准，测试其与全站其他合并单元的采样同步性。

（3）分系统联调。保护分系统、测控分系统、故录网分分系统、计量分系统、一体化监控系统的采样、告警、电压切换、检修机制等功能检验。

（4）一次设备重新送电后要进行相应二次核相或带负荷校极性试验。

18. 220kV 线路间隔不停电更换单套智能终端时设置安全措施的总原则有哪些？

答：更换线路单套智能终端时，一次设备可不停电，但需采取如下安全措施：

（1）退出该套智能终端出口硬压板，投入装置检修压板。

（2）退出该间隔对应线路保护 GOOSE 出口软压板、启动失灵发送软压板。

（3）投入该套智能终端对应的母差保护内该间隔隔离开关强制软压板、解开至另一套智能终端闭锁重合闸回路。

（4）断开该套智能终端背板光纤、断开该套智能终端端子排处的出口跳闸电缆。

19. 更换智能终端后需要做哪些试验？

答：需对该智能终端及所有相关的装置功能进行测试，主要包括：

（1）单体调试。开关量及模拟量采集功能、开关量输出功能、分合闸功能、重合闸、操作电源监视、控制回路断线监视、防跳功能、告警功能、检修压板功能、光口功率及灵敏度、时间同步等性能的检验。

（2）分系统联调。保护分系统、测控分系统、故录网分分系统、一体化监控系统的采样、告警、检修机制等功能检验。

20. 220kV 双母线接线方式更换线路第一套合并单元时需做哪些安全措施？

答：本间隔一次设备停电情况下，整个工作分施工阶段和调试阶段两个阶段进行。

（1）施工阶段需采取的安全措施有：

1）退出 220kV 第一套母线保护该间隔 SV 接收软压板、GOOSE 启失灵接收软压板。

2）退出该间隔第一套线路保护 SV 接收软压板、GOOSE 启失灵发送软压板。

3）投入该间隔第一套线路保护、智能终端检修压板。

4）在该合并单元端子排处将其 TA 二次回路短接并断开，TV 二次回路断开。

5）断开合并单元背板光纤，断开装置电源。

（2）调试阶段需采取的安全措施有：

1）退出 220kV 第一套母线保护内运行间隔 GOOSE 出口软压板、失灵联跳软压板、SV 接收软压板，投入该母线保护检修压板。

2）投入该间隔第一套线路保护、智能终端、合并单元检修压板。

3）在该合并单元端子排处将 TA 二次回路短接并断开，TV 二次回路断开。

4）220kV 第一套母线电压合并单元配合调试停用后，投入该母线电压合并单元检修压板。

21．220kV 双母线接线方式更换线路第一套合并单元时工程实施的主要步骤有哪些？

答：（1）本间隔一次设备停电、二次设备停用。

（2）施工前确认已做好施工阶段相应的安全措施。

（3）将原合并单元的 CID 配置文件导出备份。

（4）更换线路合并单元，根据需要变更智能控制柜合并单元内部配线及外部电缆、光缆。

（5）合并单元下载配置文件、单体调试。

（6）分系统调试前确认已做好调试阶段相应的安全措施。

（7）将 220kV 第一套母线电压合并单元停用后，以其为基准对新合并单元进行同步采样测试。

（8）220kV 第一套母线保护配合调试停用。

（9）在合并单元加入交流模拟量，进行保护分系统、测控分系统、故录网分分系统、计量分系统、一体化监控系统的采样、告警、电压切换、检修机制等功能的检验。

（10）验收、送电过程中带负荷校验校验第一套母差保护、线路保护极性，确认第一套母差保护、线路保护无差流，并将电流电压间夹角与第二套母差保护及线路保护夹角比较，确认夹角基本一致。

22．220kV 双母线接线方式更换线路第一套智能终端时需要做哪些安全措施？

答：本间隔一次设备停电情况下，整个工作分施工阶段和调试阶段两个阶段进行。

（1）施工阶段需采取的安全措施有：

1）退出 220kV 第一套母线保护该间隔 SV 接收软压板、GOOSE 启失灵接收软压板，投入母线保护内该间隔隔离开关强制分软压板。

2）退出该间隔第一套线路保护启动失灵发送软压板。

3）投入该间隔第一套线路保护、合并单元检修压板。

4）退出第一套智能终端出口硬压板。

5）断开智能终端背板光纤，断开装置电源、操作电源、遥信电源。

（2）调试阶段需采取的安全措施有：

1）退出 220kV 第一套母线保护内运行间隔 GOOSE 出口软压板、失灵联跳软压板、SV 接收软压板，投入该母线保护检修压板。

2）投入该间隔第一套线路保护、智能终端、合并单元检修压板。

3）在该合并单元端子排处将 TA 二次回路短接并断开，TV 二次回路断开。

23．220kV 双母线接线方式更换线路第一套智能终端时工程实施的主要步骤有哪些？

答：（1）本间隔一次设备停电、二次设备停用。

（2）施工前确认已做好施工阶段相应的安全措施。

（3）将原智能终端的 CID 配置文件导出备份。

（4）更换线路智能终端，根据需要变更智能控制柜智能终端内部配线及外部电缆、光缆。

（5）智能终端下载配置文件、单体调试。

（6）分系统调试前确认已做好调试阶段相应的安全措施。

（7）220kV 第一套母线保护配合调试停用。

（8）进行保护分系统、测控分系统、故录网分分系统、检修机制、一体化监控系统的采样、告警等功能的检验。

（9）保护和测控带一次设备做整组传动试验。

（10）验收、送电。

24．220kV 双母线接线方式更换线路第一套保护装置时需要做哪些安全措施？

答：本间隔一次设备停电情况下，整个工作分施工阶段和调试阶段两个阶段进行。

（1）施工阶段需采取的安全措施有：

1）退出 220kV 第一套母线保护该间隔 SV 接收软压板、GOOSE 启失灵接收软压板。

2）投入该间隔智能终端、合并单元检修压板。

3）断开保护装置背板光纤，断开装置电源。

（2）调试阶段需采取的安全措施有：

1）退出 220kV 第一套母线保护内运行间隔 GOOSE 出口软压板、失灵联跳出口软压板、SV 接收软压板，投入该母线保护检修压板。

2）投入该间隔第一套线路保护、智能终端、合并单元检修压板。

3）在该合并单元端子排处将 TA 二次回路短接并断开，TV 二次回路断开。

25．220kV 双母线接线方式更换线路第一套保护装置时工程实施的主要步骤有哪些？

答：（1）本间隔一次设备停电、二次设备停用。

（2）施工前确认已做好施工阶段相应的安全措施。

（3）将原线路保护的 CID 配置文件导出备份。

（4）更换线路保护，根据需要变更线路保护屏内部配线及外部电缆、光缆。

（5）线路保护下载配置文件、单体调试。

（6）分系统调试前确认已做好调试阶段相应的安全措施。

（7）220kV 第一套母线保护配合调试停用；检验新线路保护与母差间启失灵及远

跳回路。

（8）在合并单元加入交流模拟量，进行保护分系统、故录网分分系统、告警、检修机制、一体化监控系统等功能的检验。

（9）保护带一次设备做整组传动试验。

（10）验收、送电带负荷校验第一套线路保护极性正确，观察第一套线路保护电流电压相位并与第二套线路保护比较，相位角应一致。

26．220kV 双母线接线方式更换母线第一套电压合并单元时需要做哪些安全措施？

答：设已知该套电压合并单元电压仅用作线路同期和母线测量、保护电压，在母线 TV 间隔一次设备停电、其他间隔一次设备不停电情况下，整个工作分施工阶段和调试阶段两个阶段进行。

（1）施工阶段需采取的安全措施有：

1）退出 220kV 第一套母线保护电压 SV 接收软压板。

2）退出该母线上所有线路第一套保护重合闸同期功能、重合闸出口；加用第二套线路保护重合闸。

3）在该合并单元端子排处将其 TV 二次回路断开。

4）断开合并单元背板光纤，断开装置电源。

（2）调试阶段需采取的安全措施有：

1）退出 220kV 第一套母线保护内运行间隔 GOOSE 出口软压板、失灵联跳软压板、SV 接收软压板，投入该母线保护检修压板。

2）投入该母线 TV 间隔第一套电压合并单元检修压板。

3）在该合并单元端子排处将 TV 回路断开。

4）退出轮停的线路第一套保护跳闸出口压板，投入该线路保护检修压板。

5）将该 220kV 母线上所有线路第一套合并单元停用后（轮停）配合调试，投入轮停的线路合并单元检修压板。

27．220kV 双母线接线方式更换母线第一套电压合并单元时工程实施的主要步骤有哪些？

答：（1）本母线 TV 间隔一次设备停电；其他间隔一次设备不停电。

（2）施工前确认已做好施工阶段相应的安全措施。

（3）将原合并单元的 CID 配置文件导出备份。

（4）更换母线电压合并单元，根据需要变更智能控制柜合并单元内部配线及外部电缆、光缆。

（5）合并单元下载配置文件、单体调试。

（6）分系统调试前确认已做好调试阶段相应的安全措施。

（7）220kV 第一套母线保护配合调试停用、220kV 线路第一套合并单元及线路保护配合调试停用（轮停）。

（8）将轮停的 220kV 线路第一套合并单元停用后，以其为基准对新母线电压合并单元进行同步采样测试。校验新母线电压合并单元与该母线其他间隔第一套合并单元间的角差应满足规范要求。

（9）轮停的 220kV 线路/主变压器第一套合并单元、新母线合并单元进行级联采样调试。

（10）在合并单元加入交流电压模拟量，进行保护分系统（母差、线路）、测控分系统、故录网分分系统、告警、电压并列、检修机制、一体化监控系统功能的检验。

（11）验收、送电、TV 二次核相，并观察各间隔第一套线路、主变压器保护装置上电流电压相位应与第二套一致。

28．220kV 双母线接线方式更换过程层交换机时需要做哪些安全措施？

答：220kV 双母线接线方式下的过程层交换机一般采用 SV 和 GOOSE 共用的方式，分 A 网和 B 网，同一台交换机上同时接有 SV 和 GOOSE 光纤，按其传输信息的广度又可分为单间隔过程层交换机、多间隔过程层交换机、中心交换机等几种形式，其停运时对系统运行的影响大小也不相同。

以更换同时接有线路保护、主变压器保护的 B 网交换机为例，施工阶段的需采取的安全措施有：

（1）退出第二套线路保护 GOOSE 启失灵发送软压板。

（2）退出第二套主变压器保护 220kV 侧失灵联跳接收软压板、GOOSE 启失灵发送软压板。

（3）退出第二套母线保护线路保护、主变压器保护 GOOSE 启失灵接收软压板。

（4）若为 A 网交换机，则还需停用相应间隔测控装置的同期功能。

调试阶段需采取的需采取的安全措施有：

（1）退出线路保护跳闸出口软压板，投入检修压板。

（2）退出主变压器保护启 220kV 失灵之外所有出口软压板，投入检修压板。

（3）退出母线保护内其他运行间隔 GOOSE 出口软压板，投入检修压板。

29．3/2 接线方式更换 5011 断路器第一套电流合并单元时需要做哪些安全措施？

答：500kV 变电站系统接线如图 17-1 所示。

5011 断路器停电情况下，整个工作分施工阶段和调试阶段两个阶段进行。

（1）施工阶段需采取的安全措施有：

1）退出 5011 第一套断路器保护 GOOSE 出口软压板、启失灵软压板；投入 5011 第一套断路器保护、智能终端检修压板。

2）退出对应的第一套线路保护 5011 电流 SV 接收软压板；投入第一套线路保护 5011 断路器检修软压板。

3）退出Ⅰ母第一套母线保护内 5011 电流 SV 接收软压板、5011 失灵接收软压板。

4）退出 5012 第一套断路器保护内 5011 失灵接收软压板。

5）在 5011 合并单元端子排处将其 TA 短接并断开。

6）断开 5011 合并单元背板光纤，断开装置电源。

（2）调试阶段需采取的安全措施有：

1）退出第一套母线保护内运行间隔 GOOSE 出口软压板、启失灵软压板、电流 SV 接收软压板，投入该母线保护检修压板。

2）退出第一套线路保护中 5012 断路器 GOOSE 出口软压板、启失灵软压板、5012 电流 SV 接收软压板、线路电压 SV 接收软压板，投入该线路保护检修压板。

3）投入 5011 第一套断路器保护、智能终端检修压板。

4）在该合并单元端子排处将 TA 二次短接并断开，投入该合并单元检修压板。

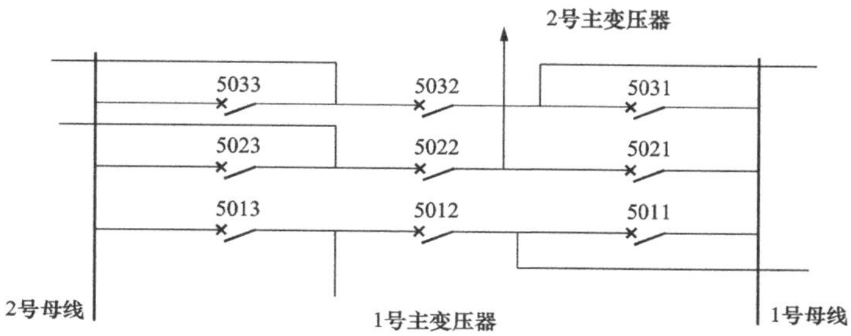

图 17-1 500kV 变电站系统接线图

30. 3/2 接线方式更换 5011 断路器第一套电流合并单元时工程实施的主要步骤有哪些？

答：（1）5011 断路器间隔一次设备停电。

（2）施工前确认已做好施工阶段相应的安全措施。

（3）将原合并单元的 CID 配置文件导出备份。

（4）更换 5011 断路器合并单元，根据需要变更智能控制柜合并单元内部配线及外部电缆、光缆。

（5）合并单元下载配置文件、单体调试。

（6）分系统调试前确认已做好调试阶段相应的安全措施。

（7）将 500kV Ⅰ母第一套母线电压合并单元停用后，以其为基准对新合并单元进行同步采样测试。

（8）500kV Ⅰ母第一套母线保护、第一套线路保护、5011 断路器测控装置配合调试停用。重新下载这些装置的 CID 配置文件。

（9）在合并单元加入交流模拟量，进行保护分系统、测控分系统、故录网分分系统、计量分系统、一体化监控系统的采样、告警、检修机制等功能的检验。

（10）验收、送电后带负荷校验校验第一套母差保护、线路保护极性，确认第一套母差保护、线路保护无差流，并将电流电压间夹角与第二套母差保护及线路保护夹角比较，确认夹角基本一致。

31．3/2 接线方式更换线路电压合并单元时需要做哪些安全措施？

答：本线路间隔一次设备停电情况下（5011、5012 断路器停电），整个工作分施工阶段和调试阶段两个阶段进行。系统接线如图 17-1 所示。

（1）施工阶段需采取的安全措施有：

1）退出 500kV Ⅰ母第一套保护内 5011 电流 SV 接收软压板。

2）退出该串主变压器第一套保护内 5012 电流断路器 SV 接收软压板。

3）退出 5011 第一套断路器保护 GOOSE 出口软压板、启失灵软压板；投入该装置检修压板。

4）退出 5012 第一套断路器保护 GOOSE 出口软压板、启失灵软压板；投入该装置检修压板。

5）投入对应第一套线路保护、5011/5012 断路器保护、5011/5012 合并单元及智能终端检修压板。

6）在电压合并单元端子排处将 TV 回路断开。

7）断开电压合并单元背板光纤，断开装置电源。

（2）调试阶段需采取的安全措施有：

1）退出 500kV Ⅰ母第一套保护内 5011 电流 SV 接收软压板、5011 失灵接收软压板。

2）退出该串主变压器第一套保护内 5012 电流断路器 SV 接收软压板、5012 失灵接收软压板。

3）退出 5011 第一套断路器保护至运行间隔 GOOSE 出口软压板、启失灵软压板；投入该装置检修压板。

4）退出 5012 第一套断路器保护至运行间隔 GOOSE 出口软压板、启失灵软压板；投入该装置检修压板。

5）投入对应第一套线路保护、5011/5012 断路器保护、5011/5012 合并单元及智能终端、线路电压合并单元检修压板。

6）在电压合并单元端子排处将 TV 回路断开。

32．3/2 接线方式更换第一套线路电压合并单元时工程实施的主要步骤有哪些？

答：（1）5011、5012 断路器间隔一次设备停电。

（2）施工前确认已做好施工阶段相应的安全措施。

（3）将原合并单元的 CID 配置文件导出备份。

（4）更换线路电压合并单元，根据需要变更智能控制柜合并单元内部配线及外部电缆、光缆。

（5）合并单元下载配置文件、单体调试。

（6）分系统调试前确认已做好调试阶段相应的安全措施。

（7）将 500kV Ⅰ母第一套母线电压合并单元停用后，以其为基准对新合并单元进行同步采样测试。

（8）在电压合并单元加入交流模拟量，进行保护分系统、测控分系统、故录网分分系统、计量分系统、一体化监控系统的采样、告警、检修机制等功能的检验。

（9）验收、送电后 TV 二次核相，并观察各间隔第一套线路、主变保护装置上电流电压夹角应与第二套一致。

33．3/2 接线方式在一次设备不停电情况下更换母线电压合并单元时需要做哪些安全措施？

答：500kV 变电站系统接线如图 17-1 所示。

以更换 500kV Ⅰ母第一套电压合并单元为例，在一次设备不停电情况下，整个工作分施工阶段和调试阶段两个阶段进行。

（1）施工阶段需采取的安全措施有：

1）退出 5011 Ⅰ母侧断路器第一套保护内Ⅰ母电压 SV 接收软压板；停用保护重合闸同期功能。

2）退出 5011 Ⅰ母侧断路器测控内Ⅰ母电压 SV 接收软压板；停用测控合闸同期功能。

3）在该电压合并单元端子排处将其 TV 二次回路断开。

4）断开合并单元背板光纤，断开装置电源。

（2）调试阶段需采取的安全措施有：

1）5011 Ⅰ母侧断路器第一套保护轮停，以 5011 为例：退出 5011 第一套断路器保护内跳 5012 发送软压板、启 5012 失灵软压板、跳Ⅰ母发送软压板、跳线路发送软压板；投入该断路器保护检修压板。

2）退出 500kV 第一套母线保护内除 5011 间隔外所有 GOOSE 发送软压板。

3）投入新母线电压合并单元检修压板。

4）在该电压合并单元端子排处将其 TV 二次回路断开。

34．3/2 接线方式在一次设备不停电情况下更换第一套母线电压合并单元时工程实施的主要步骤有哪些？

答：（1）整个施工及调试过程中一次设备不停电。

（2）施工前确认已做好施工阶段相应的安全措施。

（3）将原合并单元的 CID 配置文件导出备份。

（4）更换母线电压合并单元，根据需要变更智能控制柜合并单元内部配线及外部电缆、光缆。

（5）合并单元下载配置文件、单体调试。

（6）5011 Ⅰ母侧断路器第一套保护轮停配合调试。重新下载 CID 配置文件。

（7）分系统调试前确认已做好调试阶段相应的安全措施。

（8）为尽量减小调试工作对系统运行设备的影响，以旧母线电压合并单元为基准对新合并单元进行同步采样测试，要求同步精度满足相关规范要求。

（9）在电压合并单元加入交流模拟量，进行保护分系统、测控分系统、故录网分分系统、一体化监控系统的采样、告警、检修机制等功能的检验。

（10）验收、利用系统运行电压TV二次核相，并观察各间隔第一套线路、开关保护装置上电流电压夹角应与第二套一致。

35．3/2接线方式更换5011断路器第一套智能终端时需要做哪些安全措施？

答：500kV变电站系统接线如图17-1所示。

5011断路器停电情况下，整个工作分施工阶段和调试阶段两个阶段进行。

（1）施工阶段需采取的安全措施有：

1）退出5011第一套断路器保护GOOSE出口软压板、启失灵软压板；投入5011第一套断路器保护、合并单元检修压板。

2）退出对应的第一套线路保护5011电流SV接收软压板；投入第一套线路保护5011开关检修软压板。

3）退出Ⅰ母第一套母线保护内5011电流SV接收软压板、5011失灵接收软压板。

4）退出5012第一套断路器保护内5011失灵接收软压板。

5）退出第一套智能终端出口硬压板。

6）断开5011智能终端背板光纤，断开装置电源、操作电源、遥信电源。

（2）调试阶段需采取的安全措施有：

1）退出第一套母线保护内运行间隔GOOSE出口软压板、启失灵软压板、电流SV接收软压板，投入该母线保护检修压板。

2）退出第一套线路保护中5012断路器GOOSE出口软压板、启动失灵软压板、5012电流SV接收软压板、线路电压SV接收软压板，投入该线路保护检修压板。

3）退出5012第一套断路器保护内至运行间隔GOOSE失灵、出口软压板；投入5012第一套断路器保护检修压板。

4）退出5011第一套断路器保护的5011失灵发送软压板，投入该断路器保护检修压板。

5）在5011合并单元端子排处将其TA二次短接并断开；投入该合并单元检修压板。

6）投入5011第一套智能终端检修压板。

36．3/2接线方式更换5011断路器第一套智能终端时工程实施的主要步骤有哪些？

答：500kV变电站系统接线如图17-1所示。更换5011断路器第一套智能终端时工程实施的主要步骤如下：

（1）本间隔一次设备停电、二次设备停用。

（2）施工前确认已做好施工阶段相应的安全措施。

（3）将原智能终端的CID配置文件导出备份。

（4）更换线路智能终端，根据需要变更智能控制柜智能终端内部配线及外部电缆、光缆。

（5）智能终端下载配置文件、单体调试。

（6）分系统调试前确认已做好调试阶段相应的安全措施。

（7）500kV Ⅰ母第一套母线保护、对应第一套线路保护、5012 第一套断路器保护配合调试停用；重新下载这些装置的 CID 配置文件。

（8）进行保护分系统、测控分系统、故录网分分系统、检修机制、一体化监控系统的采样、告警等功能的检验。

（9）保护和测控带一次设备做整组传动试验。

（10）验收、送电。

37．3/2 接线方式更换 500kV 第一套线路保护时需要做哪些安全措施？

答：500kV 变电站系统接线如图 17-1 所示。

本线路间隔一次设备停电情况下（5011、5012 断路器停电），整个工作分施工阶段和调试阶段两个阶段进行。

（1）施工阶段需采取的安全措施有：

1）退出 500kV Ⅰ母第一套保护内 5011 电流 SV 接收软压板、5011 失灵接收软压板。

2）退出该串主变压器第一套保护内 5012 电流断路器 SV 接收软压板、5012 失灵接收软压板。

3）投入该线路电压合并单元、5011/5012 断路器保护、5011/5012 合并单元及智能终端检修压板。

4）断开线路保护装置背板光纤，断开装置电源。

（2）调试阶段需采取的安全措施有：

1）退出 500kV Ⅰ母第一套保护内 5011 电流 SV 接收软压板、5011 失灵接收软压板。

2）退出该串主变压器第一套保护内 5012 电流断路器 SV 接收软压板、5012 失灵接收软压板。

3）退出 5011 第一套断路器保护内失灵跳Ⅰ母发送软压板。

4）退出 5012 第一套断路器保护内失灵跳 5013 发送软压板、启 5013 失灵发送软压板、失灵跳主变压器发送软压板。

5）投入该线路保护/电压合并单元、5011/5012 断路器保护、5011/5012 合并单元及智能终端检修压板。

6）在合并单元端子排处将 TA 二次短接并断开，TV 二次回路断开。

38．3/2 接线方式更换 500kV 第一套线路保护时工程实施的主要步骤有哪些？

答：（1）5011、5012 断路器间隔一次设备停电。

（2）施工前确认已做好施工阶段相应的安全措施。

（3）将原 500kV 线路保护的 CID 配置文件导出备份。

（4）更换线路保护，根据需要变更智能控制柜合并单元内部配线及外部电缆、光缆。

（5）线路保护下载配置文件、单体调试。

（6）分系统调试前确认已做好调试阶段相应的安全措施。

（7）在合并单元加入交流模拟量，进行保护分系统、故录网分分系统、一体化监控系统的采样、告警、检修机制等功能的检验。

（8）线路保护带一次设备做整组传动试验、通道联调试验。

（9）验收、送电后带负荷校验改造线路保护极性，确认第一套线路保护无差流，并将电流电压间夹角与第二套线路保护夹角比较，确认夹角基本一致。

39．3/2 接线方式更换 5011 第二套断路器保护时需要做哪些安全措施？

答：500kV 变电站系统接线如图 17-1 所示。

5011 断路器停电情况下，整个工作分施工阶段和调试阶段两个阶段进行。

（1）施工阶段需采取的安全措施有：

1）退出对应的第二套线路保护 5011 电流 SV 接收软压板；投入第二套线路保护 5011 开关检修软压板。

2）退出Ⅰ母第二套母线保护内 5011 电流 SV 接收软压板、5011 失灵接收软压板。

3）退出 5012 第二套断路器保护内 5011 失灵接收软压板。

4）断开 5011 第二套断路器保护背板光纤、装置电源。

（2）调试阶段需采取的安全措施有：

1）退出Ⅰ母第二套母线保护内运行间隔 GOOSE 出口软压板、启失灵软压板、电流 SV 接收软压板，投入该母线保护检修压板。

2）退出第二套线路保护中 5012 断路器 GOOSE 出口软压板、启失灵软压板、5012 电流 SV 接收软压板、线路电压 SV 接收软压板，投入该线路保护检修压板。

3）退出 5012 第二套断路器保护内至运行间隔 GOOSE 失灵、出口软压板；投入该断路器保护检修压板。

4）在 5011 第二套电流合并单元端子排处将 TA 二次短接并断开；投入该合并单元检修压板。

5）投入 5011 第二套智能终端、断路器保护检修压板。

6）退出 5012 第二套智能终端出口硬压板，投入其检修压板。

40．3/2 接线方式更换 5011 第二套断路器保护时工程实施的主要步骤有哪些？

答：（1）本间隔一次设备停电、二次设备停用。

（2）施工前确认已做好施工阶段相应的安全措施。

（3）将原断路器保护的 CID 配置文件导出备份。

（4）更换 5011 断路器保护，根据需要变更 5011 断路器保护内部配线及外部电缆、光缆。

（5）5011 断路器保护下载配置文件、单体调试。

（6）分系统调试前确认已做好调试阶段相应的安全措施。

（7）500kVⅠ母第二套母线保护、对应第二套线路保护、5012 第二套断路器保护、5012 第二套智能终端配合调试停用。重新下载这些装置的 CID 配置文件。

（8）进行保护分系统、测控分系统、故录网分分系统、检修机制、一体化监控系统的采样、告警等功能的检验。

（9）5011 断路器保护带 5011 间隔一次设备做整组传动试验。

（10）验收、送电后带负荷校验改造断路器保护极性，将电流电压间夹角与第一套断路器保护夹角比较，确认夹角基本一致。

41．智能变电站扩建间隔后变电站中原有的哪些配置文件需要修改？

答：（1）智能站扩建时需要修改 SCD 文件。首先通过检查确认 SCD 文件与目前运行的设备模型以及设备之间的虚回路连接情况相符，然后在原 SCD 文件中添加新增二次设备的 ICD 模型，并根据扩建设计图纸连接虚端子。

（2）与扩建间隔二次设备存在虚回路连接关系的站内二次设备需要修改 CID 配置文件。根据上步中生成的新 SCD 文件，导出相关二次设备的新 CID 配置文件，重新下载至装置中。

42．220kV 双母线接线方式扩建线路间隔时有哪些装置需要重新下载配置文件？原有装置与扩建间隔之间哪些回路需试验验证？

答：（1）需要重新下载配置文件的装置有：扩建间隔对应的母线保护、故障录波、网络报文分析仪、向量测量、监控主机、Ⅰ区通信网关机、图形网关机、保护故障信息子站等。

（2）扩建间隔与原有装置间需要试验验证的虚回路有：母线保护跳扩建断路器、母线保护接收扩建线路电流、母线保护接收扩建间隔隔离开关位置、母线保护启扩建线路保护远跳、扩建线路保护启母线失灵、母线电压与扩建线路合并单元级联。

43．220kV 双母线接线方式母线停电时扩建线路间隔如何接入母差？

答：因母线一次设备停电，不涉及运行间隔，无论是一次设备接入母线还是二次回路接入母差保护，在安全隔离措施方面都比较简单，只需投入装置检修压板即可。母差接入新间隔的主要步骤如下：

（1）完成扩建间隔内二次设备（合并单元、智能终端、线路保护）单体调试及联调。

（2）将扩建间隔所在 220kV 双母线转检修，母差保护停用。母线上其他间隔转冷备用。

（3）扩建间隔内二次设备与一次设备联动试验，测试内容包括：线路合并单元隔离开关位置开入及电压切换、保护整组试验、扩建间隔测控分系统联调。

（4）将母差保护原 CID 配置文件导出备份。母差保护下载含扩建间隔的新 CID 配置文件，母差单体调试。

（5）母差保护与扩建间隔合并单元间电流采样联调。

（6）母差保护与该电压等级所有间隔间 GOOSE 开入、开出调试，带开关传动试验。

44．220kV 双母线接线方式母线不停电时扩建线路间隔如何接入母差？

答：因要求母差接入新间隔时母线一次设备不停电，而接入过程中两套母差不能同时退出运行，故只能采用逐套停用母差接入新间隔的方案。并且在不停电情况下，母差只能接入扩建间隔二次设备的相关回路，与断路器、隔离开关等一次设备的接口及传动试验只能待后续母线停电时进行。

以第一套母差保护为例，母差下载新配置时安全措施如下：

（1）停用第一套母差保护，投入第一套母差保护检修压板。

（2）拔掉第一套母差保护背板光纤。

（3）退出其他运行间隔第一套线路保护中母差跳闸接收软压板（若有）。

母差调试扩建间隔时安全措施如下：

（1）退出第一套母差保护内至运行间隔的远跳、SV 接收、GOOSE 跳闸出口软压板。投入第一套母差保护检修压板。

（2）投入扩建间隔第一套线路保护检修压板。投入该套智能终端检修压板。

（3）退出其他运行间隔第一套线路保护中母差跳闸接收软压板（若有）。

因母差重新下载了配置文件，故严格来说应对扩建间隔在内的所有间隔的回路逐一进行试验验证。以调试母差与某运行间隔（商泉一回线）间回路为例，安全措施如下：

（1）退出第一套母差保护内至其他运行间隔的远跳、GOOSE 跳闸出口软压板。投入第一套母差保护检修压板。

（2）商泉一回线第一套线路保护配合调试停用，投入其检修压板。

（3）退出商泉一回线第一套智能终端跳闸出口压板，投入该套智能终端检修压板。

（4）解开商泉一回线两套智能终端间闭锁重合闸回路，加用商泉一回线第二套线路保护重合闸。

（5）退出其他运行间隔第一套线路保护母差跳闸接收软压板（若有）。

母差接入扩建间隔的主要步骤如下：

（1）完成扩建间隔内二次设备（合并单元、智能终端、线路保护）单体调试及间隔内联调。

（2）设置母差下载新配置时安全措施。

（3）将母差保护原 CID 配置文件导出备份。母差保护下载含扩建间隔的新 CID 配置文件后，进行母差单体调试。

（4）设置母差调试扩建间隔时安全措施。

（5）母差保护与扩建间隔合并单元间电流采样回路联调。

（6）母差保护与扩建间隔间启失灵及跳闸回路联调。

（7）设置母差调试运行间隔时安全措施。

（8）母差保护与原运行间隔电流采样、启失灵及跳闸回路联调。

（9）母线一次设备全停，扩建间隔一次设备接入母线。

（10）完成母差保护与扩建间隔一次设备联动试验：扩建间隔隔离开关位置开入、保护整组试验。

45．110kV 单母分段接线方式扩建线路间隔时有哪些装置需要重新下载配置文件？原有装置与扩建间隔之间哪些回路需试验验证？

答：（1）需要重新下载配置文件的装置有：扩建间隔对应的母线保护、故障录波、网络分析仪、监控主机、Ⅰ区通信网关机、图形网关机、保护故障信息子站等。

（2）扩建间隔与原有装置间需要试验验证的虚回路有：母线保护跳扩建备用电源自动投入装置断路器、母线保护接收扩建线路电流、母线保护启动扩建线路保护远跳、母线电压与扩建线路合并单元级联。

备自投接收扩建线路电流，备自投跳（合）扩建断路器，备自投接收扩建线路电压（如需要）。

46．110kV 单母分段接线方式母线停电扩建线路间隔时如何接入母差？

答：因母线一次设备停电，不涉及运行间隔，无论是一次设备接入母线还是二次回路接入母差保护，在安全隔离措施方面都比较简单，只需投入装置检修压板即可。母差接入新间隔的主要步骤如下：

（1）完成扩建间隔内二次设备（合并单元、智能终端、线路保护）单体调试及联调。

（2）将扩建间隔所在 110kV 单母线转检修，母差保护停用，母线上其他间隔转冷备用。

（3）扩建间隔内二次设备与一次设备联动试验，测试内容包括：保护整组试验、扩建间隔测控分系统联调。

（4）将母差保护原 CID 配置文件导出备份，母差保护下载含扩建间隔的新 CID 配置文件，母差单体调试。

（5）母差保护与扩建间隔合并单元电流采样联调。

（6）母差保护与该电压等级包括扩建间隔在内的所有间隔 GOOSE 开入、开出调试，带开关传动试验。

47．3/2 接线方式扩建线路（增加边断路器）时有哪些装置需要重新下载配置文件？原有装置与扩建间隔之间哪些回路需试验验证？

答：（1）需要重新下载配置文件的装置有：中断路器保护、中断路器智能终端、扩建边断路器侧母线的母线保护、中断路器测控、故障录波器、网络分析仪、向量测量、监控主机、Ⅰ区通信网关机、图形网关机、保护故障信息子站等。

（2）本串中断路器与原有装置间需要试验验证的虚回路有：中断路器失灵跳扩建边断路器、中断路器启边断路器失灵、中断路器失灵启动扩建线路保护远跳、扩建线路保护启动中断路器失灵重合、扩建线路保护跳中断路器。若扩建线路配有高抗，还需传动高抗保护跳中断路器、高抗保护启动中断路器失灵等回路。中断路器测控装置“五防”逻辑。

（3）扩建边断路器与原有装置间需要试验验证的虚回路有：扩建边断路器失灵跳中断路器、启中断路器失灵、扩建边断路器失灵启动母线保护、母线保护跳扩建边断路器、母线保护启扩建边断路器失灵、母线保护启线路保护远跳、母线保护收扩建边断路器电流、母线电压与扩建线路电压合并单元级联。

48．3/2 接线方式一次设备停电扩建线路（增加边断路器 5011）时二次设备如何接入？

答：如图 17-2 所示，500kV 变电站计划扩建第一串边断路器 5011、同时增加线路出线，原 5012、5013 断路器带 1 号主变压器高压侧运行。在 5011 断路器及新线路间隔二次设备接入前，相关一次设备已完成电气安装工作，500kV Ⅰ母、5012 断路器处于检修状态。此时，整个扩建间隔新二次设备接入系统工作可分为施工阶段和调试阶段两个阶段进行。施工阶段需完成扩建间隔二次设备的电气安装工作，包括 5011 合并单元、5011 智能终端、5011 断路器保护、扩建线路保护、5011 断路器测控、扩建线路测控等。

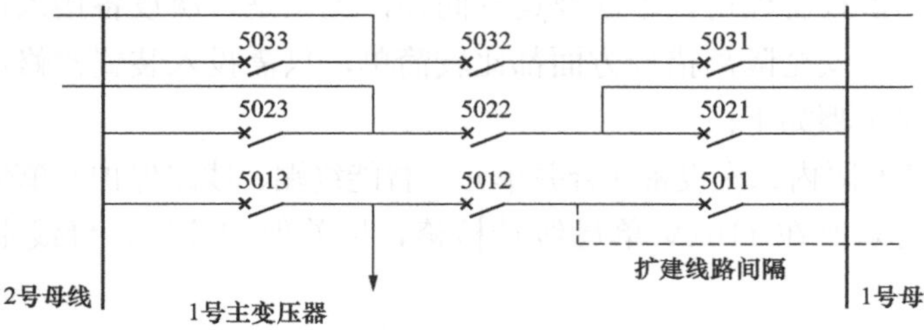

图 17-2　500kV 变电站扩建一次系统示意图

（1）施工阶段需采取的安全措施有：

1）退出其他串Ⅰ母侧运行间隔保护内边断路器电流 SV 接收软压板。

2）退出 5022/5032 断路器保护 5021/5031 断路器失灵接收软压板。

3）退出 5013 断路器保护内 5012 断路器失灵接收软压板。

4）退出 1 号主变压器保护内 5012 电流 SV 接收软压板、5012 断路器失灵联跳接收软压板。

5）退出 5012/5021/5031 断路器保护 GOOSE 出口软压板、启失灵发送软压板。

6）投入Ⅰ母母线保护检修压板；投入 5012 合并单元、5012 智能终端、5012 断路器保护检修压板。

（2）调试阶段 500kV Ⅰ母、5012 断路器仍处于检修状态，5013 断路器带 1 号主变压器高压侧运行。若调度允许，可采取 1 号主变压器保护、5013 断路器保护逐套停用配合调试的办法，以第一套保护调试为例，调试阶段需采取的安全措施有：

1）退出其他串Ⅰ母侧线路保护内边断路器电流 SV 接收软压板。

2）投入Ⅰ母母线保护检修压板；投入 5012 合并单元、5012 智能终端、5012 断路器保护检修压板。

3）退出 1 号主变压器第一套保护内至运行设备 GOOSE 启失灵、出口软压板；投入该变压器保护检修压板。

4）退出 5013 第一套断路器智能终端出口硬压板，投入该智能终端检修压板；拆除 5013 第一套智能终端端子排处跳闸电缆。

5）退出 1 号主变压器中低压侧第一套智能终端出口硬压板，投入该智能终端检修压板。

6）退出 220kV 母联/分段第一套智能终端出口硬压板，投入该智能终端检修压板。

7）退出 220kV 第一套母差保护内该 1 号主变压器保护启失灵接收软压板。

8）退出 5013 第一套断路器保护内跳 5013 出口软压板、失灵跳Ⅱ母出口软压板；Ⅱ母第一套母差退出 5013 失灵接收软压板。

9）退出其他串Ⅰ母侧断路器保护内至运行设备 GOOSE 启失灵、出口软压板；投入检修压板。

10）在 5012 断路器、Ⅰ母侧所有边断路器合并单元端子排处将 TA 二次短接并断开。

（3）扩建间隔二次设备接入系统的主要步骤如下：

1）500kVⅠ母、5012 断路器转检修，设置扩建间隔二次设备施工阶段的安全措施。

2）完成扩建间隔内二次设备（5011 合并单元、5011 智能终端、5011 断路器保护、线路保护、5011 断路器测控、线路测控等）的电气安装工作。

3）设置二次设备调试阶段的安全措施。

4）完成扩建间隔内二次设备的单体调试及分系统联调。

5）将Ⅰ母母差保护原 CID 配置文件导出备份；Ⅰ母母差保护下载含扩建间隔的新 CID 配置文件；Ⅰ母母差单体调试。

6）Ⅰ母母差保护与 5011 合并单元间电流采样联调；与 5011 断路器间启失灵及跳闸回路联调；与Ⅰ母侧其他间隔保护二次回路联调。

7）将 5012 断路器保护原 CID 配置文件导出备份；5012 断路器保护下载含扩建间隔的新 CID 配置文件。

8）5012 断路器单体调试、5012 断路器保护与 5011 断路器保护及扩建线路保护间分系统联调。

9）1 号主变压器保护及 5013 断路器保护，分别与 5012 断路器保护联调。

10）相关保护整组试验。

11）送电过程中 TV 核相、带负荷校验相关保护极性正确。

49．常规变电站改造后过程层比改造前有哪些变化？

答：（1）智能变电站与常规变电站相比，过程层不仅包括变压器、断路器、隔离开关、电流/电压互感器等一次设备，还增加了合并单元、智能终端等智能组件以及电子式互感器、过程层交换机等独立的智能电子装置。

（2）智能变电站一次设备通过智能组件，用光纤与间隔层连接，信息传输数字化。常规变电站一次设备直接通过电缆与间隔层联系。

50．常规变电站智能化改造后间隔层比改造前有哪些变化？

答：（1）间隔层装置如保护测控通过过程层交换机组网，与过程层的合并单元、智能终端交换数据信息。

（2）压板配置不同：改造前常规变电站保护装置主要为硬压板；而改造后保护装置除检修硬压板与远方操作硬压板外，其他均采用软压板，并可实现远方遥控。

（3）电流电压采样不同。常规变电站间隔层装置采用电缆接线输入模拟量，改造后模拟量采用光纤输入，并遵守 IEC 61850-9-2 规约。

（4）开入开出方式不同。常规变电站间隔层装置采用电缆接线输入输出开关量，改造后采用光纤传输，通过 GOOSE 报文订阅/发布实现。

（5）与站控层通信方式不同。常规站间隔层装置一般采用 103、104 规约，改造后采用 IEC 61850-8-1 规约通信。

51．常规变电站智能化改造后站控层比改造前有哪些变化？

答：（1）变电站自动化系统智能化改造后，建立了站内一体化监控系统，可实现站控层网络 DL/T 860 标准通信。变电站自动化系统具备足够的标准网络接口，可直接获取 SCADA、继电保护、状态监测、电能量、故障录波和辅助系统等各数据，实现全站信息的统一接入、统一存储和统一展示。

（2）监控主机中可实现常规变电站不具备的高级应用功能。包括顺序控制、智能告警及故障信息综合分析、设备状态可视化、支撑电网经济运行与优化控制、源端维护、站域控制等。

（3）监控系统可实现实现全站的防误操作闭锁功能。

52．常规变电站智能化改造后辅助控制系统有哪些变化？

答：智能变电站为了实现各辅助系统应用功能的集中监控和管理，比常规变电站增加配置了辅助控制系统。常规变电站改造后由一台辅助控制系统监控主机实现各个辅助子系统的信息远传、远方控制、远方监测功能。一般来说辅助控制系统由图像监视、消防、安防、防洪、门禁、环境/温度控制、灯光控制等子系统构成。

53．常规变电站智能化改造后应具备哪些高级功能？

答：常规变电站改造后，应具备的高级功能有：

（1）顺序控制、智能告警及故障信息综合分析、设备状态可视化、支撑电网经济运行与优化控制等功能。

（2）源端维护、站域控制（站域备自投、站域无功控制、小电流接地选线等）等其他高级应用功能可结合工程实际，视变电站及上级主站情况需要选择采用。

54．改扩建过程中 SCD 文件管理应注意哪些问题？

答：（1）施工前施工人员应会同运维人员通过软件检查集成商提供的 SCD 文件的正确性，扩建间隔或改造间隔的相关回路能满足相关技术要求及现场情况。

（2）施工过程中厂家提供的 SCD 文件应妥善保存，并详细记录版本号、人员姓名、日期等信息。

（3）厂家修改 SCD 文件后应提交施工人员和运维人员，检查无误、做好修改记录后，再生成 CID 文件进行下装。

（4）厂家不得擅自对 SCD 文件进行修改。

55. 改扩建调试过程中配置文件变更的管控流程及相关人员的责任划分是什么？

答：（1）厂家不得擅自变更智能站的配置文件。

（2）由于工程需要必须变更的，应由集成商向检修人员提出申请，由二次检修人员会同运维人员检查集成商提供的配置文件的正确性，无误后再进行下装，下装过程全程二次检修人员监护。

（3）修改前后的 SCD/CID 等配置文件，均需做好备份，并详细记录版本号、人员姓名、日期等信息；厂家和变电站运维人员、二次检修人员各保存一份。

（4）配置文件由变电站运维人员负责保存；相关检修人员、运维人员、厂家签字留底。

第十八章　智能变电站配置文件管控

1．智能变电站的配置流程是怎样的？

答： 智能变电站的配置流程如图 18-1 所示。

（1）产品制造商提供 IED 的出厂配置信息，即 IED 的功能描述文件 ICD，该文件通常包括装置模型和数据类型模型。

（2）配置人员将 ICD 文件导入到系统组态工具，并根据设计单位提供的虚回路图等资料生成 SCD 文件。

（3）由 SCD 文件导出二次设备的配置文件并下载到二次设备中，同时将 SCD 文件导入到监控机和远动机的数据库进行配置。

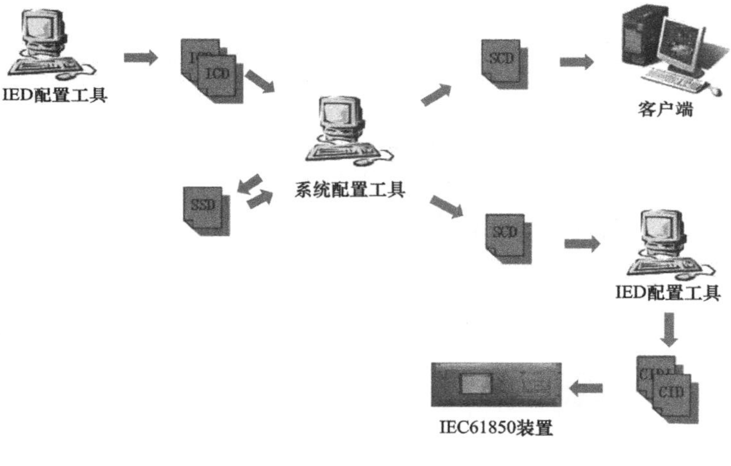

图 18-1　智能变电站的配置流程

2．SV 虚端子信息为什么应配置到数据对象（DO）层次而不是数据属性（DA）层次？

答： 因为 DO 中包含了品质描述 q（DA），品质描述 q 包含了保护装置必须要处理的数据有效性、测试标记等信息，SV 虚端子信息配置到 DO 层次，就避免了配置到 DA 层次时还需另连 q（DA）的问题，减少了虚端子连线。

3．为什么在 SCD 文件 GOOSE、SV 通信参数配置中不配置 IP 地址？

答： 因为 GOOSE、SV 数据没有经过网络层的封装，数据传输的寻址是基于数据链路层的 MAC 地址，所以不需配置 IP 地址。

4．为什么在SCD文件中保护装置的SV虚连线对每相电压和电流要连两个虚端子？

答：这是由于保护原理决定的，在保护装置中有两个元件，一个是起动元件，一个是保护计算元件，两个元件要求独立的采样值，所以每相电压或电流要连两个电气量。

5．配置文件管理过程中各相关单位职责是什么？

答：（1）调控部门负责智能变电站运维阶段配置文件归口管理，负责制定智能变电站配置文件相关规定和标准。

（2）设计单位负责智能变电站新建、改建、扩建、技改等工程的设计，提供SCD文件。

（3）建设单位工程投产前负责向运维单位移交配置文件及相关资料，并保证其正确性、完整性以及与现场的一致性。

（4）运维单位负责智能变电站配置文件的验收及审核，负责运维阶段的智能变电站配置文件管理，负责向调控部门提供配置文件及相关资料。

6．智能变电站配置文件管理包含哪些内容？

答：包含智能变电站系统配置文件（SCD）、IED实例配置描述文件（CID）、IED回路实例配置文件（CCD）、过程层交换机配置文件等的管理。

7．智能变电站配置文件管理原则是什么？

答：配置文件管理应遵循“源端修改，过程受控”的原则，以运维单位为主体，建立智能变电站配置文件管理系统，对配置文件实施统一管理。

8．智能变电站配置文件运行管理系统采用怎样的访问模式？

答：采用B/S（浏览器/服务器）模式提供集中式或分布式访问服务。服务器部署在安全分区Ⅲ区或Ⅳ区，当部署在Ⅲ区时应允许Ⅳ区用户访问，反之亦然。

9．配置文件变更操作的注意事项有哪些？

答：（1）运维单位应对修改人员、时间、目的及修改内容等信息进行记录。

（2）修改后的配置文件应通过校验及审核后方能归档。

（3）配置文件下装时，应进行相应验证，并履行相关手续。

10．智能变电站配置文件运行管理系统是什么？

答：用于智能变电站新（改扩）建验收、运维、反措、技改过程中配置文件统一管理的技术支持系统。

11．为防止因多人同时修改SCD导致冲突，方便版本管理应采取什么措施？

答：智能变电站配置文件运行管理模块应采用SCD文件的签入、签出机制。

12. SCD 文件签入有哪些要求？

答：（1）应保存配置一致性保证书的扫描件或照片。

（2）系统对提交的 SCD 文件执行合法性校验。

（3）执行各装置及全站虚端子 CRC 校验码的正确性复算校核。

13. SCD 文件签出成功后智能变电站配置文件运行管理模块应做什么？

答：应立即将该变电站的 SCD 文件锁定，直至下次签入。当该变电站的 SCD 文件锁定时，不允许执行签出及相关属性的编辑操作，只允许浏览、下载操作。

14. SCD 文件签入成功的必要条件有哪些？

答：提供配置一致性保证书的扫描件或照片；通过管理模块的合法性校验，未发现错误，并完全符合相关标准。

15. 什么是 SCD 文件签入签出机制？

答：签入签出机制是一种文件变更管理方法，用于防止多人同时修改 SCD 文件时导致的冲突。实际应用中，凡是导致 SCD 变更的工作或工程，均应在变更前执行签出，变更完成后执行签入，以确保 SCD 文件的唯一性。

16. 什么是交换机配置文件？

答：交换机配置文件是从交换机导出的配置描述文件，包含 VLAN 划分、镜像设置等端口配置信息以及其他私有设置，用于更换设备时快速恢复到原设置。

17. SCD 文件合法性校验包括哪些内容？

答：（1）语法格式校验。

（2）数据集成员有效性检查。

（3）模型实例与模板一致性校验。

（4）通信参数属性正确性检查。

（5）参数属性唯一性检查。

（6）虚端子连线配置检查。

（7）工程配置规范化检查。

18. CID 文件管理应具备哪些功能？

答：（1）支持 CID、CCD 过程层交换机配置文件上传和下载。

（2）CID、CCD 文件与 SCD 文件一致性检测，保障数据的有效性。

（3）不同版本 CID、CCD 文件的差异比较功能。

（4）检索各历史版本的 CID、CCD、过程层交换机配置文件。

第十九章　智能变电站典型配置

1．智能变电站与常规变电站在一次设备与二次设备配置上的主要区别有哪些？

答：在一次设备配置方面，智能变电站相对于常规变电站减少了电流互感器二次绕组数量和额定二次容量。一是由于在配置了合并单元后，相同类型的二次设备可以公用一个二次绕组的采样值；二是因为合并单元就地安装，大大缩短了二次绕组与采样设备之间的距离，减少了电流二次回路的负荷阻抗。变压器、断路器和其他开关类设备、母线等一次设备的配置，两种变电站建设模式并没有区别。

在二次设备配置方面，智能变电站相对于常规变电站增加了过程层网络和过程层设备。过程层设备（合并单元与智能终端）以及网络设备（过程层交换机）的使用，改变了保护测控装置的采样、控制模式。保护装置、测控装置等其他二次设备的配置，除了110kV电压等级采用保护测控一体化装置以外，两种变电站并没有太大区别。

2．110kV智能变电站线路保护如何配置？

答：110kV智能变电站典型配置图以通用设计方案110-C-8为例，其电气主接线图见附录A。

（1）每回线路电源侧变电站宜配置一套线路保护装置，负荷侧变电站可不配置。保护应配置完整的三段相间和接地距离保护、四段零序方向保护。110kV线路转供线路、环网线及电厂并网线可配置一套纵联保护。三相一次重合闸随线路保护装置配置。

（2）采用保护测控一体化装置，保护直接采样、直接跳闸；经技术经济比较，也可采用网络跳闸的方式。实际工程中，均采用直采直跳方式。

已投立的110kV智能变电站有敞开式、HGIS式及GIS式三种，附录A为敞开式变电站一次设备典型配置图。

3．110kV智能变电站中母线保护如何配置？

答：双母线接线应配置一套母差保护，单母线分段接线可配置一套母线保护。110kV母线保护宜直接采样直接跳闸，当相关设备（交换机）满足保护对可靠性和快速性的要求时，可采用网络跳闸方式。

4．110kV智能变电站母联（分段）断路器保护如何配置？

答：（1）按断路器配置单套完整的、独立的母联（分段）、桥断路器保护装置，具备瞬时和延时跳闸功能的充电及过电流保护。

（2）采用保护测控一体化装置。

（3）母联（分段）、桥保护宜采用直接采样、直接跳闸方式。

5．110kV 智能变电站主变压器保护如何配置？

答：（1）电量保护宜按单套配置，主、后备保护分开配置；后备保护应集成测控装置功能。电量保护也可按双套配置，每套保护包含完整的主、后备保护功能和测控功能。

（2）主变压器保护直接采样，直接跳各侧断路器；变压器保护跳母联、分段断路器及闭锁备自投、启动失灵等可采用 GOOSE 网络传输。变压器保护可通过 GOOSE 网络接收失灵保护跳闸命令，并实现失灵跳变压器各侧断路器。

（3）变压器非电量保护采用就地直接电缆跳闸，信息通过本体智能终端上送过程层 GOOSE 网络。

（4）变压器保护可采用分布式保护，分布式保护由主单元和若干个子单元组成，子单元不应跨电压等级。

6．110kV 智能变电站故障录波系统如何配置？

答：（1）对于重要的 110kV 变电站，其 110kV 线路、母联（分段）断路器及主变压器可配置一套故障录波装置。

（2）当变电站设置过程层网络时，全站统一配置 1 套故障录波及网络分析一体化装置。变电站不设置过程层网络而全部采用点对点传输时，可不设置。

（3）故障录波及网络分析一体化装置应记录所有过程层 GOOSE、SV 报文、站控层 MMS 报文。

（4）故障录波及网络分析一体化装置宜由网络记录单元、暂态录波单元、故障录波及网络分析主机组成。

（5）网络记录单元应连续在线记录存储网络上的原始报文。

（6）暂态录波单元应在有故障启动量时记录存储暂态波形。每台暂态录波单元数字式交流量宜为 96 路，开关量宜为 256 路。

（7）故障录波及网络分析主机应由不同的软件模块实现暂态录波分析功能及网络报文分析功能，并将分析结果以特定报文形式上传至主机兼操作员工作站。

7．110kV 智能变电站高压侧备自投如何配置？

答：主接线采用单母线分段接线或内桥接线时，宜在 110kV 电压等级配置备自投装置。单母线分段接线时，互为备用的两路电源宜在不同的母线段。备自投装置一般采用网络采样网络控制的模式，直接与过程层中心交换机联络。在智能组件端口充足的情况下，也可以采用点对点方式。

8．110kV 智能变电站对互感器及合并单元的要求有哪些？

答：由于电子式互感器在低电压等级应用不具备经济性优势，110kV 智能变电站，宜采用常规互感器＋合并单元模式，并应按要求优化互感器二次绕组配置数量以及容量。

（1）合并单元下放布置在智能控制柜或开关柜。

（2）母线电压合并单元应接收至少2组电压互感器数据，并支持向其他合并单元提供母线电压数据，根据需要提供电压并列功能。各间隔合并单元所需母线电压量通过母线电压合并单元转发。

9．110kV智能变电站对智能终端的要求有哪些？

答：（1）110kV电压等级智能终端按断路器单套配置（主变压器除外）。

（2）智能终端不设置防跳功能，防跳功能由断路器本体实现。

（3）智能终端采用就地安装方式，放置在智能控制柜或开关柜中。

（4）智能终端跳合闸出口回路应设置硬压板。

（5）智能终端应接收保护跳合闸命令、测控的手合/手分断路器命令及隔离开关、接地开关等GOOSE命令，输入断路器位置、隔离开关及接地开关、断路器本体信号（含压力低闭锁重合闸等），跳合闸自保持功能，控制回路断线监视、跳合闸压力监视与闭锁功能等。

10．110kV智能变电站电能量计量系统如何配置？

答：（1）全站配置一套电能量远方终端。110kV及以上电压等级线路及主变压器各侧电能表宜独立配置；35（10）kV电压等级宜采用保护测控计量多合一装置。实际工程中，一般仅在电容器、站用变压器间隔将计量功能并入保护测控装置，线路间隔仍配置独立电能表。

（2）非关口计量点宜选用支持DL/T 860的数字式电能表；当站内设置过程层网络时电能表计直接由过程层SV网采样；当站内不设置过程层网络时电能表计采用直接采样等方式。实际工程中，一般均为直接采样。

（3）电能量远方终端以串口方式采集电能量计量表计信息，并通过电力调度数据网与电能量主站通信。

11．110kV智能变电站自动化系统配置原则有哪些？

答：（1）变电站自动化系统的设备配置和功能要求应按无人值班模式设计。

（2）采用开放式分层分布式网络结构，逻辑上由站控层、间隔层、过程层以及网络设备构成。站控层设备按变电站远景规模配置，间隔层、过程层设备按工程实际规模配置。

（3）站内监控保护统一建模，统一组网，信息共享，通信规约统一采用DL/T 860，实现站控层、间隔层、过程层二次设备互操作。

（4）变电站内信息宜具有共享性和唯一性，变电站自动化系统监控主机与远动数据传输设备信息资源共享。

（5）变电站自动化系统完成对全站设备的监控。

（6）变电站自动化系统具有与电力调度数据专网的接口，软件、硬件配置应能支持联网的网络通信技术以及通信规约的要求。

12．110kV 智能变电站自动化系统构成是什么？

答：变电站自动化系统符合 DL/T 860《变电站通信网络和系统》系列标准，采用分层分布式网络结构，在功能逻辑上由站控层、间隔层、过程层组成。110kV 智能变电站一、二次设备典型配置见附录 A。

站控层由监控主机兼操作员站、远动通信装置、状态监测及智能辅助控制系统及后台主句、网络打印机等设备构成，提供站内运行的人机联系界面，实现管理控制间隔层、过程层设备等功能，形成全站监控、管理中心，并与远方监控/调度中心通信。

间隔层由保护、测控、计量、录波、网络记录分析等若干个二次子系统组成，在站控层及网络失效情况下，仍能独立完成间隔层设备的就地监控功能。

过程层由合并单元、智能终端等构成，完成与一次设备相关的功能，包括实时运行电气量的采集、设备运行状态的监测、控制命令的执行等。过程层网络与站控层、间隔层网络完全独立。

13．110kV 智能变电站自动化系统站控层网络如何配置？

答：站控层设备通过网络与站控层其他设备通信，与间隔层设备通信，传输 MMS 报文和 GOOSE 报文。

站控层网络宜采用单套星形以太网络。站控层交换机宜采用 100Mbit/s 24 电口交换机，站控层交换机与间隔层交换机之间的级联端口宜采用光口（站控层交换机与间隔层交换机同一室内布置时，可采用电口）。

14．110kV 智能变电站自动化系统间隔层网络如何配置？

答：间隔层设备通过网络与本间隔其他设备通信、与其他间隔层设备通信、与站控层设备通信，可传输 MMS 报文和 GOOSE 报文。间隔层网络宜采用单套星形以太网络。

间隔层交换机应按设备室或按电压等级配置，宜选用 100Mbit/s 24 电口交换机。

15．110kV 智能变电站自动化系统过程层网络如何配置？

答：过程层网络完成间隔层与过程层设备、间隔层设备之间以及过程层设备之间的数据通信，可传输 GOOSE 报文和 SV 报文。

（1）单母线（单母线分段）或双母线接线方式的 110kV 智能变电站：

1）110kV 间隔层设备集中布置在二次设备室时，110kV 过程层宜设置单星形以太网络，GOOSE 及 SV 宜采用网络方式传输，GOOSE 网与 SV 网共网设置。

2）当 110kV 间隔层设备就地布置在配电装置时，GOOSE 及 SV 均不组网，采用点对点方式传输。

3）35kV、10kV 不宜设置过程层网络，GOOSE 报文通过站控层网络传输。

4）每个交换机端口与装置之间的流量不宜大于 40Mbit/s。

（2）桥形接线、线变组接线的 110kV 智能变电站：

1）110kV GOOSE 报文及 SV 报文宜采用点对点方式传输，不宜组建过程层网络。

2）35、10kV 不宜设置过程层网络，GOOSE 报文通过站控层传输。

16．110kV 过程层网络如何连接？

答：当保护、测控装置集中布置时，110kV 宜每两个间隔配置 2 台过程层交换机。一般选用百兆 16 光口交换机，每台交换机预留 1～2 个备用端口。

110kV 电压等级配置一台过程层中心交换机，各过程层交换机均接入过程层中心交换机。110kV 分段间隔智能组件与保护测控装置直接接入过程层中心交换机。

17．110kV 智能变电站测控装置如何配置？

答：110kV 智能变电站测控装置按照 DL/T 860 建模，具备完善的自描述功能，与站控层设备直接通信。支持通过 GOOSE 报文实现间隔层“五防”联闭锁功能，支持通过 GOOSE 报文下行实现设备操作。

（1）110kV 间隔及主变压器应采用保护测控一体化装置。

（2）宜按电压等级配置公用测控装置。

（3）35、10kV 电压等级宜采用保护测控计量多合一装置，计费关口应满足电能计量规程规范要求。

（4）保护装置除失电告警信号以硬接线方式接入测控装置，其余告警信号均以网络方式传输。

18．110kV 智能变电站合并单元如何配置？

答：（1）除主变压器外 110kV 电压等级各间隔合并单元单套配置。

（2）110kV 母线合并单元宜双套配置，集成母线 TV 智能终端功能。

（3）主变压器各侧合并单元宜双套配置，中性点（含间隙）合并单元宜独立配置，也可并入高压侧合并单元。

（4）35、10kV 配电装置采用户内开关柜布置时不宜配置合并单元（主变压器间隔除外）；采用户外敞开式布置时宜配置单套合并单元，合并单元宜集成智能终端功能。

（5）同一间隔内的电流互感器和电压互感器宜合用一个合并单元。

（6）合并单元宜具备电压切换或电压并列功能，宜支持以 GOOSE 方式开入断路器或隔离开关位置状态。

（7）合并单元应分散布置于配电装置场地智能控制柜内。宜采用合并单元智能终端一体化装置。

19．110kV 智能变电站智能终端如何配置？

答：（1）110kV 线路、母联（分段）间隔智能终端宜单套配置。

（2）35、10kV 配电装置采用户内开关柜布置时不宜配置智能终端（主变压器间隔除外）；采用户外敞开式布置时宜配置单套智能终端。

（3）主变压器各侧智能终端宜单套配置；主变压器本体智能终端宜单套配置，集成非电量保护功能。当采用桥形接线时，主变压器高压侧隔离开关宜并入主变本体智能终端，也可单独配置。

（4）智能终端宜分散布置于配电装置场地智能控制柜内。宜采用合并单元智能终端一体化装置。

20．主变压器保护跳中、低压侧分段断路器如何实现？

答：35/10kV 分段间隔不配置智能组件，使用常规保护测控装置，外部保护跳闸接点直接接入断路器操作回路。由于主变压器电量保护只能输出光信号模式的跳闸指令，无法以常规的继电器出口触点输出跳闸指令，因此需要在分段保护测控装置增加光信号输入插件版，或者主变压器保护将跳闸指令利用站控层/间隔层网络传输至中、低压分段保护测控装置。

21．110kV 智能变电站智能辅控系统如何配置？

答：全站配置一套智能辅助控制系统实现图像监视及安全警卫、火灾报警、消防、照明、采暖通风、环境监测等系统的智能联动控制。

（1）全站设置一套图像监视及安全警卫子系统，功能按满足安全防范要求配置，不考虑对设备运行状态进行监视。在变电站围墙边界安装高压脉冲电子围栏。

（2）设置一套火灾自动报警子系统，包括火灾报警控制器（壁挂安装于值班室）、探测器、手动报警按钮等。

（3）设置一套环境监测子系统，包括环境数据处理单元 1 套、温度传感器、湿度传感器、风速传感器、水浸传感器、SF_6 传感器等。

22．110kV 智能变电站站用交直流一体化电源系统如何配置？

答：（1）全站配置一套站用交直流一体化电源系统，由站用交流电源、直流电源、交流不间断电源（UPS）、逆变电源（INV，根据工程需要选用）、直流变换电源（DC/DC）等装置组成，并统一监视控制，共享直流电源的蓄电池组。

（2）交流系统配置两路电源，来自两台不同的站用变电站。两路电源可实现自动切换功能。

（3）直流系统操作电源额定电压宜选用 220V，通信电源额定电压选用–48V。蓄电池宜采用阀控式密封铅酸蓄电池，宜装设 1 组。

直流电源采用高频开关充电装置，每套蓄电池宜配置 1 套高频开关充电装置，模块数按 N＋1 配置。配置 1 组蓄电池时，直流系统可采用单母线接线。

直流电源除 35（10）kV 配电装置采用环网供电外，其余 110kV 间隔及主变压器各侧均采用辐射供电方式。

（4）110kV 变电站宜配置 1 套交流不停电电源系统（UPS），主机采用单套配置方式。UPS 应为静态整流、逆变装置。

（5）通信电源宜采用直流变换器（DC/DC）装置供电，110kV 智能变电站宜配置 1 套，采用高频开关模块，$N+1$ 冗余配置。

23．110kV 智能变电站各间隔电流互感器二次绕组如何配置？

答：（1）测量、计量共用电流互感器绕组准确级统一采用 0.2S 级。各电压等级保护用电流互感器绕组宜选用 5P 级、10P 级。

（2）主变压器各侧进线间隔电流互感器均配置 4 个二次绕组，准确级分别为 5P/5P/0.2S/0.2S。取消主变压器套管电流互感器。

110kV 线路、分段间隔电流互感器均配置 2 个二次绕组，准确级分别为 5P/0.2S。

10kV 间隔采用保护测控计量一体化装置时，电流互感器配置 2 个二次绕组，准确级分别为 5P/0.2S。10kV 线路独立配置电能表或电容器、站用变压器保护测控计量一体化装置具备独立的计量采样单元时，该间隔配置 3 个二次绕组，准确级分别为 5P/0.5/0.2S。

（3）各电压等级电流互感器二次绕组额定电流宜选用 5A。

24．110kV 智能变电站母线电压互感器二次绕组如何配置？

答：（1）计量用电压互感器的准确级，最低要求选 0.2 级；测量用电压互感器的准确级，最低要求选为 0.5 级；保护用电压互感器的准确级选为 3P 级；保护用电压互感器剩余电压绕组的准确级为 6P。

（2）110kV 电压并列由母线合并单元完成。双母线接线时，电压切换由各间隔合并单元完成。

（3）110kV 母线电压互感器配置 4 个二次绕组，准确级分别为 0.2/0.5（3P）/0.5（3P）/6P。

（4）35（10）kV 母线电压互感器配置 3 个二次绕组，准确级分别为 0.2/0.5（3P）/6P。保护与测量共用一个绕组。

25．110kV 智能变电站电气二次设备如何组柜？

答：（1）站控层设备：监控主机兼操作员工作站组 1 面柜；远动通信设备组 1 面柜；公用设备（公共测控装置等）与站控层交换机组 1 面柜。

（2）间隔层设备：每两个 110kV 线路间隔保护测控装置＋1 台过程层交换机组 1 面柜；110kV 母联断路器间隔保护测控装置＋备自投＋过程层中心交换机组 1 面柜；主变压器电量保护＋过程层交换机组 1 面柜。

主变压器及 110kV 线路电能表合并组柜。

35（10）kV 采用户内开关柜时，保护测控装置就地布置。

（3）过程层设备：110kV 合并单元、智能终端就地布置于智能控制柜；主变压器 35（10）kV 侧合并单元智能终端等设备就地布置于开关柜。

26．220kV 智能变电站按照双重化原则进行配置的保护应满足哪些要求？

答：220kV 智能站典型配置图以通用设计方案 220-A-2 为例，其电气主接线图见附录 B。

（1）每套完整、独立的保护装置应能处理可能发生的所有类型的故障；两套保护之间不应有任何电气联系，当一套保护异常或退出时不应影响另一套保护的运行。

（2）双套保护的电压（电流）采样值应分别取自相互独立的合并单元。

（3）双重化配置保护使用的 GOOSE（SV）网络应遵循相互独立的原则，当一个网络异常或退出时不应影响另一个网络的运行。

（4）两套保护的跳闸回路应与两个智能终端分别一一对应；两个智能终端应与断路器的两个跳闸线圈分别一一对应。

（5）双重化的线路纵联保护应配置两套独立的通信设备，两套通信设备应分别使用独立的电源。

（6）双重化的两套保护及其相关设备（合并单元、智能终端、网络设备、跳闸线圈等）的直流电源应一一对应。

（7）双重化配置的保护应使用主、后一体化的保护装置。

27．220kV 智能变电站 220kV 线路保护如何配置？

答：（1）220kV 每回线路按双重化配置完整的、独立的能反映各种类型故障、具有选线功能的全线速动保护。终端负荷线路也可配置一套全线速动保护，每套保护均具有完整的后备保护，每套线路保护均应含重合闸功能，两套重合闸均应采用一对一启动和断路器控制状态与位置启动方式，不采用两套重合闸相互启动和相互闭锁。重合闸应实现单重、三重、禁止和停用方式。

（2）线路保护直接采样、直接跳闸。跨间隔信息（启动母差失灵功能和母差保护动作远跳功能等）采用 GOOSE 网络传输方式。

（3）母线电压切换由合并单元实现，每套线路合并单元应根据收到的两组母线的电压的量及线路隔离开关的位置信息自动采集本间隔所在母线的电压。

28．220kV 智能变电站母线保护如何配置？

答：（1）220kV 按远景规模配置双重化母线差动保护装置，110（66）kV 按远景规模配置单套母线差动保护装置。

（2）母线保护宜直接采样、直接跳闸，在保证可靠性和速动性的前提下，也可采用 GOOSE 网络跳闸。

29．220kV 智能变电站母联（分段）保护如何配置？

答：（1）220kV 母联（分段）断路器按双重化配置专用的、具备瞬时和延时跳闸功能的过电流保护。220kV 扩大内桥接线的内桥间隔配置双重化的桥断路器保护。

（2）110kV 母联（分段）断路器按单套配置专用的、具备瞬时和延时跳闸功能的过电流保护。

（3）母联（分段）保护直接采样、直接跳闸；启动母线失灵采用 GOOSE 网络传输。

（4）母联（分段）保护宜采用保护测控一体化装置。

30．220kV 智能变电站主变压器保护如何配置？

答：（1）220kV 主变压器电量保护按双重化配置，每套保护包含完整的主、后备保护功能。

（2）主变压器保护直接采样，直接跳各侧断路器；主变压器保护跳母联、分段断路器及闭锁备自投、启动失灵等可采用 GOOSE 网络传输。主变压器保护可通过 GOOSE 网络接收失灵保护跳闸线路命令，并实现失灵跳变压器各侧断路器。

（3）非电量保护采用就地直接电缆跳闸，信息通过本体智能终端上送过程层 GOOSE 网络。

（4）保护应具备通信管理功能，与监控系统及故障信息管理子站系统通信，规约采用 DL/T 860《变电站通信网络和系统》，接口采用以太网。

31．220kV 智能变电站故障录波系统如何配置？

答：（1）全站配置一套故障录波及网络记录分析一体化装置，装置应记录所有过程层 GOOSE、SV 网络报文、站控层 MMS 报文，具备暂态录波分析功能与网络报文分析功能，分析结果上传至站控层监控主机。

（2）故障录波及网络分析一体化装置宜由网络记录单元、暂态录波单元、故障录波及网络分析主机组成。

（3）网络记录单元应连续在线记录存储网络上的原始报文。

（4）暂态录波单元应在有故障启动量时记录存储暂态波形。每台暂态录波单元数字式交流量宜为 96 路，开关量宜为 256 路。

（5）故障录波及网络分析主机应由不同的软件模块实现暂态录波分析功能及网络报文分析功能，并将分析结果以特定报文形式上传至主机兼操作员工作站。

（6）网络记录单元、暂态录波单元宜按照电压等级和网络配置，主变压器网络记录单元、暂态录波单元宜同时接入主变压器各侧录波量，实现有故障启动量时主变压器各侧同步录波。

（7）网络记录单元宜记录原始报文数据，暂态录波单元可只记录双 A/D 中用于保护判据的一组数据。

32．220kV 智能变电站中压侧备自投如何配置？

答：220kV 变电站在全站失压时，会造成本站 110kV 重要出线停电的情况。为解决这种情况，可建设一条 110kV 线路作为本站与邻近 220kV 变电站的直接联络线，并在本站 110kV 电压等级配置进线备自投装置。

正常情况下，该线路处于热备用状态运行，对端间隔断路器闭合，本站间隔断路器断开。在本站 110kV 母线失压时，备自投装置动作投入本间隔断路器，同时切除本站 110kV 母线上的非重要线路。

智能化备自投装置采用网络采样网络跳闸的模式。

33．220kV 智能变电站对电流互感器及合并单元的要求有哪些？

答：（1）保护宜共用电流互感器二次绕组。对于双重化的保护装置，宜分别接入双重化的合并单元，双重化的合并单元宜接入电流互感器的不同二次绕组。220kV 保护装置宜使用 P 级二次绕组。

（2）对于保护双重化配置的间隔，合并单元也应双重化配置，两套保护的电流采样值应分别取自相互独立的合并单元。

（3）采用常规互感器时，合并单元下放布置在智能控制柜内，两套合并单元分别接两组独立的电流互感器二次绕组。

34．220kV 智能变电站对电压互感器及合并单元的要求有哪些？

答：（1）对于保护双重化配置的间隔，合并单元也应双重化配置，两套保护的电压采样值应分别取自相互独立的合并单元。

（2）当采用常规互感器时，线路保护、母线保护宜共用电压互感器二次绕组。双重化的保护装置宜分别接入双重化的合并单元，双重化的合并单元宜接入电压互感器的不同二次绕组。

（3）对于存在电压并列关系的母线电压合并单元，应接收至少 2 组电压互感器数据，并支持向其他合并单元提供母线电压数据，根据需要提供电压并列功能。各间隔合并单元所需母线电压量通过母线电压合并单元转发。

35．220kV 智能变电站对智能终端的要求有哪些？

答：（1）220kV 电压等级智能终端按断路器双重化配置，每套智能终端包含完整的断路器信息交互功能。

（2）智能终端不设置防跳功能，防跳功能由断路器本体实现。

（3）智能终端采用就地安装方式，放置在智能控制柜中。

（4）智能终端跳合闸出口回路应设置硬压板。

（5）智能终端应接收保护跳合闸命令、测控的手合/手分断路器命令及隔离开关、接地开关等 GOOSE 命令，输入断路器位置、隔离开关及接地开关、断路器本体信号（含压力低闭锁重合闸等），跳合闸自保持功能，控制回路断线监视、跳合闸压力监视与闭锁功能等。

（6）智能终端应至少提供一组跳闸节点和一组合闸接点，具备三跳硬接点输入接口，可灵活配置的保护点对点接口和 GOOSE 网络接口。

（7）具备对时功能、时间报文记录功能，跳、合闸命令需可靠校验。

（8）智能终端的动作时间应不大于 7ms。

（9）智能终端具备跳/合闸命令输出的监测功能，当智能终端接收到跳闸命令后，应通过 GOOSE 网发出收到跳令的报文。

（10）智能终端的告警信息通过 GOOSE 上送。

36．220kV 智能变电站电能量计量系统如何配置？

答：（1）全站配置一套电能量远方终端。110kV 及以上电压等级线路及变压器三侧电能表宜独立配置；35kV 及以下电压等级可采用保护测控计量多合一装置。

（2）非关口计量点宜选用支持 DL/T 860 的数字式电能表，电能表 SV 通过点对点或网络方式采样。如通过网络方式采样，则过程层交换机应留有测试接口。关口计量点电能表选择及互感器的配置应满足电能计量规程规范要求。对于双母线接线，电能表电压切换功能由合并单元实现。

（3）电能量远方终端以串口方式采集电能量计量表计信息，并通过电力调度数据网与电能量主站通信。电能量远方终端应支持 DL/T 860 通信规约。

37．220kV 智能变电站的自动化系统配置原则是什么？

答：（1）变电站自动化系统的设备配置和功能要求应按无人值班模式设计。

（2）采用开放式分层分布式网络结构，逻辑上由站控层、间隔层、过程层以及网络设备构成。站控层设备按变电站远景规模配置，间隔层、过程层设备按工程实际规模配置。

（3）站内监控保护统一建模，统一组网，信息共享，通信规约统一采用 DL/T 860，实现站控层、间隔层、过程层二次设备互操作。

（4）变电站内信息宜具有共享性和唯一性，变电站自动化系统监控主机与远动数据传输设备信息资源共享。

（5）变电站自动化系统完成对全站设备的监控。

（6）变电站自动化系统具有与电力调度数据专网的接口，软件、硬件配置应能支持联网的网络通信技术以及通信规约的要求。

38．220kV 智能变电站站控层网络如何配置？

答：站控层设备通过网络与站控层其他设备通信，与间隔层设备通信，传输 MMS 报文和 GOOSE 报文。站控层网络宜采用双重化星形以太网络。

（1）站控层交换机采用 100Mbit/s 电（光）口，站控层交换机与间隔层交换机之间的级联端口宜采用光口（站控层交换机与间隔层交换机同一室内布置时，可采用电口）。站控层宜冗余配置两台中心交换机。站控层交换机宜采用 24 电口交换机，交换机端口数量应满足应用需求。

（2）站控层设备通过两个独立的以太网控制器接入双重化站控层网络。

39．220kV 智能变电站间隔层网络如何配置？

答：间隔层设备通过网络与本间隔其他设备通信、与其他间隔层设备通信、与站控层设备通信，可传输 MMS 报文和 GOOSE 报文。间隔层网络宜采用双重化星形以太网络，间隔层设备通过两个独立的以太网控制器接入双重化的站控层网络。

（1）间隔层交换机宜采用 100Mbit/s 电（光）口，间隔层交换机之间的级联端口宜采用 100Mbps 端口，间隔层交换机与站控层交换机之间的级联端口宜采用光口（间隔层交换机与站控层交换机同一室内布置时，可采用电口），其光口数量根据实际要求配置。

（2）间隔层交换机应按设备室或按电压等级配置，宜选用 24 口交换机。

40．220kV 智能变电站站控层与间隔层的网络如何连接？

答：站控层宜按冗余配置 2 台交换机，每台交换机端口数量应满足应用需求，一般选用百兆 24 电口交换机。

间隔层交换机宜按照设备室或电压等级配置，每台交换机端口数量应满足应用需求。一般选用百兆 24 电口交换机，台数按照接入设备数量确定。

间隔层交换机之间级联宜采用百兆电口，与站控层交换机之间级联宜采用千兆光口（两者同室布置时可采用电口）。

41．220kV 智能变电站过程层网络如何配置？

答：过程层网络完成间隔层与过程层设备、间隔层设备之间以及过程层设备之间的数据通信，可传输 GOOSE 报文和 SV 报文。

（1）间隔层保护、测控装置集中布置时，除保护装置采样与跳闸外的 SV 报文和 GOOSE 报文宜统一采用网络方式、公网传输（SV 报文也可采用点对点方式），220kV、110（66）kV 应按电压等级配置过程层网络。220kV 过程层网络宜采用星形双网结构。110（66）kV 过程层网络宜采用星形双网结构，也可采用星形单网结构。220kV 宜按单间隔配置过程层交换机，110（66）kV 宜每两个间隔公用过程层交换机。

（2）保护、测控装置下放布置时，SV 报文宜统一采用点对点方式，除保护跳闸外的 GOOSE 报文宜采用网络方式。

（3）220kV、110（66）kV 宜按照电压等级配置过程层中心交换机，用于同一电压等级过程层跨间隔数据的汇总与通信。母线保护、故障录波及网络记录分析一体化装置等宜通过中心交换机收发过程层数据。当 220kV 采用线变组或扩大内桥接线时，可不配置过程层中心交换机。中心交换机端口总数量应与相级联的间隔过程层交换机数量相匹配，并保留一定备用端口。当过程层采用双网时，中心交换机也应按双网配置。

（4）变压器高、中压侧宜按照电压等级分别配置过程层网络，变压器保护、测控等装置宜采用不同数据接口接入高、中压侧网络。变压器低压侧不配置独立过程层网络，相关信息可接入主变压器中压侧过程层网络或采用点对点方式连接。变压器保护、测控等装置接入不同电压等级过程层网络时，应采用独立的数据接口控制器。

（5）双重化配置的保护装置应分别接入各自过程层网络，单套配置的测控装置等宜通过独立的数据接口控制器接入双重化网络，对于电能表等仅需接入SV采样值单网。

（6）过程层交换机与智能设备之间的连接及交换机的级联端口均宜采用100Mbit/s光口，级联端口可根据情况采用1000Mbit/s光口。

42．220kV过程层网络如何连接？

答：当保护、测控装置集中布置时，220kV宜每间隔配置2台过程层交换机。一般选用百兆16光口交换机，每台交换机预留1～2个备用端口。220kV电压等级应根据规模配置过程层中心交换机，各间隔过程层交换机均接入过程层中心交换机。在双重化配置的基础上，220kV过程层组成A网和B网两个独立的网络。

各间隔的双套智能组件与双套保护装置分别接入本间隔的A、B网过程层交换机，各间隔过程层交换机又分别接入过程层中心交换机A、B。公用测控装置、故障录波装置等可以从过程层中心交换机获取各间隔数据信息。

过程层网络与站控层/间隔层网络无直接联系。

43．110kV过程层网络如何连接？

答：当保护、测控装置集中布置时，110kV宜每两个间隔配置2台过程层交换机。一般选用百兆16光口交换机，每台交换机预留1～2个备用端口。110kV电压等级应根据规模配置过程层中心交换机，各过程层交换机均接入过程层中心交换机。

110kV过程层网络主体为单星形以太网，局部双网。所谓局部双网，是指主变压器110kV进线间隔、10kV进线间隔智能组件双重化配置，对应的过程层网络也是双重化配置。110kV分段间隔只配置一台智能终端，但是两套主变压器保护动作后都需要跳闸此断路器，因此应接入两套过程层网络。110kV线路间隔设备只接入一套过程层网络中。

44．220kV智能变电站一次设备状态监测范围有哪些？传感器与IED如何配置？

答：（1）状态监测范围：变压器、高压组合电器（GIS）、金属氧化物避雷器。

（2）状态监测参数：220kV变压器宜包含油中溶解气体，宜包含局部放电；220kV高压组合电器（GIS）应包含局部放电；220kV氧化物避雷器宜包含泄漏电流和放电次数。

（3）传感器配置：每台主变压器配置1套油中溶解气体传感器，1套局部放电传感器及测试接口；每相断路器配置1只局部放电传感器；每台避雷器配置1只泄漏电流、放电次数传感器。

（4）IED配置：IED按照电压等级和设备种类进行配置，多间隔、多参量共用状态监测IED，就地布置于各间隔智能控制柜。避雷器监测IED一般布置在母线智能控制柜中。

45．220kV智能变电站测控装置如何配置？

答：220kV智能变电站测控装置按照DL/T 860《变电站通信网络和系统》建模，具备完善的自描述功能，与站控层设备直接通信。支持通过 GOOSE 报文实现间隔层“五防”联闭锁功能，支持通过 GOOSE 报文下行实现设备操作。

（1）220kV 电压等级宜采用独立的测控装置，110kV 电压等级宜采用保护测控一体化装置。测控装置均为单套配置。变压器高、中、低压侧及本体测控装置宜单套独立配置。

（3）保护装置除失电告警信号以硬接线方式接入测控装置，其余告警信号均以网络方式传输。

46．220kV 智能变电站合并单元如何配置？

答：（1）220kV 线路、母联（分段）间隔合并单元按双重化配置；扩大内桥接线内桥间隔互感器合并单元按双重化配置。

（2）110kV 线路、母联（分段）间隔合并单元按单套配置。

（3）35kV 及以下电压等级采用户内开关柜时，除变压器进线间隔外不配置合并单元。

（4）变压器各侧、中性点合并单元按双重化配置，中性点合并单元宜单套配置，也可并入高压侧合并单元。

（5）220kV 双母线、双母单分段接线，母线按双重化配置 2 台母线电压合并单元；220kV 双母双分段接线，Ⅰ-Ⅱ母线、Ⅲ-Ⅳ母线按双重化各配置 2 台母线电压合并单元。

47．220kV 智能变电站智能终端如何配置？

答：（1）220kV 线路、母联（分段）间隔智能终端按双重化配置；扩大内桥接线内桥间隔智能终端按双重化配置。

（2）110kV 线路、母联（分段）间隔智能终端按单套配置。

（3）35kV 及以下电压等级采用户内开关柜时，除变压器进线间隔外不宜配置合并单元。

（4）主变压器各侧智能终端宜冗余配置，主变压器本体智能终端宜单套配置，集成非电量保护功能。

（5）220、110kV 每段母线配置一套智能终端，安装在母线间隔智能控制柜。

48．220kV 智能变电站智能辅控系统如何配置？

答：全站配置 1 套智能辅助控制系统实现图像监视及安全警卫、火灾报警、消防、照明、采暖通风、环境监测等系统的智能联动控制。

（1）全站设置一套图像监视及安全警卫子系统，功能按满足安全防范要求配置，不考虑对设备运行状态进行监视。在变电站围墙边界安装高压脉冲电子围栏。

（2）设置一套火灾自动报警子系统，包括火灾报警控制器（壁挂安装于值班室）、探测器、手动报警按钮等。

（3）设置一套环境监测子系统，包括环境数据处理单元 1 套、温度传感器、湿度传感器、风速传感器、水浸传感器、SF_6 传感器等。

49．220kV 智能变电站微机“五防”系统如何配置？

答：微机“五防”系统应能通过计算机监控系统的逻辑闭锁软件实现全站的防误操作闭锁功能，同时在受控设备的操作回路中串接本间隔的闭锁回路。微机“五防”不设置独立主机，对于 AIS 设备，可配套设置就地锁具。

变电站远方、就地操作均具有闭锁功能，本间隔的闭锁回路宜采用电气闭锁接点实现。

50．220kV 智能变电站站用交直流一体化电源系统如何配置？

答：（1）全站配置一套站用交直流一体化电源系统，由站用交流电源、直流电源、交流不间断电源（UPS）、逆变电源（INV，根据工程需要选用）、直流变换电源（DC/DC）等装置组成，并统一监视控制，共享直流电源的蓄电池组。

（2）交流系统配置两路电源，来自两台不同的站用变压器。两路电源可实现自动切换功能。

（3）直流系统操作电源额定电压宜选用 220V，通信电源额定电压选用－48V。直流系统应装设 2 组阀控式密封铅酸蓄电池。

直流电源采用高频开关充电装置，宜配置 2 套，单套模块数按照基本模块＋附加模块配置。直流系统应采用两端单母线接线，两端直流母线之间应设置联络开关。每组蓄电池及其充电装置应分别接入不同母线段。直流系统采用主分屏两级方式，辐射型供电。

（4）220kV 变电站宜配置两套交流不停电电源系统（UPS），可采用主机冗余配置方式，也可采用模块化 $N+1$ 冗余配置。UPS 应为静态整流、逆变装置。

（5）通信电源宜采用直流变换器（DC/DC）装置供电，宜配置两套，采用高频开关模块，$N+1$ 冗余配置。

51．220kV 智能变电站各间隔电流互感器二次绕组如何配置？

答：（1）测量、计量共用电流互感器绕组准确级统一采用 0.2S 级。各电压等级保护用电流互感器绕组选用 5P 级。

（2）两套主保护应分别接入电流互感器的不同二次绕组，后备保护与主保护共用二次绕组；故障录波器宜与保护共用一个二次绕组；测量、计量宜分别使用不同的二次绕组（110kV 除主进间隔外一般共用）。

（3）变压器各侧进线间隔电流互感器均配置 4 个二次绕组，准确级分别为 5P/5P/0.2S/0.2S。

220kV 线路、分段间隔电流互感器均配置 4 个二次绕组，准确级分别为 5P/5P/0.2S/0.2S。

110kV 线路、分段间隔电流互感器均配置 2 个二次绕组，准确级分别为 5P/0.2S。

110kV 出线间隔电流互感器配置 3 个二次绕组，准确级分别为 5P/0.5S/0.2S。110kV 电容器、站用变压器、电抗器间隔电流互感器置均配置 2 个二次绕组，准确级分别为

5P/0.2S。

52．220kV 智能变电站母线电压互感器二次绕组如何配置？

答：（1）计量用电压互感器的准确级，最低要求选 0.2 级；保护、测量共用电压互感器的准确级为 0.5（3P）。

（2）两套主保护的电压回路宜分别接入电压互感器的不同二次绕组，故障录波器可与保护共用一个二次绕组。

（3）220、110kV 电压并列由母线合并单元完成，电压切换由各间隔合并单元完成。

（4）220、110kV 母线电压互感器均配置 4 个二次绕组，准确级分别为 0.2/0.5（3P）/0.5（3P）/6P，其中 6P 级绕组用于剩余电压绕组接线。

220kV 线路侧电压互感器配置 2 个二次绕组，准确级分别为 0.5（3P）/0.5（3P）P；110kV 线路侧电压互感器配置 1 个二次绕组，准确级为 0.5（3P）。

53．220kV 智能变电站电气二次设备组柜方案如何？

答：（1）站控层设备：2 套监控主机兼操作员工作站组 2 面柜；2 套远动通信设备组 1 面柜；状态监测与智能辅助系统后台机组 1 面柜；2 台站控层中心交换机安装于远动通信设备柜。

（2）间隔层设备：220kV 线路间隔 2 套保护装置＋1 套测控装置＋2 台过程层交换机组 1 面柜；220kV 母联间隔 2 套保护装置＋1 套测控装置＋2 台过程层交换机组 1 面柜；220kV 母线保护 1＋220kV 过程层中心交换机 A 组 1 面柜；220kV 母线保护 2＋220kV 过程层中心交换机 B 组 1 面柜；主变压器保护 1＋高压侧过程层交换机 A＋中压侧过程层交换机 A 组 1 面柜；主变压器保护 2＋高压侧过程层交换机 B＋中压侧过程层交换机 B 组 1 面柜；变压器测控装置组 1 面柜。

110kV 线路 1 保测一体化装置＋110（66）kV 线路 2 保测一体化装置＋过程层交换机组 1 面屏；110kV 母线保护＋过程层中心交换机组 1 面屏。

变压器及 220kV 线路电能表合并屏；110kV 线路电能表合并组屏；关口电能表单独组屏。

54．500kV 智能变电站按照双重化原则进行配置的保护应满足哪些要求？

答：根据《330～750kV 智能变电站通用设计二次系统设计技术导则（2015 版）》，500kV 智能变电站中（其电气主接线图见附录 C），按照双重化原则进行配置的保护应满足以下要求：

（1）每套完整、独立的保护装置应能处理可能发生的所有类型的故障；两套保护之间不应有任何电气联系，当一套保护异常或退出时不应影响另一套保护的运行。

（2）500kV 电压等级两套保护（断路器保护电流采样值除外）的电压（电流）采样值应分别取自互感器不同二次绕组的模拟量。

（3）双重化配置保护使用的 GOOSE 网络应遵循相互独立的原则，当一个网络异常或退出时不应影响另一个网络的运行。

（4）两套保护的跳闸回路应与变压器各侧两个智能终端一一对应；两个智能终端应与断路器的两个跳闸线圈一一对应。

（5）双重化的两套保护及其相关设备（智能终端、网络设备、跳闸线圈等）的直流电源应一一对应。

（6）保护装置、智能终端等智能电子设备间的相互启动、相互闭锁、位置状态等交换信息可通过 GOOSE 网络传输，双重化配置的保护之间不直接交换信息。

55．500kV 智能变电站 500kV 线路保护如何配置？

答：500kV 线路保护采用如下原则配置：

（1）500kV 每回线路按双重化配置完整的、独立的、能反映各种类型故障、具有选相功能的全线速动保护；每回线路按双重化配置远方跳闸保护；线路过电压及远跳就地判别功能应集成在线路保护装置中，主保护与后备保护、过电压保护及就地判别采用一体化保护装置实现。

（2）线路保护直接模拟量电缆采样，直接 GOOSE 跳断路器；经 GOOSE 网络启动断路器失灵、重合闸；站内其他装置经 GOOSE 网络启动远跳。

（3）线路保护通道根据通信专业的通道安排分别采用两个不同路由的通道。

56．500kV 智能变电站母线保护如何配置？

答：母线保护采用如下原则配置：

（1）500kV 每段母线按远景规模双重化配置母线差动保护装置。母线保护直接模拟量电缆采样，直接 GOOSE 跳断路器。相关设备（交换机）满足保护对可靠性和快速性的要求时，可经 GOOSE 网络跳闸。失灵启动经 GOOSE 网络传输。

（2）220kV 每段双母线按远景规模双重化配置母线差动保护装置。母线保护直接数字量采样，直接 GOOSE 跳断路器。相关设备（交换机）满足保护对可靠性和快速性的要求时，可经 GOOSE 网络跳闸。开入量（失灵启动、隔离开关位置接点、母联断路器过电流保护启动失灵、主变压器保护动作解除电压闭锁等）采用 GOOSE 网络传输。

57．500kV 智能变电站 500kV 断路器保护如何配置？

答：500kV 断路器保护采用如下原则配置：

（1）3/2 断路器接线的断路器保护按断路器双重化配置，每套保护包含失灵保护及重合闸等功能。

（2）断路器保护直接模拟量采样、直接 GOOSE 跳闸；本断路器失灵时，经 GOOSE 网络跳相邻断路器。

（3）断路器保护采用保护、测控独立装置。

58．500kV 智能变电站主变压器保护如何配置？

答：主变压器保护采用如下原则配置：

（1）500kV 主变压器电量保护按双重化配置，每套保护包含完整的主、后备保护功能；主变压器三侧电流、中性点电流、间隙电流采用模拟量电缆接入保护装置。

（2）主变压器保护采用模拟量采样，直接 GOOSE 跳各侧断路器；主变压器保护跳母联、分段断路器及闭锁备自投、启动失灵等可采用 GOOSE 网络传输；主变压器保护可通过 GOOSE 网络接收失灵保护跳闸命令，并实现失灵跳变压器各侧断路器。

（3）非电量保护单套独立配置，也可与本体智能终端一体化设计，采用就地直接电缆跳闸，安装在变压器本体智能控制柜内；信息通过本体智能终端上送过程层 GOOSE 网。

（4）主变压器两套保护、500kV 和 220kV 母线的两套保护分别接于两组独立的 TA 次级；主变压器保护次级使用 TPY 级。

59．500kV 智能变电站高压并联电抗器保护如何配置？

答：高压并联电抗器保护采用如下原则配置：

（1）高压并联电抗器电量保护按双重化配置，每套保护包含完整的主、后备保护功能。

（2）高压并联电抗器保护模拟量电缆直接采样，直接 GOOSE 跳各侧断路器。

（3）非电量保护单套独立配置，也可与本体智能终端一体化设计，安装在电抗器本体智能控制柜内；信息通过本体智能终端上送过程层 GOOSE 网。

60．500kV 智能变电站 66（35）kV 间隔保护如何配置？

答：66（35）kV 间隔采用保护、测控、计量多合一装置，按间隔单套配置。

（1）站用变压器保护。采用保护测控一体化装置，保护、测控采用直采直跳的方式。

（2）电容器保护。采用保护测控一体化装置，保护、测控采用直采直跳的方式。

（3）电抗器保护。采用保护测控一体化装置，保护、测控采用直采直跳的方式。

61．500kV 智能变电站故障录波系统如何配置？

答：500kV 变电站全站配置一套故障录波系统。500kV 电压等级及主变压器故障录波单套配置，220kV 电压等级故障录波装置按网络配置，当 SV 或 GOOSE 接入量较多时，单个网络可配置多台装置。故障录波装置单独组网将信息上传给自动化系统（保护及故障信息子站功能由自动化系统实现）或保护及故障信息子站。

（1）主变压器宜单独配置主变压器故障录波装置，每 1～2 台主变压器配置一套故障录波装置。

（2）主变压器、500kV 电压等级故障录波装置的电流、电压采用模拟量采集，开关量通过网络方式接收 GOOSE 报文。主变压器、500kV 电压等级每台故障录波装置录波量模拟式交流量宜为 96 路，开关量宜为 256 路。

（3）220kV 电压等级故障录波装置通过网络方式接收 SV 报文和 GOOSE 报文，故障录波装置每个百兆 SV 采样值接口接入合并单元数量不宜超过 5 台。220kV 电压等级每台故障录波装置录波量数字式交流量宜为 96 路，开关量宜为 256 路。

62．500kV 智能变电站什么情况下需配置专用故障测距装置？采用何种传输方式？

答：为了实现线路故障的精确定位，对于大于 80km 的长线路或路径地形复杂、巡检不便的线路，应配置专用故障测距装置。

行波测距装置采样值采用点对点传输方式，数据采样频率应大于 500kHz。

63．500kV 智能变电站系统继电保护及安全自动装置对直流电源的要求有哪些？

答：双重化配置的保护及相关智能终端、合并单元、交换机等需要 2 组各自独立的直流蓄电池组供电，以实现直流电源方面的双重化。

64．500kV 智能变电站对继电保护装置压板设置的要求有哪些？

答：继电保护装置除检修压板可采用硬压板外，其余均采用软压板。保护装置应采用软压板，主、后备保护均应设置相应软压板，满足远方操作的要求。检修压板投入时，上送带品质位信息，保护装置应有明显显示（面板指示灯和界面显示）。参数、配置文件仅在检修压板投入时才可下装，下装时应闭锁保护。

65．500kV 智能变电站继电保护及安全自动装置对电流互感器及合并单元的要求有哪些？

答：继电保护及安全自动装置对电流互感器及合并单元的要求如下：

（1）500kV 线路保护、断路器保护、母线保护应分别采用电流互感器的不同二次绕组，采用模拟量电缆采样。

（2）500kV 双重化配置的线路保护、母线保护应分别接入电流互感器的不同二次绕组，断路器两套保护宜共用电流互感器二次绕组。

（3）220kV 线路保护、母联（分段）断路器保护与母线保护宜共用电流互感器二次绕组，经合并单元接入保护设备。

（4）220kV 间隔合并单元双重化配置，两套保护的电流采样值应分别取自相互独立的合并单元。

66．500kV 智能变电站系统继电保护及安全自动装置对电压互感器及合并单元的要求有哪些？

答：系统继电保护及安全自动装置对电压互感器及合并单元的要求如下：

（1）对于 500kV 电压等级保护双重化配置的间隔，两套保护的电压采用模拟量电缆采样。

对于 220kV 电压等级保护双重化配置的间隔，合并单元也应双重化配置，两套保护的电压采样值应分别取自相互独立的合并单元。

（2）220kV 电压等级的线路保护、母线保护宜共用互感器二次绕组。双重化的保护装置宜分别接入双重化的合并单元，双重化合并单元宜接入电压互感器不同二次绕组。

（3）母线电压合并单元应接收至少 2 组电压互感器数据，并支持向其他合并单元提供母线电压数据，根据需要提供 TV 并列功能。各间隔合并单元所需母线电压量通过母线电压合并单元转发。

67．500kV 智能变电站自动化系统站控层网络宜采用什么样的网络方式？交换机间的级联端口如何选择？该层网络可传输什么报文？

答：站控层网络宜采用双重化星形以太网络。站控层设备通过网络与站控层其他设备通信，与间隔层设备通信，传输 MMS 报文和 GOOSE 报文。

（1）站控层交换机采用 100Mbit/s 电（光）口，站控层交换机与间隔层交换机之间的级联端口宜采用光口（站控层交换机与间隔层交换机同一室内布置时，可采用电口）。站控层交换机宜采用 24 电口交换机，其光口数量根据实际要求配置。

（2）站控层设备通过两个独立的以太网控制器接入双重化站控层网络。

68．500kV 智能变电站自动化系统间隔层网络宜采用什么样的网络方式？交换机间的级联端口如何选择？该层网络可传输什么报文？

答：间隔层网络宜采用双重化星形以太网络。间隔层设备通过网络与本间隔其他设备通信、与其他间隔层设备通信、与站控层设备通信，可传输 MMS 报文和 GOOSE 报文。

（1）间隔层交换机宜采用 100Mbit/s 电（光）口，间隔层交换机之间的级联端口宜采用 100Mbit/s 端口，间隔层交换机与站控层交换机之间的级联端口宜采用光口（间隔层交换机与站控层交换机同一室内布置时，可采用电口），其光口数量根据实际要求配置。

（2）间隔层交换机应按设备室或按电压等级配置，宜选用 24 口交换机。

（3）间隔层设备通过两个独立的以太网控制器接入双重化的站控层网络。

69．500kV 智能变电站自动化系统过程层网络宜采用什么样的网络方式？交换机间的级联端口如何选择？该层网络可传输什么报文？

答：过程层网络完成间隔层与过程层设备、间隔层设备之间以及过程层设备之间的数据通信，可传输 GOOSE 报文和 SV 报文。

（1）500kV 电压等级应配置 GOOSE 网络，网络宜采用星形双网结构。

（2）220kV 电压等级 GOOSE 网及 SV 网共网设置，网络宜采用星形双网结构。

（3）66（35）kV 不宜设置 GOOSE 和 SV 网络，GOOSE 报文和 SV 报文采用点对点方式传输。

（4）双重化配置的保护装置应分别接入各自 GOOSE 和 SV 网络，单套配置的测控装置宜通过独立的数据接口控制器接入双重化网络，对于 220kV 及以下电压等级相量测量装置、电能表等仅需接入过程层单网。

（5）过程层交换机与智能设备之间的连接及交换机的级联端口均宜采用 100Mbit/s 光口，级联端口可根据情况采用 1000Mbit/s 光口。

（6）对于采样值网络，每个交换机端口与装置之间的流量不宜大于 40Mbit/s，即对于相量测量装置、故障录波、网络记录分析仪等通过 SV 网络接收 SV 报文信息时，每个端口所接的合并单元数量不宜超过 5 台。

过程层组网的网络配置与本题合并。

70. 500kV 智能变电站一次设备状态监测系统采用何种结构？状态监测 IED 如何配置？监测范围与监测参量有哪些？

答：（1）500kV 智能变电站一次设备状态监测系统宜采用分层分布式结构，由传感器、状态监测 IED、后台系统构成，后台主机功能利用综合应用服务器实现。状态监测系统结构示意图如图 19-1 所示。

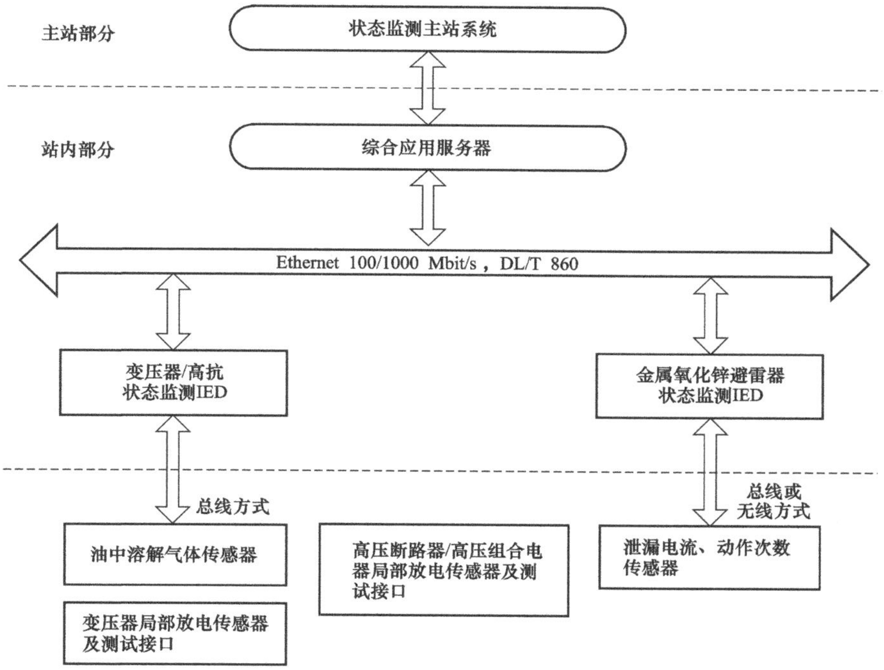

图 19-1　状态监测系统结构示意图

（2）状态监测 IED 宜按照电压等级和设备种类进行配置。在装置硬件处理能力允许情况下，同一电压等级的同一类设备宜多间隔、多参量共用状态监测 IED，以减少装置硬件数量。

每台主变压器配置 1 只状态监测 IED，布置于主变本体智能控制柜内。

500、220kV 按电压等级配置避雷器状态监测 IED，每个电压等级配置 1 只状态监测 IED。500kV 避雷器状态监测 IED 安装于 500kV Ⅰ母母线智能控制柜内；220kV 避雷器状态监测 IED 安装于Ⅰ母/Ⅱ母母线智能控制柜内。

（3）监测范围有：主变压器、高压并联电抗器、GIS、避雷器。

监测参量有：主变压器—油中溶解气体分析；高压并联电抗器—油中溶解气体分析。

GIS——SF_6气体密度、微水；避雷器——泄漏电流、动作次数。

主变压器、500kV GIS 局部放电，应综合考虑安全可靠、经济合理、运行维护方便等要求，通过技术经济比较后确定。

71．500kV 智能变电站测控装置如何配置？

答：500kV 智能变电站测控装置按照 DL/T 860 建模，具备完善的自描述功能，与站控层设备直接通信。支持通过 GOOSE 报文实现间隔层“五防”闭锁功能，支持通过 GOOSE 报文下行实现设备操作。

（1）500kV 断路器宜单套独立配置测控装置；220kV 电压等级宜按间隔单套独立配置测控装置。

（2）3/2 断路器接线的 500kV 线路测量功能宜由边断路器测控装置实现，也可独立配置测控装置。

（3）66（35）kV 电压等级宜采用保护、测控、计量多合一装置，计费关口应满足电能计量规程规范要求。

（4）主变压器高压侧测量功能宜由边断路器测控装置实现，也可独立配置单套测控装置，中、低压侧及本体测控装置宜单套独立配置。

（5）500、220、66kV（35kV）母线配置单套测控装置。500、220、66kV（35kV）按电压等级及设备布置配置公用测控装置。

（6）500kV 高压并联电抗器测控装置宜单套独立配置。

（7）保护装置除失电告警信号以硬接线方式接入测控装置，其余告警信号均以网络方式传输。

72．500kV 智能变电站合并单元如何配置？

答：500kV 电压等级取消合并单元，主变压器高压侧、低压侧及本体取消合并单元，主变压器 220kV 侧双重化配置合并单元用于 220kV 母线差动保护数字量采样。

220kV 及以下电压等级，保护、故障录波、测控、PMU（如有）、测距（如有）、电能计量等各功能二次设备经合并单元采样。

66（35）kV 采用智能终端合并单元集成装置。

（1）220kV 线路、母联、分段间隔电流互感器合并单元按双重化配置。

（2）66（35）kV 除主变压器间隔外各间隔智能终端合并单元集成装置宜单套配置。

（3）主变压器 220kV 侧按双套配置合并单元用于 220kV 母线差动保护。

（4）220kV 双母线、双母单分段接线，母线按双重化配置 2 台合并单元；220kV 双母双分段接线，Ⅰ-Ⅱ母线、Ⅲ-Ⅳ母线按双重化各配置 2 台合并单元。

（5）220kV 线路、主变压器 220kV 侧的电流互感器和电压互感器宜共用合并单元。

（6）220kV 母联、分段合并单元应能同时输出正反极性电流值。

（7）合并单元输出宜统一采用 DL/T 860.92—2016《电力自动化通信网络和系统　第 9-2 部分：特定通信服务映射》协议。

（8）合并单元的输出接口采样频率宜为 4000Hz。

（9）合并单元宜分散布置于配电装置场地智能控制柜内。

（10）对于双母线接线，当线路不设置三相电压互感器时，线路保护及电能表电压切换由线路合并单元实现。

73．500kV 智能变电站智能终端如何配置？

答：500kV 智能变电站智能终端按如下原则配置：

（1）500kV 断路器智能终端按双重化配置，220kV 线路、母联、分段智能终端按双重化配置。

（2）66（35）kV 断路器（主变压器低压侧除外）各间隔宜配置单套智能终端合并单元集成装置。

（3）500kV 变电站主变压器各侧智能终端宜冗余配置；主变压器本体智能终端宜单套配置，集成非电量保护功能。

（4）500、220、66（35）kV 每段母线配置 1 套智能终端。

（5）智能终端宜分散布置于配电装置场地智能控制柜内。

74．500kV 智能变电站网络通信设备有哪些？应如何配置？

答：网络通信设备包括网络交换机、光/电转换器、接口设备和网络连接线、电缆、光缆及网络安全设备等。

（1）站控层网络交换机。500kV 变电站站控层 I 区冗余配置 2 台中心交换机，II 区冗余配置 2 台中心交换机，每台交换机端口数量应满足应用需求。

（2）间隔层网络交换机。间隔层网络交换机宜按照设备室或按电压等级配置，交换机端口数量应满足应用需求。

GOOSE 报文采用网络方式传输时：

500kV 电压等级 GOOSE 网络交换机采用 3/2 接线时宜按串配置 2 台冗余交换机。

220kV 电压等级 GOOSE 网络交换机采用双母线接线时宜按 4 个断路器单元配置 2 台冗余交换机。

66kV（35kV）电压等级 GOOSE 网络交换机宜按照母线段配置。

（3）过程层网络交换机。3/2 断路器接线，500kV 电压等级过程层 GOOSE 网交换机应按串配置，每串宜按双重化共配置 2 台 GOOSE 交换机。当 500kV 线线串并带线路高抗接入量较多时，可按双重化配置 4 台 GOOSE 交换机。

220kV 电压等级过程层 GOOSE、SV 交换机宜按间隔配置；GOOSE、SV 采样共网设置，1 个间隔按双重化配置 2 台交换机，交换机按间隔与保护、测控装置共同组屏。

主变压器高压侧相关设备接入高压侧所在串 GOOSE 网交换机；主变压器中压侧按

间隔配置 GOOSE 网交换机，交换机布置在主变压器保护柜上；主变压器低压侧可采用点对点方式接入相关设备或与 220kV 侧共用交换机。

500kV 电压等级应根据规模按双重化配置 GOOSE 中心交换机，中心交换机可与母线差动保护柜共组柜。

每台交换机的光纤接入数量不宜超过 16 对，每个虚拟网均应预留 1～2 个备用端口。任意两台智能电子设备之间的数据传输路由不应超过 4 台交换机。

75．500kV 智能变电站站用交直流一体化电源系统由哪几部分组成？需满足什么功能要求？

答：站用交直流一体化电源系统由站用交流电源、直流电源、交流不间断电源（UPS）、逆变电源（INV，根据工程需要选用）、直流变换电源（DC/DC）等装置组成，并统一监视控制，共享直流电源的蓄电池组。

各电源应进行一体化设计、一体化配置、一体化监控，其运行工况和信息数据能够上传至远方控制中心，能够实现就地和远方控制功能，能够实现站用电源设备的系统联动。应满足以下功能要求：

（1）系统中各电源通信规约应相互兼容，能够实现数据、信息共享。

（2）系统的总监控装置应通过以太网通信接口采用 DL/T 860 规约与变电站后台设备连接，实现对一体化电源系统的远程监控维护管理，其系统结构如图 19-2 所示。

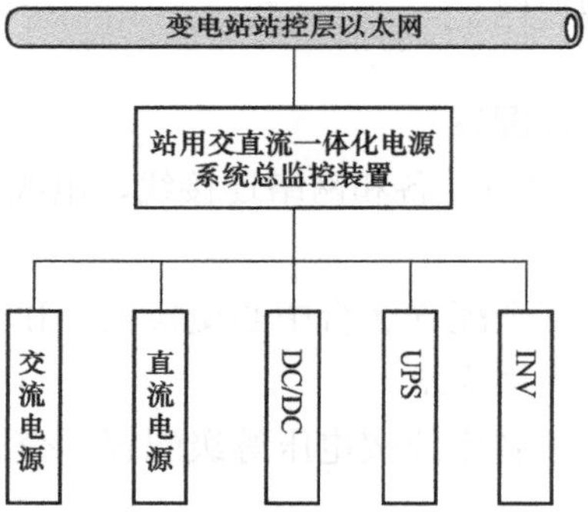

图 19-2　变电站站用交直流一体化电源系统结构图

（3）系统应具有监视交流电源进线开关、交流电源母联断路器、直流电源交流进线开关、充电装置输出开关、蓄电池组输出保护电器、直流母联开关、交流不间断电源（逆变电源）输入断路器、直流变换电源输入断路器等状态的功能，上述断路器宜选择智能型开关，具备远方控制及通信功能。

（4）系统应具有监视站用交流电源、直流电源、蓄电池组、交流不间断电源（UPS）、逆变电源（INV）、直流变换电源（DC/DC）等设备运行参数的功能。

（5）系统应具有交流电源切换、充电装置充电方式转换等功能。

76．500kV 智能变电站智能控制柜采用什么供电方式？

答：500kV 智能变电站智能控制柜，宜以柜位为单位配置直流供电回路。当智能控制柜内仅布置有单套配置（或双重化配置中的某一套）的合并单元、智能终端等装置时，宜配置一路公共直流电源。当智能控制柜内同时布置有双重化配置的合并单元、智能终端等装置时，宜配置两路公共直流电源。智能控制柜内各装置共用直流电源，采用独立空气断路器分别引接。

77. 500kV 智能变电站电流互感器二次参数的选择有哪些要求？

答：（1）合并单元宜下放布置在智能控制柜内。电流互感器保护用数据的双 A/D 采样应由合并单元实现，每个合并单元输出两路数字采样值由同一路通道进入一套保护装置。

（2）电流互感器二次绕组的数量和准确级应满足继电保护、自动装置、电能计量和测量仪表的要求。

（3）保护用电流互感器的配置应避免出现主保护死区。

（4）对中性点有效接地系统（500、220kV），电流互感器宜按三相配置；对中性点非有效接地系统（35、66kV），依具体要求可按两相或三相配置。

（5）两套主保护应分别接入电流互感器的不同二次绕组，后备保护与主保护共用二次绕组；故障录波器可与保护共用一个二次绕组；故障测距装置宜与合并单元串接共用保护用二次绕组；测量、计量宜共用二次绕组。

（6）电流互感器二次额定电流应采用 1A，应根据实际负荷需要选择。

（7）测量、计量共用电流互感器绕组准确级应采用 0.2S 级。电流互感器二次绕组所接负荷，应保证实际二次负荷在 25%～100%额定二次负荷范围内。

（8）保护用的电流互感器准确级：500kV 线路保护、500kV 母线保护、500kV 主变压器保护宜采用能适应暂态要求的 TPY 类电流互感器；220kV 线路保护、220kV 母线保护可采用 P 类电流互感器，但其暂态系数不宜低于 2；失灵保护可采用 P 类电流互感器。P 类保护用电流互感器的准确限值系数宜为 5%的误差限值要求。

78. 500kV 智能变电站电流互感器二次绕组的配置有哪些要求？

答：电流互感器二次绕组的配置如表 19-1 所示。

表 19-1　　500kV 智能变电站电流互感器二次参数配置

项目 \ 电压等级	500kV	220kV	35（66）kV
主接线	3/2 接线	双母线（双母线双分段）	单母线
台数	9（18）台/每串	3（6）台/间隔	3（2）台/间隔
二次额定电流	1A	1A	1A
准确级	瓷柱式： 边 TA： TPY/TPY/TPY/TPY/5P/0.2/0.2S 中 TA： TPY/TPY/TPY/TPY/5P/0.2/0.2/0.2S/0.2S GIS、HGIS 和罐式断路器： 边 TA：TPY/TPY/5P/0.2-断口–0.2S/TPY/TPY； 中 TA：TPY/TPY/5P/0.2/0.2S-断口–0.2S/0.2/TPY/TPY 主变压器 500kV 侧套管：5P	主变压器进线： 瓷柱式： TPY/TPY/5P/5P/0.2S/0.2S； 瓷柱式：单侧布置。 GIS、HGIS 和罐式断路器： TPY/TPY/0.2S-断口–5P/5P/0.2S； 出线、分段断路器、母联断路器： 5P/5P/0.2S/0.2S 主变压器 220kV 侧套管：5P	电抗器、电容器及站用变压器：5P/0.5； 主变压器进线断路器（如有）：0.2S/0.2S/TPY/TPY； 主变低压侧套管： 0.2S/5P/TPY/TPY； 主变压器公共绕组： TPY/TPY/5P/0.2S

续表

项目 \ 电压等级	500kV	220kV	35（66）kV
二次绕组数量	瓷柱式： 边 TA：7；中 TA：9 GIS、HGIS 和罐式断路器： 边 TA：7；中 TA：9 主变压器 500kV 侧套管：1	主变压器：6； 出线、母联断路器、分段断路器：4 主变压器 220kV 侧套管：1	电抗器、电容器及站用变压器：2； 主变压器公共绕组：4
二次绕组容量	按计算结果选择	按计算结果选择	按计算结果选择

注 1. 测量、计量级可带中间抽头。
2. 若存在关口计费点，需增加一个 0.2S 级二次绕组。

79．500kV 智能变电站电压互感器二次参数的选择有哪些要求？

答：（1）合并单元宜下放布置在智能控制柜内。电压互感器保护用数据的双 A/D 采样应由合并单元实现，每个合并单元输出两路数字采样值由同一路通道进入一套保护装置。

（2）电压互感器二次绕组的数量、准确等级应满足电能计量、测量、保护和自动装置的要求。

（3）对于 500kV 3/2 接线，每回出线及进线应装设三相电压互感器，母线可装设单相电压互感器；主变压器 220kV 侧宜装设三相电压互感器，220kV 出线宜装设单相电压互感器，也可装设三相电压互感器，母线装设三相电压互感器；35kV 母线宜装设三相电压互感器。电压并列由母线合并单元完成，电压切换由线路合并单元完成。

（4）两套主保护的电压回路宜分别接入电压互感器的不同二次绕组，故障录波器可与保护共用一个二次绕组。对于Ⅰ、Ⅱ类计费用途的计量装置，宜设置专用的电压互感器二次绕组。

（5）技术上无特殊要求时，保护装置中的零序电流方向元件应采用自产零序电压，电压互感器可不再配置保护用剩余电压绕组。

（6）电压互感器二次负荷根据实际负荷需要选择。

（7）计量用电压互感器的准确级，最低要求选 0.2 级；保护、测量共用电压互感器的准确级为 0.5（3P）。

（8）电压互感器的二次绕组额定输出，应保证二次负荷在额定输出的 25%～100%，以保证电压互感器的准确度。

（9）计量用电压互感器二次回路允许的电压降应满足不同回路要求；保护用电压互感器二次回路允许的电压降应在电压互感器负荷最大时不大于额定二次电压的 3%。

80．500kV 智能变电站电压互感器二次绕组的配置有哪些要求？

答：电压互感器二次绕组的配置如表 19-2 所示。

表 19-2　　500kV 智能变电站电压互感器二次参数配置

项目 \ 电压等级	500kV	220kV	35（66）kV
主接线	3/2 接线	双母线（双母线双分段）	单母线
台数	母线：单相； 线路、主变压器 500kV 侧：三相	母线：三相； 线路：单相 主变压器 220kV 侧：三相	母线：三相
准确级	母线： 0.2/0.5（3P）/0.5（3P）； 线路、主变压器 500kV 侧： 0.2/0.5（3P）/0.5（3P）/6P	母线： 0.2/0.5（3P）/0.5（3P）/6P； 主变压器 220kV 侧： 0.2/0.5（3P）/0.5（3P）/6P； 线路：0.2/0.5（3P）/0.5（3P）/6P	母线： 0.2（3P）/0.2（3P）/6P
二次绕组数量	母线：3； 线路、主变压器 500kV 侧：4	母线：4； 线路、主变压器 220kV 侧：4	母线：3
额定变比	母线： $\frac{500}{\sqrt{3}}/\frac{0.1}{\sqrt{3}}/\frac{0.1}{\sqrt{3}}/\frac{0.1}{\sqrt{3}}$； 线路、主变压器 500kV 侧： $\frac{500}{\sqrt{3}}/\frac{0.1}{\sqrt{3}}/\frac{0.1}{\sqrt{3}}/\frac{0.1}{\sqrt{3}}/0.1$	母线： $\frac{220}{\sqrt{3}}/\frac{0.1}{\sqrt{3}}/\frac{0.1}{\sqrt{3}}/\frac{0.1}{\sqrt{3}}/0.1$ 线路、主变压器 220kV 侧： $\frac{220}{\sqrt{3}}/\frac{0.1}{\sqrt{3}}/\frac{0.1}{\sqrt{3}}/\frac{0.1}{\sqrt{3}}/0.1$	母线： $\frac{35}{\sqrt{3}}/\frac{0.1}{\sqrt{3}}/\frac{0.1}{\sqrt{3}}/\frac{0.1}{\sqrt{3}}$
二次绕组容量	按计算结果选择	按计算结果选择	按计算结果选择

81．500kV 智能变电站电气二次设备布置有哪些原则？

答： 500kV 智能变电站电气二次设备布置采用如下原则：

（1）新建工程应按工程远景规模规划并布置二次设备室，设备布置应遵循功能统一明确、布置简洁紧凑的原则，并合理考虑预留屏（柜）位。

（2）站控层设备组屏宜按 14～20 面屏（柜）考虑，布置在公用二次设备室。通信机房不独立设置，布置在公用二次设备室。

（3）二次设备屏（柜）位采用集中布置时，备用屏（柜）数宜按屏（柜）总数的 10%考虑，采用下放布置时，备用屏（柜）数宜按屏（柜）总数 15%考虑。

（4）间隔层设备按间隔/串相对集中布置，公用设备按靠近服务对象原则布置，以节省光/电缆、方便敷设。

（5）直流电源室原则上靠近负荷中心布置，当二次设备采用下放布置时，直流电源室与站用电室毗邻布置；当二次设备采用集中布置时，直流屏（柜）可布置于继电器室，蓄电池组架布置，设置独立蓄电池室，并毗邻于直流电源室布置。

（6）二次设备室应符合 GB/T 2887—2011《计算机场地通用规范》、GB/T 9361—2011《计算机场地安全要求》的规定，应尽可能避开强电磁场、强振动源和强噪声源的干扰，还应考虑防尘、防潮、防噪声，并符合防火标准。

（7）当变电站采用敞开式设备时，继电器室宜就地下放布置，在满足电气安全净距的条件下，优先考虑利用配电装置内的空余位置，以达到节约占地的目的，小室数量应根据变电站规模来确定，一般不宜设置太多。

82．500kV 智能变电站二次设备室设置有哪些原则？

答：（1）500kV 配电装置宜按 2～4 串设置一个保护小室，当 500kV 配电装置采用 GIS 时，可相对集中布置，按 4～5 串设置一个保护小室。

（2）220kV 保护小室在场地允许的条件下，可在配电装置区域内以分段为界设两个继电器室。

（3）在靠近主变压器和无功补偿装置处可设置主变压器和无功补偿装置保护小室，也可与 220kV 共用保护小室。

第二十章　新一代智能变电站技术

1．什么是新一代智能变电站？

答：新一代智能变电站是采用通用、紧凑、长寿命、易维护、节能环保的智能一、二次集成设备，实现信息统一采集，集中分析处理，一体化监控、分层分布上传；变电站内各系统统一组网、网络清晰简洁；实现站域后备保护、站内优化控制等高级应用功能；通过站间互动，实现广域优化控制、区域备自投等高级应用功能的变电站。

2．新一代智能变电站的建设背景是什么？

答：助力电网发展方式转变："一特四大"战略；支撑公司"五大"体系建设；引领世界智能变电技术发展方向；总结现有智能变电站设计、建设及运行的成功经验和存在问题；进一步深化智能变电站基础理论研究、核心技术研发和关键设备研制。

3．新一代智能变电站建设目标是什么？

答：（1）系统高度集成。

（2）结构布局合理。

（3）装备先进适用。

（4）经济节能环保。

（5）支撑调控一体。

4．新一代智能变电站系统高度集成的含义是什么？

答：（1）设备高度集成：一次设备集成和一、二次设备深度集成。

（2）系统深入整合：对变电站二次子系统进行一体化集成，以面向对象或面向功能为基础，实现站内保护、测控、计量、功角测量等功能的有效集成。

5．新一代智能变电站结构布局合理的含义是什么？

答：（1）优化变电站主接线，适当减少互感器数量，合理安排一次设备布置，节省变电站电力设备和基建费用。

（2）传感器与一次设备本体进行一体化设计，电子式互感器成熟稳定后，可集成在一次设备中，进一步提高设备集成度，减少设备体积。

（3）充分利用一次设备场地的空余面积，将相关二次设备下放到一次设备附近就地安装，同时采用新型就地安装设备和检修设备，方便恶劣天气检修维护。

（4）通过优化设计减少二次设备屏柜数量，进而节省建筑面积。

6．新一代智能变电站装备先进适用的含义是什么？

答：新一代智能变电站采用智能化一次设备，集成化二次系统，改进现有设备，研制新型设备，技术指标先进、性能稳定，全寿命周期长。

7．新一代智能变电站经济节能环保的含义是什么？

答：（1）新一代智能变电站符合国家环境保护、水土保持的有关法律法规的要求，城区站符合城市总体发展规划和土地利用规划。

（2）在全寿命周期内，最大限度地节约资源，节地、节能、节水、节材、保护环境和减少污染，试点应用可再生能源发电作为站用电源的补充，实现效率最大化、资源节约化、环境友好化。

8．新一代智能变电站支撑调控一体的含义是什么？

答：新一代智能变电站支持调控一体化业务，满足调度（调控）中心对站内信息的要求，为主站系统实现智能变电站监视控制、信息查询和远程浏览等功能提供数据、模型和图形的传输服务。上传信息分层分类，增加信息维度，精简信息总量。支持与多级调度（调控）中心的信息传输。

9．新一代智能变电站的技术路线是什么？

答：整体设计、统一标准、先进实用，设计和建设占地少、造价省、效率高的智能化变电站。

10．新一代智能变电站技术亮点是什么？

答：（1）过程层网络的优化。

（2）“装配预制”式集成舱。

（3）站域保护控制装置。

（4）一体化测控和集中式测控。

（5）二次系统在线监测。

11．新一代智能变电站解决过程层网络问题的思路是什么？

答：（1）源头治理：发送方流量抑制（对频繁变位造成的 GOOSE 流量进行抑制，并置相应品质）。

（2）中间疏导：在数据交换链路中对不同报文做特定流量控制，减少不同信号之间的相互影响。

（3）接收把关：接收方对不同报文区分对待，抑制风暴，相对提高装置处理能力。

12．新一代智能站网络的特点是什么？

答：（1）多网合一（如：MMS、SV、GOOSE 三网合一），大大减少交换机数量。

（2）采用静态组播技术，全面优化数据转发流量。

（3）采用 VLAN 技术实现不同电压等级网络、双重化保护对应的两套网络实现逻辑隔离。

（4）支持按 MAC 地址、协议类型进行流量控制的交换机，大大降低了不同数据流传输间的互相影响。

（5）支持风暴抑制的间隔层设备及支持流量控制的交换机，极大地降低了网络风暴对设备功能的影响。

13．“装配预制式”集成舱的特点是什么？

答：预制舱具有结构紧凑，占地面积小，选址灵活，移动方便、投资小等特点。

14．配送式智能变电站的特点是什么？

答：标准化设计、工厂化加工、装配式建设。

15．什么是层次化保护？

答：层次化保护控制是指综合应用电网全景数据信息，通过多原理的故障判别方法和自适应的保护配置，实现时间维、空间维和功能维的协调配合，提升继电保护性能和系统安全稳定运行能力的保护控制系统。

16．层次化保护是怎样构成的？

答：层次化保护是由就地级保护、站域保护和广域保护构成的。

17．什么是就地级保护？

答：就地级保护是指面向单个被保护对象，利用被保护对象自身信息独立决策，可靠、快速地切除故障的保护。

18．什么是站域保护？

答：站域保护是指面向变电站，利用站内多个对象的电压、电流、断路器和就地级保护设备状态等信息，集中决策，实现保护的冗余和优化，完成并提升变电站层面的安全自动控制功能，同时作为广域级保护控制系统的子站的保护。

19．什么是广域保护？

答：广域保护是指面向多个变电站，利用各站的综合信息，统一判别决策，实现后备保护及安稳控制等功能的保护。

20．层次化三层保护在空间维度内是如何配合的？

答：就地级保护实现对单个对象“贴身防卫”；站域级保护与控制综合利用站内信息实现“站内综合防御”；广域级保护与控制综合利用站间信息实现“全网综合防御”。层次化保护控制点面结合，实现对区域电网的全方位保护。

21．层次化三层保护在功能维度上是如何配合的？

答：就地级保护以快速、可靠隔离故障元件为目的；站域保护以优化保护控制配置，提升保护控制性能为目的；广域保护以提高系统安稳控制自动化、智能化水平为目的。

22．目前新一代智能站站域保护是如何定位的？

答：（1）实现110kV及以下电压等级单重化继电保护的功能冗余与性能提升。

（2）站内安全自动装置功能的优化整合包括站域备投，低频低压减载、过负荷联切。

23．什么是多功能测控？

答：多功能测控是指基于专业管理的装置纵向整合，把测控、计量、PMU数据业务整合在同一台测控装置。

24．什么是集中式测控？

答：集中式测控是指基于数据业务的装置横向整合，把多间隔数据整合到一台测控装置中，实现了多间隔数据集成共享、降低网络负载、统一时标的测控装置。

25．目前新一代智能站二次设备在线监测的内容有哪些？

答：机箱内温度、电源电平输出、过程层光纤接口的发送和接收光强、温度、过程层网络通信统计信息、纵联通道通信统计信息等。

参 考 文 献

[1] 刘斯斯．智能变电站与常规变电站比较，中国高新技术企业，2015（32）：130-131．
[2] 国网浙江省电力公司．智能变电站技术及运行维护．北京：中国电力出版社，2015．
[3] 曹团结，黄国方．智能变电站继电保护技术与应用．北京：中国电力出版社，2013．
[4] 国家电力调度控制中心，国网浙江省电力公司．智能变电站继电保护技术问答．北京：中国电力出版社，2014．
[5] 冯军．智能变电站原理及测试技术．北京：中国电力出版社，2011．
[6] 何磊．IEC 61850 应用入门．北京：中国电力出版社，2012．
[7] 石光．智能变电站试验与调试．北京：中国电力出版社，2015．
[8] 国网湖北省电力公司．智能变电站知识题库．北京：中国电力出版社，2014．
[9] 李坚．变电运维检修技术问答．北京：中国电力出版社，2014．
[10] 武登峰．智能变电站 1000 问．北京：中国电力出版社，2014．
[11] 翟健帆．智能变电站的建设与改造．北京：中国电力出版社，2014．

附录B 220kV智能变电站一次设备典型配置图

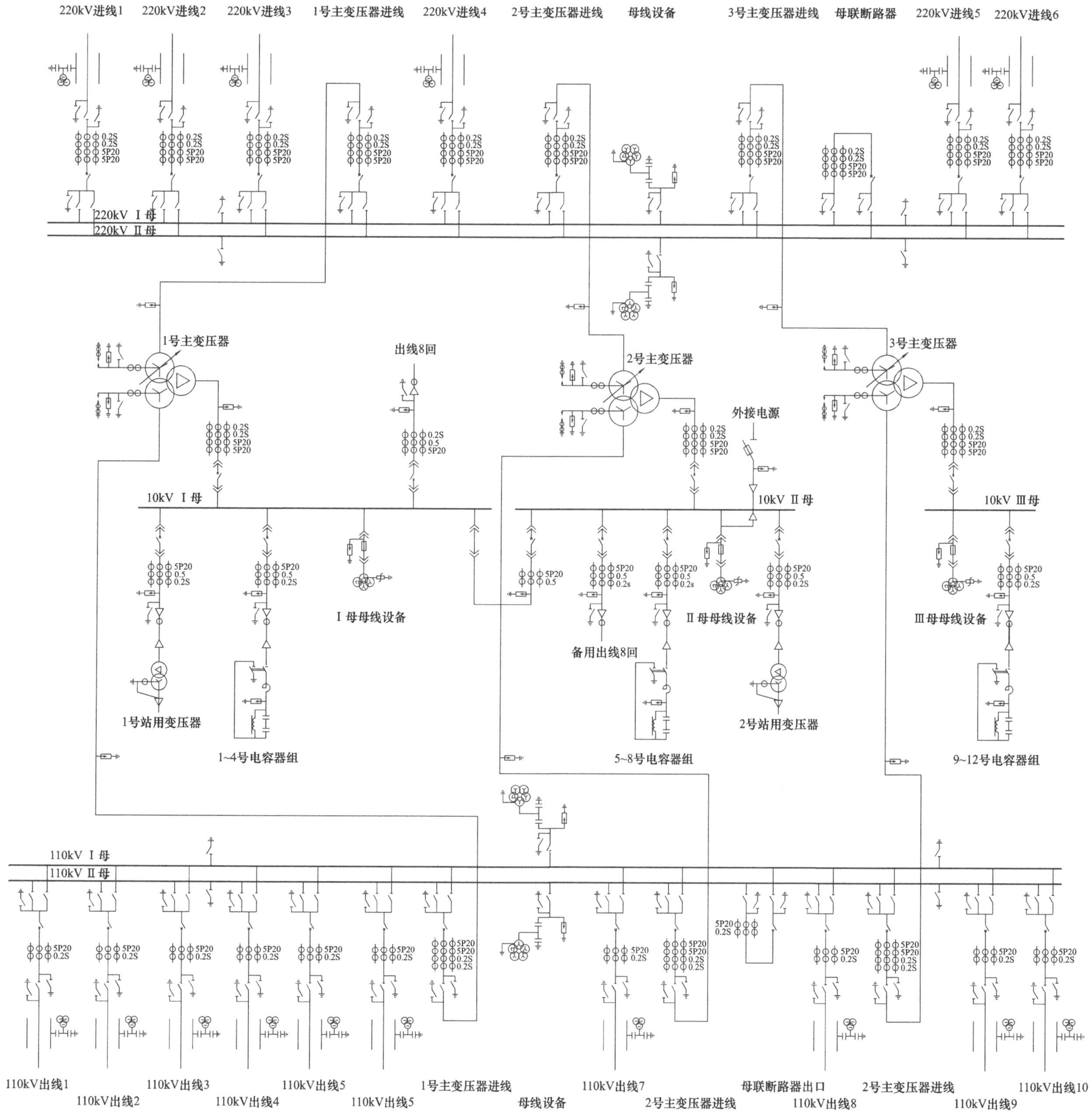

附录A　110kV智能变电站一次设备典型配置图（敞开式变电站）

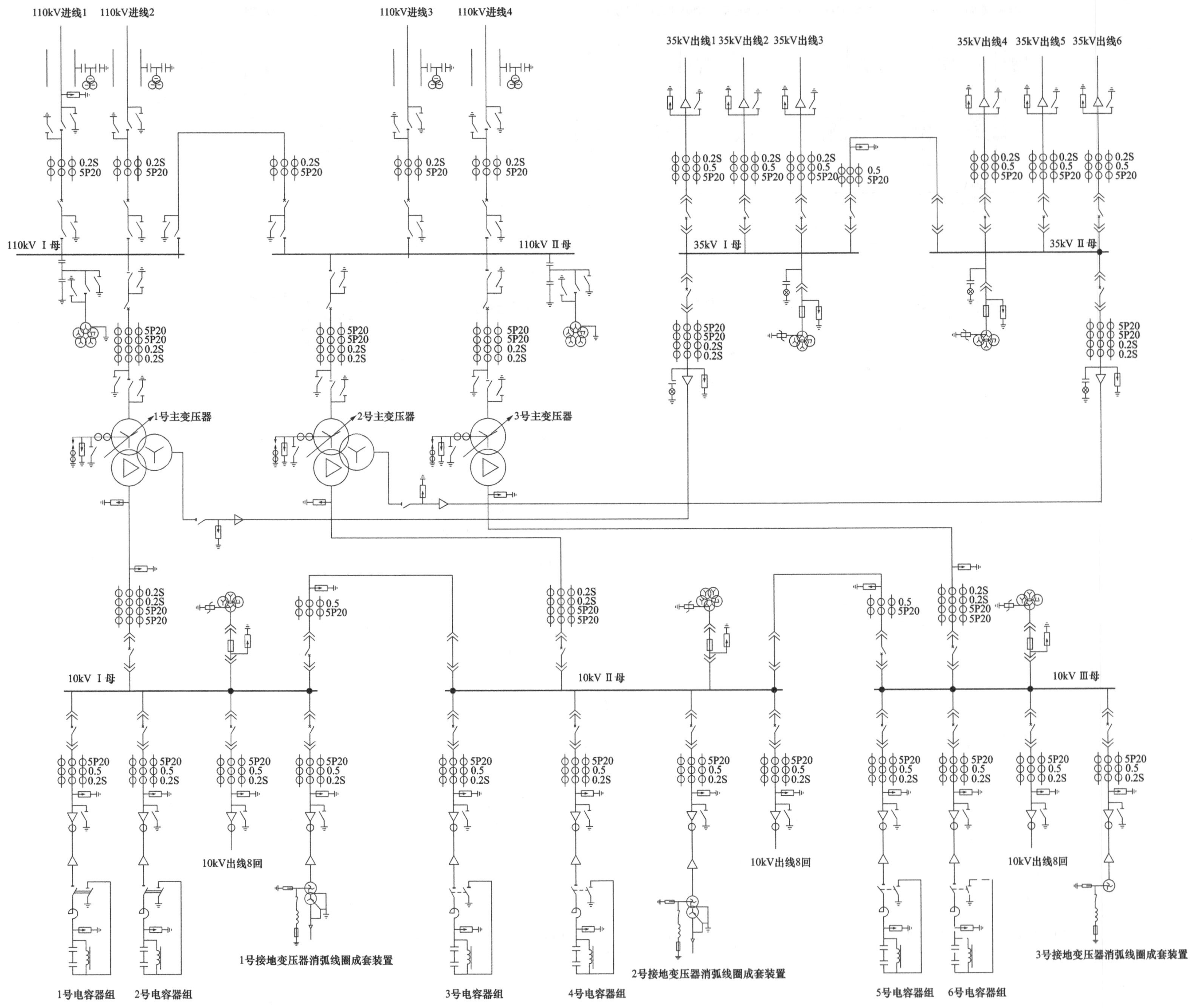

附录C　500kV智能变电站一次设备典型配置图

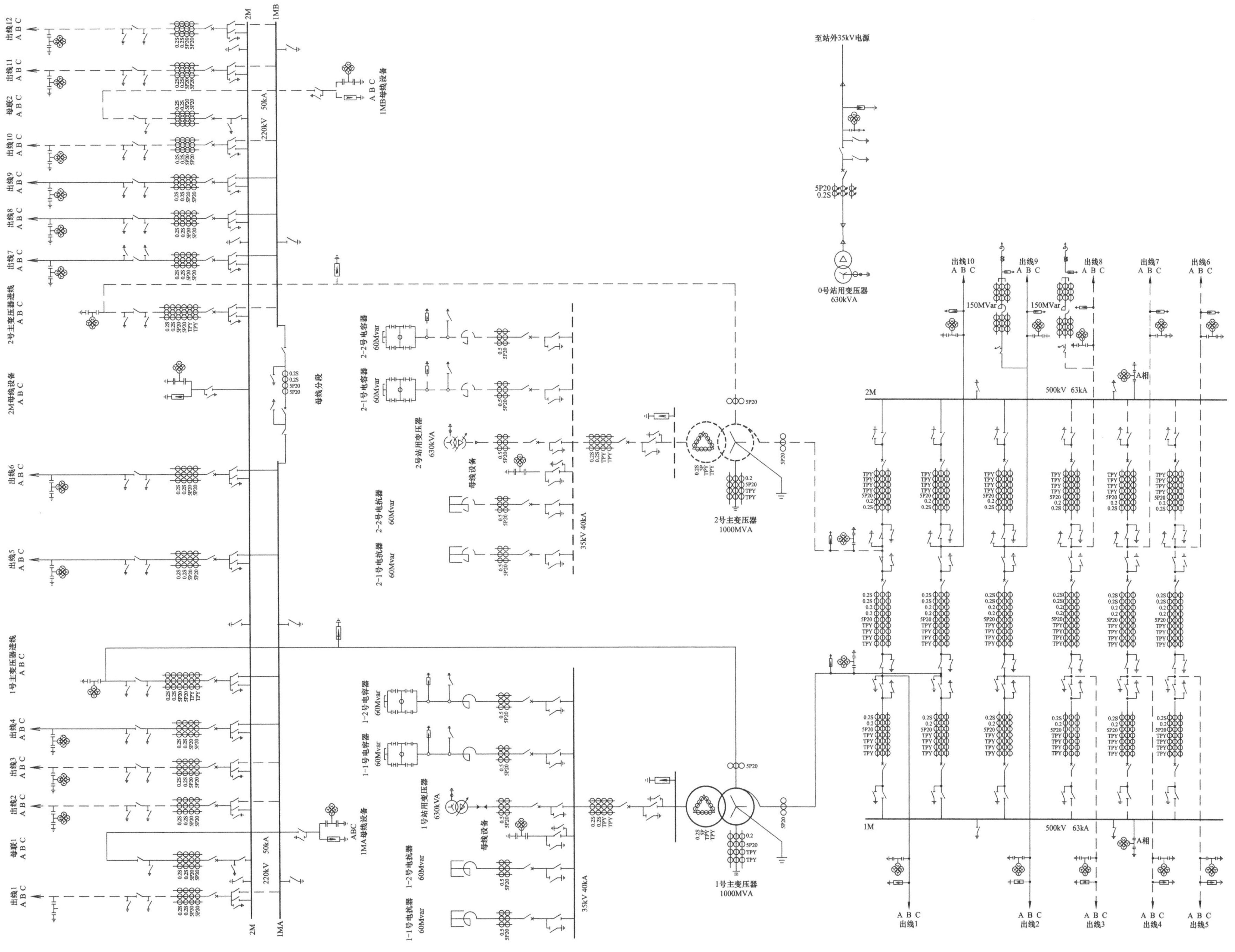